食品学Ⅱ

木村 万里子 編著

朝見　祐也
大串　美沙
甲斐　達男
後藤　昌弘
竹内　美貴
中村智英子
三浦紀称嗣
望月　美佳
井ノ内 直良
大楠　秀樹
河野　勇人
外城　寿哉
田辺　賢一
細見　和子
宮本　有香

学 文 社

編者のことば

現在，日本食品標準成分表(八訂)には約 2,500 種類の食品が収載されている。食品の数は，食品科学に関する分析技術の向上，品種改良，グローバル化などの影響で，今後もさらに増えることが予想される。

管理栄養士・栄養士には，栄養管理を実践する上で基本となる，人間の健康(疾病)と食べ物の関係についての理解が求められている。適切な栄養管理を行うためには，多様な食品の特性(栄養成分，調理加工性，機能性など)を正しく深く理解し，それらを選別して利用する能力を養うことが必要である。

本書『食品学Ⅱ』(食品学各論)は，『食品学Ⅰ』(食品学総論)と姉妹本であり，これら 2 冊で，管理栄養士国家試験出題基準(ガイドライン)「食べ物と健康」の中核となる食品学の内容が網羅できるように配慮している。どちらも食品学を体系的かつ効率的に学ぶことができるように，ガイドラインに沿った章立てを行い，日本食品標準成分表(八訂)増補 2023 年，日本人の食事摂取基準(2025 年版)策定検討会報告書，食品表示基準の改正にも留意し，内容は最新情報にアップデートするように努めた。

当書は，1. 食品の分類と日本食品標準成分表，2. 植物性食品の分類と成分，3. 動物性食品の分類と成分，4. 油脂類の分類と成分，5. 調味料および香辛料類，嗜好飲料類，6. 微生物利用食品，7. 加工食品から構成される。各食品を特徴づける化学成分や豊富に含まれている栄養素などを一目で確認しやすいように，化学構造式や成分値をできる限り記載するように配慮し，図表と側注(本文の補足説明)を充実させた。また，栄養士・管理栄養士課程で長年教鞭をとってこられたベテランの先生方，新進気鋭の先生方，食品開発現場の第一線で活躍しておられる先生方に，わかりやすくかつ丁寧にご執筆をいただいた。

これから栄養士・管理栄養士を目指す学生や食品学を学ぶ人たちにとって，本書が座右の書として活用されることを願っている。是非とも隅々まで読んで，理解を深めていただければ幸いである。

本書を上梓するにあたり，貴重なご助言をいただいた神戸女子大学学長の栗原伸公先生に感謝申し上げる。また，お忙しい中，編集方針をご理解くださり，ご協力いただいた執筆者の先生方に，厚く御礼申し上げる。

最後に，出版に際してご尽力いただいた学文社の田中千津子社長および編集部の皆様方にも御礼申し上げる。

2024 年 12 月吉日

編著者　木村万里子

目　　次

1　食品の分類と日本食品標準成分表

2　植物性食品の分類と成分

3　動物性食品の分類と成分

4　油脂類の分類と成分

5　調味料および香辛料，嗜好飲料類＊微生物利用食品以外

6　微生物利用食品

7　加工食品

1 食品の分類と日本食品標準成分表

1.1　食品の分類

社会構造の変化，食のグローバル化，科学技術の発展などにより，日本で取り扱われている食品の種類は年々増え続けている。現在，「**日本食品標準成分表**(八訂)増補 2023 年」には，2,500 種類以上の食品が収載されており，食品数は今後も増えることが予想される。

私たちの身のまわりには非常に多くの食品があるため，利用する目的や用途に応じた分類がされている。分類法には，「生産様式による分類」，「原料による分類」，「主要栄養素による分類」，「食習慣による分類」などがある。

1.1.1　生産様式による分類

食品は，生産様式(産業の種別)により，農産食品，畜産食品，水産食品，林産食品，その他に分類される(**表 1.1**)。

1.1.2　原料による分類

食品は，原料の自然界における起源により，植物性食品，動物性食品，鉱物性食品に分類される(**表 1.2**)。

1.1.3　主要栄養素による分類

食品に含まれている栄養素の特徴により分類したもので，**3 色食品群**[*1]，**6 つの基礎食品**，**4 つの食品群**[*2]があり，栄養指導や健康づくりに利用される(**表 1.3**)。

(1) 3 色食品群

食品に含まれる栄養素のはたらきの特徴により，3 色(赤・緑・黄)に分類したものである。「赤色群」は血液や筋肉をつくる食品，「緑色群」は身体の調子を整える食品，「黄色群」は力や体温になる食品である。分類が単純でわ

表 1.1　生産様式による分類

分類名	食品の例
農産食品(農産物)	穀類，いも類，豆類，種実類，野菜類，果実類
畜産食品(畜産物)	肉類，卵類，乳類
水産食品(水産物)	魚介類，藻類
林産食品(林産物)	きのこ類

表 1.2　原料による分類

分類名	食品の例
植物性食品	穀類，いも類，豆類，種実類，野菜類，果実類，藻類，きのこ類
動物性食品	肉類，魚介類，卵類，乳類
鉱物性食品	岩塩(食塩)，重曹(炭酸水素ナトリウム)など

*1　**3 色食品群**　昭和 27(1952)年に広島県庁の岡田正美技師が提唱した。現在，毎日 3 食(朝食・昼食・夕食)を，3 色食品群からバランスよく食べる「栄養3・3運動」が勧められている。(「3・3」は，「3 食・3 色」)。

*2　**4つの食品群**　昭和36(1961)年に，女子栄養大学創設者の香川綾氏により考案された。食品 80 kcal 相当量(たとえば，生卵 1 個約 80 kcal)を 1 点とし，1 群～3 群から各々 3 点ずつ(3 点× 80 kcal ＝ 240 kcal)摂取し，4 群は個人の体格や身体活動レベルなどに合わせて調整することを基本とする(香川，1983)。

表 1.3　主要栄養素により分類された食品群

<table>
<tr><td rowspan="4">3色食品群</td><td>群別</td><td colspan="2">赤群</td><td colspan="2">緑群</td><td colspan="2">黄群</td></tr>
<tr><td>食品例</td><td colspan="2">肉類，魚介類，卵類，乳類，豆類</td><td colspan="2">野菜類，果実類，きのこ類，藻類</td><td colspan="2">穀類，いも類，砂糖類，油脂類</td></tr>
<tr><td>はたらき</td><td colspan="2">血液や筋肉をつくる</td><td colspan="2">からだの調子を整える</td><td colspan="2">力や体温になる</td></tr>
<tr><td>栄養素</td><td colspan="2">たんぱく質</td><td colspan="2">無機質(ミネラル)・ビタミン</td><td colspan="2">糖質・脂質</td></tr>
<tr><td rowspan="4">6つの基礎食品群</td><td>群別</td><td>1群</td><td>2群</td><td>3群</td><td>4群</td><td>5群</td><td>6群</td></tr>
<tr><td>食品例</td><td>魚，肉，卵，
豆・豆製品</td><td>牛乳・乳製品，
骨ごと食べる
小魚，海藻</td><td>緑黄色野菜</td><td>その他の野菜，
果物，きのこ</td><td>穀類，いも，
砂糖</td><td>油脂，種実</td></tr>
<tr><td>はたらき</td><td colspan="2">からだの組織(血液，筋肉，骨・歯)を
つくる</td><td colspan="2">からだの機能を調節する</td><td colspan="2">エネルギー源となる</td></tr>
<tr><td>栄養素</td><td>たんぱく質</td><td>カルシウム</td><td>カロテン
(ビタミンA)</td><td>ビタミンC，
カルシウム，
食物繊維</td><td>炭水化物</td><td>脂質</td></tr>
<tr><td rowspan="3">4つの食品群</td><td>群別</td><td>第1群</td><td>第2群</td><td colspan="2">第3群</td><td colspan="2">第4群</td></tr>
<tr><td>食品例</td><td>乳・乳製品，卵類</td><td>魚介類，肉類，
豆・豆製品</td><td colspan="2">野菜類(緑黄色野菜，淡色野菜)，
果実類，いも類</td><td colspan="2">穀類，油脂類，砂糖類</td></tr>
<tr><td>栄養学的
特徴</td><td>不足しがちなカルシウム，たんぱく質などを多く含む</td><td>筋肉や血液をつくるたんぱく質を多く含む</td><td colspan="2">体の調子を整えるのに必要なビタミン，ミネラル，食物繊維を多く含む</td><td colspan="2">体を動かすエネルギー源となる</td></tr>
</table>

かりやすいため，小学校での栄養教育でよく利用されている。小学校では，五大栄養素の種類と主なはたらきを理解するとともに，食品に含まれる栄養素の特徴により，3つのグループに分類できることを理解することが求められている(文部科学省，2017)。

(2) 6つの基礎食品

栄養成分の類似している食品を6群に分類したもので，3色食品群をより細分化したものである。1958(昭和33)年に厚生省(現 厚生労働省)から発表され，1981(昭和56)年に改訂されて現在に至っている。主菜を1群，主食を5群，副菜を残りの2，3，4，6群からとることで栄養バランスがとれる。中学校の家庭科教育のほか，栄養教育現場で広く活用されている。

(3) 4つの食品群

4つの食品群は，日本人に不足しがちなカルシウムを多く含む乳・乳製品と栄養素をバランスよく含む卵を第1群とし，その他を栄養学的特徴から3つに分類したものである。高等学校の家庭科などで採用され，利用されている(香川，1983)。

(4) 食事バランスガイド

厚生労働省と農林水産省の共同で2005(平成17)年に策定された。「食生活指針」を具体的な行動に結びつけるものとして，コマのイラストにより，1日に「何を」「どれだけ」食べたらよいかの目安をわかりやすく示したものである。最も目につきやすい上部から，十分な摂取が望まれる「**主食**」，「**副菜**」，「**主菜**」の順に並べられ，牛乳・乳製品と果物は同程度と考えられ，並列に

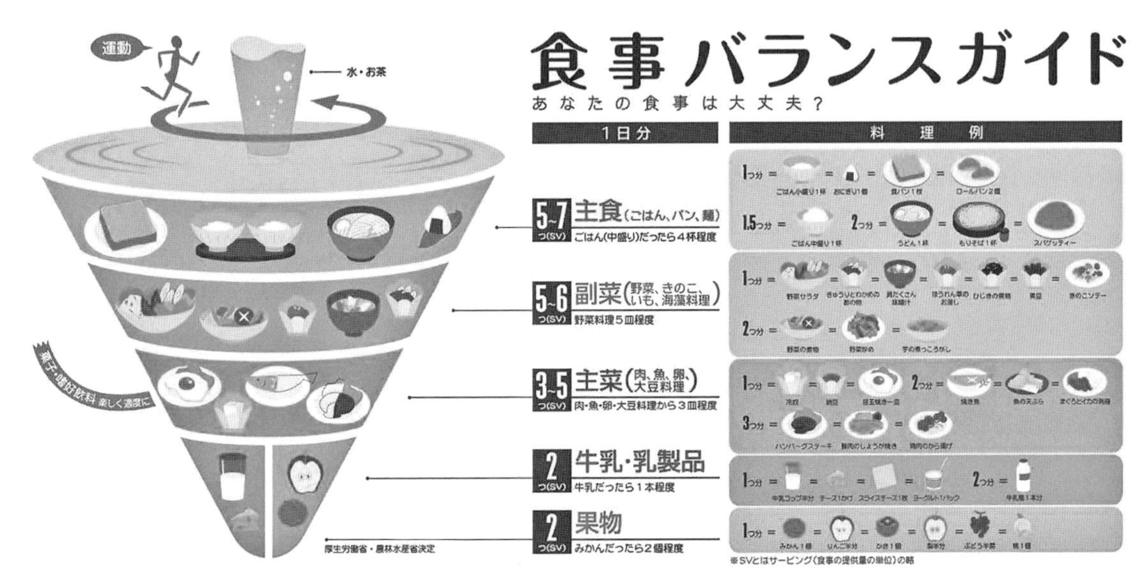

図 1.1 食事バランスガイド

出所）厚生労働省：食事バランスガイド（2005）

表されている。コマの回転は運動することを連想させることから，運動することでコマが安定し，バランスがとれることを表している。また，水分をコマの軸とし，食事の中で欠かせない存在であることを強調している。基本形のコマのイラストには，「主食」，「副菜」，「主菜」，「牛乳・乳製品」，「果物」の各料理区分における一日の摂取量の目安の数値（つ（SV））と対応させ，ほぼ同じ数の料理・食品が示されている。従って，日常的に自分が摂っている食事内容とコマの中の料理を比較して見ることにより，何が不足し，何を摂りすぎているかがおおよそわかるようになっている。

1.1.4 食習慣による分類

主食と**副食**（おかず）に分けられる。主食は，エネルギーの供給源となる炭水化物（特にでんぷん）を多く含むもので，国や地域により違いはあるものの，主に穀類（米，小麦，トウモロコシなど）と，それらの加工品（めし，パン，めん類）が利用されている。一方，副食は，主菜と副菜に分類され，主菜はたんぱく質や脂質の供給源となる肉，魚，卵，豆・豆製品などであり，副菜はビタミン，無機質（ミネラル），**食物繊維***の供給源となる野菜，海藻類，きのこ類といも類が多い。

*食物繊維の定義と種類　体内で消化することができない食品中の難消化性成分の総体と定義されており，体内で消化されない炭水化物の一種である。水に溶けない不溶性食物繊維と水に溶ける可溶性食物繊維がある。不溶性食物繊維は，りんごなどに多く含まれ，吸水性と保水性に優れ，腸内の有害物質を体外に排出させて排便を促進する。水溶性食物繊維は，果実類に多く含まれるペクチンなどで，コレステロールの吸収を抑える働きがある。

1.1.5 その他の分類

その他の食品分類として，各省庁から公表されている分類表を一覧にしたものを**表 1.4** に示す。

(1) 日本食品標準成分表（八訂）増補 2023 年の分類

日本食品標準成分表（八訂）増補 2023 年では，収載食品約 2,500 品目を 18

表 1.4　その他の食品分類

	日本食品標準成分表（文部科学省）	国民健康・栄養調査（厚生労働省）	食料需給表（農林水産省）
1	穀類	穀類	穀類
2	いも及びでん粉類	いも類	いも類
3	砂糖及び甘味類	砂糖・甘味料類	でん粉
4	豆類	豆類	豆類
5	種実類	種実類	野菜
6	野菜類	野菜類	果実
7	果実類	果実類	肉類
8	きのこ類	きのこ類	鶏卵
9	藻類	藻類	牛乳及び乳製品
10	魚介類	魚介類	魚介類
11	肉類	肉類	海藻類
12	卵類	卵類	砂糖類
13	乳類	乳類	油脂類
14	油脂類	油脂類	みそ
15	菓子類	菓子類	しょうゆ
16	し好飲料類	嗜好飲料類	その他食料
17	調味料及び香辛料類	調味料・香辛料類	
18	調理済み流通食品類		

出所）厚生労働省：日本食品標準成分表（八訂）増補 2023 年

群に分類している。

(2) 国民健康・栄養調査の食品群別表の分類

厚生労働省が毎年実施している**国民健康・栄養調査**における食品群は，日本食品標準成分表にほぼ対応しており，17 群に分類されている。

(3) 食料需給表の分類

食料需給表は，農林水産省が，食料需給の全般的動向，栄養量の水準とその構成，食料消費構造の変化などを把握する目的で，FAO の食料需給表作成の手引に準拠して毎年作成している。食料需給表では，食品は 16 群に分類されている。

(4) その他

保健機能食品と**特別用途食品**の分類を**表 1.5** に示す。保健機能食品は，国が

表 1.5　保健機能食品と特別用途食品の分類

保健機能食品

栄養機能食品	栄養成分の機能を国が定める定型文で表示
特定保健用食品（トクホ）	国による個別許可
機能性表示食品	事業者の責任で表示（国への届出制）

特別用途食品

- 病者用食品（許可基準型）
  - 低たんぱく質食品
  - アレルゲン除去食品
  - 無乳糖食品
  - 総合栄養食品
  - 糖尿病用組合せ食品
  - 腎臓病用組合せ食品
  - 経口補水液
- 病者用食品（個別許可型）
- 妊産婦，授乳婦用粉乳
- 乳児用調製乳
  - 乳児用調製粉乳
  - 乳児用調製液状乳
- えん下困難者用食品
  - えん下困難者用食品
  - とろみ調整用食品
- 特定保健用食品（トクホ）

定めた安全性や有効性に関する基準などに従って食品の機能が表示されている。また，特別用途食品では，乳児の発育，妊産婦，授乳婦，えん下困難者，病者などの健康の保持・回復などに適するという特別の用途について表示されている。

1.2　日本食品標準成分表の理解

「**日本食品標準成分表**（以下，食品成分表）」は，日本で常用される食品について，年間を通じて普通に摂取する場合の全国的な平均の成分値を収載している。1950（昭和25）年に初めて公表されてから，時代の状況に応じた見直しが進められ，現在では，文部科学省科学技術・学術審議会資源調査分科会によってとりまとめられ，「食品成分表（八訂）増補2023年」が公表されている。現在までの食品成分表の沿革を**表1.6**に示した。

食品成分表は，給食施設における栄養管理（献立作成など）や栄養指導等に活用されるほか，一般家庭での日常生活，高等教育における栄養学教育，中等教育における家庭科・保健体育等の教育，食品学・栄養学・農学等の研究，加工食品等への栄養成分表示などへも活用されている。また，行政においても，厚生労働省における日本人の食事摂取基準の策定，国民健康・栄養調査での統計調査，農林水産省における食糧需給表の作成などで広く活用されている。

1.2.1　食品成分表の構成と内容

(1) 収載食品

1)　食品群の分類および配列

食品成分表（八訂）増補2023年（以下，八訂）は，植物性食品，きのこ類，藻類，

表1.6　食品成分表の沿革

改訂回	公表年	食品成分表の名称	収載食品数	成分項目数
1	1950（昭和25）年	日本食品標準成分表	538	14
2	1954（昭和29）年	改訂日本食品標準成分表	695	15
3	1963（昭和38）年	三訂日本食品標準成分表	878	19
4	1982（昭和57）年	四訂日本食品標準成分表	1,621	19
5	2000（平成12）年	五訂日本食品標準成分表	1,882	36
6	2005（平成17）年	五訂増補日本食品標準成分表	1,878	43
7	2010（平成22）年	日本食品標準成分表2010	1,878	50
8	2015（平成27）年	日本食品標準成分表2015年版（七訂）	2,191	52
9	2016（平成28）年	日本食品標準成分表2015年版（七訂）追補2016年	2,222	53
10	2017（平成29）年	日本食品標準成分表2015年版（七訂）追補2017年	2,236	53
11	2018（平成30）年	日本食品標準成分表2015年版（七訂）追補2018年	2,294	54
12	2019（令和元）年	日本食品標準成分表2015年版（七訂）データ更新2019年	2,375	54
13	2020（令和2）年	日本食品標準成分表2020年版（八訂）	2,478	54
14	2023（令和5）年	日本食品標準成分表（八訂）増補2023年	2,538	54

出所）表1.4に同じ

表 1.7　食品成分表における食品群別の収載食品数

分類	食品群	食品数
植物性食品	1 穀類	208
	2 いもおよびでん粉類	70
	3 砂糖および甘味類	31
	4 豆類	113
	5 種実類	46
	6 野菜類	413
	7 果実類	185
きのこ類	8 きのこ類	56
藻類	9 藻類	58
動物性食品	10 魚介類	471
	11 肉類	317
	12 卵類	23
	13 乳類	59
加工食品	14 油脂類	34
	15 菓子類	187
	16 し好飲料類	64
	17 調味料および香辛料類	148
	18 調理済み流通食品類	55
合計		2,538

出所）表 1.4 に同じ

動物性食品，加工食品の順に 18 群に分けて食品を収載している。食品成分表(八訂)に収載されている食品数は，2,538 品目であり，七訂から 347 品目増加している。食品成分表(八訂)の食品群と食品数について，**表 1.7** に示した。「18 **調理済み流通食品類**」は，近年の大規模調理施設による配食事業の拡大をふまえ，七訂食品成分表の「18 調理加工食品類」から名称変更されている。

2) 食品の分類，配列，食品番号および索引番号

収載食品の分類は，**大分類**，**中分類**，**小分類**および**細分**の 4 段階とし，食品の大分類は原則として生物の名称とし，五十音順に配列されている。ただし，「いも及びでん粉類」，「魚介類」，「肉類」，「乳類」，「し好飲料類」および「調味料及び香辛料類」については，大分類の前に副分類(< >で表示)を追加し，食品群を区分している。また，食品によっては大分類の前に類区分(( )で表示)を五十音順で示している。中分類([ ] で表示)および小分類は，原則として原材料的なものから順次加工度の高いものの順に配列しており，原材料が複数からなる加工食品については，原則として主原材料の位置に配列されている。

食品番号は，5 桁で示し，最初の 2 桁は食品群にあて，次の 3 桁を小分類または細分にあてている。なお，八訂の食品番号は，五訂編集時に収載順に付番したものを基礎としており，その後に新たに追加収載された食品については，食品群ごとに下 3 桁の連番を付して対応している。

索引番号(通し番号)は，食品の検索を容易にするために付されている。これは，五訂以降の新規食品について，五十音順や加工度順など食品成分表の収載順とは異なる食品番号が付されていることや，一部の食品について，名称や分類が変更されているため，収載順と食品番号とが一致しなくなったための対応である。

(2) 収載成分項目等

成分項目の配列は，廃棄率，エネルギー，水分，成分項目群「たんぱく質」に属する成分，成分項目群「脂質」に属する成分，成分項目群「炭水化物」に属する成分，有機酸，灰分，無機質，ビタミン，その他(アルコールおよび食塩相当量)，備考の順としている。このうち，食品成分表では，成分項目群「たんぱく質」に属する成分，成分項目群「脂質」に属する成分(コレステロールを除く)，成分項目群「炭水化物」に属する成分，有機酸，灰分を『**一般成分**』として示している。成分項目群「たんぱく質」に属する成分は，**ア**

ミノ酸組成によるたんぱく質および**たんぱく質**とし，成分項目群「脂質」に属する成分は，**脂肪酸のトリアシルグリセロール当量**で表した脂質，**コレステロール**および**脂質**としている。成分項目群「炭水化物」に属する成分では，**利用可能炭水化物**(**単糖当量**)，**利用可能炭水化物**(**質量計**)，**差し引き法による利用可能炭水化物**，**食物繊維総量**，**糖アルコール**および**炭水化物**としている。なお，利用可能炭水化物(単糖当量)，利用可能炭水化物(質量計)，差し引き法による利用可能炭水化物から構成される成分項目群は，成分項目群「利用可能炭水化物」とされている。無機質の成分項目の配列については，各成分の栄養上の関連性を配慮し，ナトリウム，カリウム，カルシウム，マグネシウム，リン，鉄，亜鉛，銅，マンガン，ヨウ素，セレン，クロム，モリブデンの順としている。ビタミンは，脂溶性ビタミンと水溶性ビタミンに分けて配列し，脂溶性ビタミンはA，D，E，Kの順に，水溶性ビタミンは，B_1，B_2，ナイアシン，ナイアシン当量，B_6，B_{12}，葉酸，パントテン酸，ビオチン，Cの順にそれぞれ配列されている。このうち、ビタミンAの項目はレチノール，α-およびβ-カロテン，β-クリプトキサンチン，β-カロテン当量，レチノール活性当量としている。また，ビタミンEの項目は，α-，β-，γ-およびδ-トコフェロールとしている。八訂食品成分表における一般成分の測定法の概要を**表1.8**に，無機質の測定法を**表1.9**に，ビタミンの測定法を**表1.10**にそれぞれ示した。

1) 廃棄率および可食部率

廃棄率は，原則として，通常の食習慣において廃棄される部分を食品全体あるいは購入形態に対する質量の割合(%)で示されており，廃棄部位は備考欄に記載されている。**可食部**については，食品全体あるいは購入形態から廃棄部位を除いたものであり，成分値は，可食部100 g当たりの数値で示されている。

2) エネルギー

食品のエネルギー値は，原則として，**FAO/INFOODS**[*1]の推奨する方法に準じて，可食部100 gあたりの**アミノ酸組成によるたんぱく質**，**脂肪酸のトリアシルグリセロール当量**，**利用可能炭水化物**(**単糖当量**)，**糖アルコール**，**食物繊維総量**，**有機酸**および**アルコール**の量(g)に各成分のエネルギー換算係数を乗じて，100 gあたりのkJ[*2]およびkcalを算出し収載値としている。エネルギー計算方法を**図1.2**に，適用されている**エネルギー換算係数**を**表1.11**に示した。**図1.2**の計算方法によって，食品や食事等の献立のエネルギー値を算出すると，実際の摂取エネルギーに近似した値となる。なお，八訂におけるエネルギーの計算方法は，七訂と異なっており，八訂のエネルギー計算値と七訂のエネルギー計算値とを比較することはできない。

＊1 **FAO/INFOODS** FAOのINFOODSは，食品データシステムの国際ネットワークである。さまざまなユーザー(政府機関，研究者，教育者など)に対して，主に食品成分組成に関する信頼性の高い情報の構築と提供を行っている。1984年に設立。

＊2 1 kcal = 4.184 kJ

表 1.8　食品成分表における一般成分の測定法の概要

成分		単位	測定法
水分		g	常圧加熱乾燥法，減圧加熱乾燥法，カールフィッシャー法または蒸留法により測定。 ただし，アルコールまたは酢酸を含む食品は，乾燥減量からアルコール分または酢酸の質量をそれぞれ差し引いて算出。
たんぱく質	アミノ酸組成によるたんぱく質	g	アミノ酸成分表増補 2023 年の各アミノ酸量に基づき，アミノ酸の脱水縮合物の量(アミノ酸残基の総量)として算出[1]。
	たんぱく質	g	改良ケルダール法，サリチル酸添加改良ケルダール法または燃焼法(改良デュマ法)によって定量した窒素量からカフェイン，テオブロミンおよび / あるいは硝酸態窒素に由来する窒素量を差し引いた基準窒素量に，「窒素–たんぱく質換算係数」(表 1.12)を乗じて算出。 食品とその食品において考慮した窒素含有成分は次のとおりである。 コーヒー，カフェイン；ココアおよびチョコレート類，カフェインおよびテオブロミン；野菜類，硝酸態窒素；茶類，カフェインおよび硝酸態窒素。
脂質	脂肪酸のトリアシルグリセロール当量	g	脂肪酸成分表増補 2023 年の各脂肪酸量をトリアシルグリセロールに換算した量の総和として算出[2]。
	コレステロール	mg	けん化後，不けん化物を抽出分離後，水素炎イオン化検出–ガスクロマトグラフ法により測定。
	脂質	g	溶媒抽出–重量法：ジエチルエーテルによるソックスレー抽出法，酸分解法，液–液抽出法，クロロホルム–メタノール混液抽出法，レーゼ・ゴットリーブ法，酸・アンモニア分解法，ヘキサン–イソプロパノール法またはフォルチ法により測定。
炭水化物	利用可能炭水化物(単糖当量)	g	炭水化物成分表増補 2023 年の各利用可能炭水化物量(でん粉，単糖類，二糖類，80 %エタノールに可溶性のマルトデキストリンおよびマルトトリオース等のオリゴ糖類)を単糖に換算した量の総和として算出[3]。 ただし，魚介類，肉類および卵類の原材料的食品のうち，炭水化物としてアンスロン–硫酸法による全糖の値が収載されているものは，その値を推定値としている。
	利用可能炭水化物(質量計)	g	炭水化物成分表増補 2023 年の各利用可能炭水化物量(でん粉，単糖類，二糖類，80 %エタノールに可溶性のマルトデキストリンおよびマルトトリオース等のオリゴ糖類)の総和として算出。 ただし，魚介類，肉類および卵類の原材料的食品のうち，炭水化物としてアンスロン–硫酸法による全糖の値が収載されているものは，その値に 0.9 を乗じた値を推定値としている。
	差し引き法による利用可能炭水化物	g	100 g から，水分，アミノ酸組成によるたんぱく質(この収載値がない場合には，たんぱく質)，脂肪酸のトリアシルグリセロール当量として表した脂質(この収載値がない場合には，脂質)，食物繊維総量，有機酸，灰分，アルコール，硝酸イオン，ポリフェノール(タンニンを含む)，カフェイン，テオブロミン，加熱により発生する二酸化炭素等の合計(g)を差し引いて算出。
	食物繊維総量	g	酵素–重量法(プロスキー変法又はプロスキー法)，または，酵素–重量法・液体クロマトグラフ法(AOAC.2011.25 法)により測定。
	糖アルコール	g	高速液体クロマトグラフ法により測定。
	炭水化物	g	差し引き法により算出。100 g から，水分，たんぱく質，脂質および灰分の合計(g)を差し引いて算出。硝酸イオン，アルコール，酢酸，ポリフェノール(タンニンを含む)，カフェインまたはテオブロミンを多く含む食品や，加熱により二酸化炭素等が多量に発生する食品ではこれらも差し引いて算出。 ただし，魚介類，肉類および卵類のうち原材料的食品はアンスロン–硫酸法による全糖として算出。
有機酸		g	5 %過塩素酸水で抽出，高速液体クロマトグラフ法，酵素法により測定。
灰分		g	直接灰化法(550 ℃)により測定。

八訂(増補 2023 年)

注 1) {可食部 100 g 当たりの各アミノ酸の量×(そのアミノ酸の分子量 − 18.02) / そのアミノ酸の分子量} の総量。

2) {可食部 100 g 当たりの各脂肪酸の量×(その脂肪酸の分子量＋ 12.6826) / その脂肪酸の分子量} の総量。ただし，未同定脂肪酸は計算に含まない。12.6826 は，脂肪酸をトリアシルグリセロールに換算する際の脂肪酸当たりの式量の増加量〔グリセロールの分子量× 1/3 −(エステル結合時に失われる)水の分子量〕。

3) 単糖当量は，でんぷんおよび 80 %エタノール可溶性のマルトデキストリンには 1.10 を，マルトトリオース等のオリゴ糖類には 1.07 を，二糖類には 1.05 をそれぞれの成分値に乗じて換算し，それらと単糖類の量を合計したもの。

出所）表 1.4 に同じ

表 1.9　食品成分表における無機質の測定法

成分	単位	測定法	試料調製法
ナトリウム	mg	原子吸光光度法または誘導結合プラズマ発光分析法	希酸抽出法または乾式灰化法
カリウム	mg	原子吸光光度法，誘導結合プラズマ発光分析法または誘導結合プラズマ質量分析法	希酸抽出法または乾式灰化法
鉄	mg	原子吸光光度法，誘導結合プラズマ発光分析法，誘導結合プラズマ質量分析法または 1,10-フェナントロリン吸光光度法	乾式灰化法
亜鉛	mg	原子吸光光度法，キレート抽出-原子吸光光度法，誘導結合プラズマ発光分析法または誘導結合プラズマ質量分析法	乾式灰化法
マンガン	mg	原子吸光光度法，キレート抽出-原子吸光光度法または誘導結合プラズマ発光分析法	乾式灰化法
銅	mg	原子吸光光度法，キレート抽出-原子吸光光度法，誘導結合プラズマ発光分析法または誘導結合プラズマ質量分析法	乾式灰化法または湿式分解法
カルシウム，マグネシウム	mg	原子吸光光度法，誘導結合プラズマ発光分析法または誘導結合プラズマ質量分析法	乾式灰化法
リン	mg	誘導結合プラズマ発光分析法またはバナドモリブデン酸吸光光度法	乾式灰化法
ヨウ素	μg	誘導結合プラズマ質量分析法	アルカリ抽出法またはアルカリ灰化法（魚類，≧ 20 μg/100 g）
セレン，クロム，モリブデン	μg	誘導結合プラズマ質量分析法	マイクロ波による酸分解法

出所）表 1.4 に同じ

表 1.10　食品成分表におけるビタミンの測定法

成分	単位	測定法	試料調製法
レチノール	μg	高速液体クロマトグラフ法	けん化後，不けん化物を抽出分離，精製
α-カロテン，β-カロテン，β-クリプトキサンチン	μg	高速液体クロマトグラフ法	ヘキサン-アセトン-エタノール-トルエン混液抽出後，けん化，抽出
チアミン（ビタミン B_1）	mg	高速液体クロマトグラフ法	酸性水溶液で加熱抽出
リボフラビン（ビタミン B_2）	mg	高速液体クロマトグラフ法	酸性水溶液で加熱抽出
アスコルビン酸（ビタミン C）	mg	高速液体クロマトグラフ法	メタリン酸溶液でホモジナイズ抽出，酸化型とした後，オサゾン生成
カルシフェロール（ビタミン D）	μg	高速液体クロマトグラフ法	けん化後，不けん化物を抽出分離
トコフェロール（ビタミン E）	mg	高速液体クロマトグラフ法	けん化後，不けん化物を抽出分離
フィロキノン類，メナキノン類（ビタミン K）	μg	高速液体クロマトグラフ法	アセトンまたはヘキサン抽出後，精製
ナイアシン	mg	微生物学的定量法	酸性水溶液で加圧加熱抽出
ビタミン B_6	mg	微生物学的定量法	酸性水溶液で加圧加熱抽出
ビタミン B_{12}	μg	微生物学的定量法	緩衝液およびシアン化カリウム溶液で加熱抽出
葉酸	μg	微生物学的定量法	緩衝液で加圧加熱抽出後，プロテアーゼ処理，コンジュガーゼ処理
パントテン酸	mg	微生物学的定量法	緩衝液で加圧加熱抽出後，アルカリホスファターゼ，ハト肝臓アミダーゼ処理
ビオチン	μg	微生物学的定量法	酸性水溶液で加圧加熱抽出

出所）表 1.4 に同じ

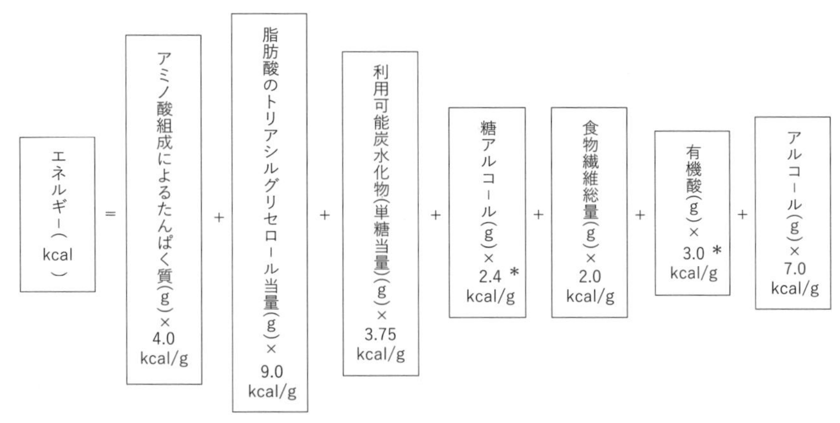

図 1.2　食品成分表におけるエネルギー計算方法

＊：糖アルコールでは「その他の糖アルコール」を，有機酸では「その他の有機酸」の係数を用いて示した。糖アルコールおよび有機酸のうち，個別のエネルギー換算係数を適用する場合は，その係数を用いて計算すること。

3）水　分

ヒトは，必要とする水分の 1/2 を食品から摂取している。また水分は，食品の性状を示す最も基本的な成分のひとつであり，食品の構造の維持に関与している。したがって，水分は食品中の重要な成分であることから，食品成分表に収載されている。

4）たんぱく質

成分項目群「たんぱく質」には，**アミノ酸組成によるたんぱく質**および基準窒素量に**窒素-たんぱく質換算係数**（表 1.12）を乗じて計算した**たんぱく質**が収載されている。基準窒素は，たんぱく質に由来する窒素量に近づけるため，全窒素量から，野菜類は硝酸態窒素量を，茶類は硝酸態窒素量およびカフェイン由来の窒素量を，コーヒーはカフェイン由来の窒素量を，ココアおよびチョコレート類はカフェインおよびテオブロミン由来の窒素量を，それぞれ差し引いて求めている。なお，アミノ酸組成によるたんぱく質とたんぱく質の収載値のある食品のエネルギー計算においては，アミノ酸組成によるたんぱく質の収載値が用いられている。

表 1.11　食品成分表で適用されているエネルギー換算係数

成分名		換算係数（kcal/g）
アミノ酸組成によるたんぱく質／たんぱく質＊1		4
脂肪酸のトリアシルグリセロール当量／脂質＊1		9
利用可能炭水化物（単糖当量）		3.75
差し引き法による利用可能炭水化物＊1		4
食物繊維総量＊2		2
アルコール		7
糖アルコール	ソルビトール	2.6
	マンニトール	1.6
	マルチトール	2.1
	還元水あめ	3
	その他の糖アルコール	2.4
有機酸	酢酸	3.5
	乳酸	3.6
	クエン酸	2.5
	リンゴ酸	2.4
	その他の有機酸	3

八訂（増補 2023 年）

＊1：アミノ酸組成によるたんぱく質，脂肪酸のトリアシルグリセロール当量，利用可能炭水化物（単糖当量）の成分値がない食品では，それぞれたんぱく質，脂質，差し引き法による利用可能炭水化物の成分値を用いてエネルギー計算を行う。利用可能炭水化物（単糖当量）の成分値がある食品でも，水分を除く一般成分等の合計値と 100 g から水分を差引いた乾物値との比が一定の範囲に入らない食品の場合には，利用可能炭水化物（単糖当量）に代えて，差し引き法による利用可能炭水化物を用いてエネルギー計算をする。

＊2：成分値は AOAC.2011.25 法，プロスキー変法またはプロスキー法による食物繊維総量を用いる。

出所）表 1.4 に同じ

コラム1　食品成分表を活用した，より確からしい栄養価計算

食品成分表における食品のエネルギー値については，**図 1.2** の計算方法によって算出されており，食品や食事等の献立のエネルギー値を算出すると，実際の摂取エネルギーに近似した値となることを本文で説明したところである。より確からしい栄養価計算の実現のためには，食品成分表の活用は重要である。

一方，給食施設などの現場では，栄養計算の際，のちの発注書作成業務のために，食品の選択を「生」とすることが多い（サラダ等「生」で食べるものは別として）。しかし，給食の利用者は，実際には「調理した食品」を摂取している。したがって，「生」の食品の栄養計算結果は，実際に摂取した食事の栄養量とは乖離した状態であることが指摘されている。より確からしい栄養価計算の実現にあたっては，本文 17 ページの「(4) 食品の調理条件」で示された種々の計算をもとに，献立に示された各食品の質量（すなわち「生」の質量）を「調理後の食品」の質量に変換し，栄養価計算することが求められる。

5) 脂　　質

成分項目群「脂質」には，各脂肪酸をトリアシルグリセロールに換算して合計した**脂肪酸のトリアシルグリセロール当量**と**コレステロール**および有機溶媒可溶物を分析で求めた**脂質**が収載されている。七訂まで収載していた脂肪酸総量，飽和脂肪酸，一価および多価不飽和脂肪酸については，脂肪酸成分表（増補 2023 年）に収載されている。なお，脂肪酸のトリアシルグリセロール当量と脂質の収載値のある食品のエネルギー計算においては，脂肪酸のトリアシルグリセロール当量の収載値が用いられている。

表 1.12　基準窒素量からの計算に用いた窒素-たんぱく質換算係数

食品群	食品名		換算係数
1　穀類	アマランサス		5.30
	えんばく	オートミール	5.83
	おおむぎ		5.83
	こむぎ	玄穀，全粒粉	5.83
		小麦粉，フランスパン，うどん・そうめん類など	5.70
		小麦はいが	5.80
	こめ，こめ製品（赤飯を除く）		5.95
	ライ麦		5.83
4　豆類	だいず，だいず製品（豆腐竹輪を除く）		5.71
5　種実類	アーモンド		5.18
	ブラジルナッツ，らっかせい		5.46
	その他のナッツ類		5.30
	あさ，あまに，えごま，かぼちゃ，けし，ごまなど		5.30
6　野菜類	えだまめ，だいずもやし		5.71
	らっかせい（未熟豆）		5.46
10　魚介類	ふかひれ		5.55
11　肉類	ゼラチン，腱（うし），豚足，軟骨（ぶた，にわとり）		5.55
13　乳類	液状乳類，チーズを含む乳製品，その他（シャーベットを除く）		6.38
14　油脂類	バター類，マーガリン類		6.38
17　調味料および香辛料類	しょうゆ類，みそ類		5.71
―	上記に掲載のない食品		6.25

出所）表 1.4 に同じ

6) 炭水化物

成分項目群「炭水化物」は，エネルギーとしての利用性に応じて炭水化物を細分化し，各成分にそれぞれのエネルギー換算係数を乗じてエネルギー計算に利用されている。「炭水化物」は，**利用可能炭水化物（単糖当量）**，**利用可能炭水化物（質量計）**，**差し引き法による利用可能炭水化物**，**食物繊維総量**，**糖アルコール**および**炭水化物**の 6 つの成分項目が収載されている。

① **利用可能炭水化物（単糖当量）**

利用可能炭水化物(単糖当量)は，エネルギー計算に用いる成分項目であり，でんぷん，グルコース，フルクトース，ガラクトース，スクロース，マルトース，ラクトース，トレハロース，イソマルトース，80 %エタノール可溶性マルトデキストリンおよびマルトトリオースなどのオリゴ糖類を直接分析または推計した値として収載されている。この成分値は，各成分を単純に合計した質量ではなく，**おのおのの係数**[*1]を乗じて，単糖の質量に換算してから合計した値である。利用可能炭水化物由来のエネルギーについては，原則として，この成分値(g)に単糖当量のエネルギー換算係数(3.75 kcal/g)を乗じて算出されている[*2]。

② **利用可能炭水化物（質量計）**

利用可能炭水化物(質量計)は，利用可能炭水化物(単糖当量)と同様で，でんぷん，グルコース，フルクトース，ガラクトース，スクロース，マルトース，ラクトース，トレハロース，イソマルトース，80 %エタノール可溶性マルトデキストリンおよびマルトトリオースなどのオリゴ糖類を直接分析または推計した値であり，これらの質量の合計である。この値はでんぷん，単糖類，二糖類，80 %エタノール可溶性マルトデキストリンおよびマルトトリオースなどのオリゴ糖類の実際の摂取量となる。なお，利用可能炭水化物の摂取量の算出には，利用可能炭水化物(質量計)の値が用いられる。

③ **差し引き法による利用可能炭水化物**

差し引き法による利用可能炭水化物は，食品 100 g から，水分，アミノ酸組成によるたんぱく質(当該収載値のない場合には，たんぱく質)，脂肪酸のトリアシルグリセロール当量(当該収載値のない場合には，脂質)，食物繊維総量，有機酸，灰分，アルコール，硝酸イオン，ポリフェノール(タンニンを含む)，カフェイン，テオブロミン，加熱により発生する二酸化炭素等の合計(g)を差し引いて求められている。差し引き法による利用可能炭水化物は，利用可能炭水化物(単糖当量)の収載値がない食品[*2]および水分を除く一般成分等の合計値が乾物量に対して一定の範囲にない食品において，利用可能炭水化物に由来するエネルギーを計算するために用いられる。その場合のエネルギー換算係数は 4 kcal/g である。

④ **食物繊維総量**

八訂では，エネルギー計算に関する成分として，**食物繊維総量**[*3]のみが成分項目群「炭水化物」に併記されている。食物繊維総量由来のエネルギーは，この成分値(g)にエネルギー換算係数(2 kcal/g)を乗じて算出されている。食物繊維総量は，**プロスキー変法**による高分子量の「水溶性食物繊維」と「不溶性食物繊維」を合計した「食物繊維総量」，プロスキー法による食物繊維総量，

＊1　**おのおのの係数**
・でんぷんおよび 80％エタノール可溶性マルトデキストリン：1.10
・オリゴ糖(マルトトリオースなど)：1.07
・二糖類(フルクトース，スクロース，マルトース，ラクトースなど)：1.05

＊2　**収載値右の「*」**　八訂のエネルギーの計算には，利用可能炭水化物(単糖当量)あるいは差し引き法による利用可能炭水化物のいずれかが用いられており，収載値右の「*」には注意する必要がある。

＊3　**食物繊維総量の内訳**　七訂食品成分表追補 2018 年以降，低分子量水溶性食物繊維も測定できる AOAC. 2011.25 法による成分値が収載されているが，従来の「プロスキー変法」や「プロスキー法」による成分値および AOAC. 2011.25 法による成分値，さらに，水溶性食物繊維，不溶性食物繊維などの食物繊維総量の内訳については，炭水化物成分表増補 2023 年別表 1 に収載されている。

あるいは **AOAC. 2011.25 法**[*1]による「低分子量水溶性食物繊維」,「高分子量水溶性食物繊維」および「不溶性食物繊維」の合計値として掲載されている。

*1 **AOAC 法(Official Methods of Analysis of AOAC INTERNATIONA)** AOAC INTERNATIONAL という国際的な分析化学の科学者や行政官等で構成する組織が評議，検討を行っている分析方法である。世界中の科学者が活用する信頼度の高い分析法として認められてい。

⑤ 糖アルコール

成分項目群「炭水化物」に，エネルギー産生成分として**糖アルコール**が収載されている。糖アルコールは，七訂食品成分表の炭水化物に含まれる成分であるが，八訂では，利用可能炭水化物と分けて収載されている。糖アルコール由来のエネルギーは，それぞれ成分値(g)に**表 1.11** に示したエネルギー換算係数を乗じて算出したエネルギーの合計と示されている。

⑥ 炭水化物

「炭水化物」は，従来のように，差し引き法による炭水化物のことを示している。つまり，水分，たんぱく質，脂質，灰分などの合計(g)を 100 g から差し引いた値で示されている。ただし，魚介類，肉類および卵類のうち原材料的食品については，一般的に，炭水化物が微量であり，差し引き法で求めることが適当でないことから，原則として全糖の分析値[*2]に基づいた成分値としている。なお，炭水化物の算出にあたっては，硝酸イオン，アルコール，酢酸，ポリフェノール(タンニンを含む)，カフェインおよびテオブロミンを比較的多く含む食品や，加熱により二酸化炭素等が多量に発生する食品については，これらの含量も差し引いた成分値が求められている。

*2 アンスロン-硫酸法(**表 1.8** 参照)

7) 有機酸

七訂では，**有機酸**のうち**酢酸**についてのみ，エネルギー産生成分と位置づけていたが，八訂では，既知の有機酸をエネルギー産生成分とすることとしている。七訂では，酢酸以外の有機酸は，差し引き法による炭水化物に含まれていたが，八訂では，炭水化物とは別に，有機酸を収載することとしている。なお，この有機酸には，従来の酢酸の成分値も含まれている。

8) 灰　分

灰分は，一定条件下で灰化して得られる残分であり，食品中の無機質の総量を反映していると考えられている。また，水分とともにエネルギー産生に関与しない一般成分として，各成分値の分析の確からしさを検証する際の指標のひとつとなることから，当該成分項目の収載がなされている。

9) 無機質

食品成分表に収載されている**無機質**は，すべてヒトにおいて必須な栄養素であり，ナトリウム，カリウム，カルシウム，マグネシウム，リン，鉄，亜鉛，銅，マンガン，ヨウ素，セレン，クロムおよびモリブデンが収載されている。このうち成人の 1 日の摂取量が概ね 100 mg 以上となる無機質(**多量ミネラル**)は，ナトリウム，カリウム，カルシウム，マグネシウムおよびリンであり，100 mg に満たない無機質(**微量ミネラル**)は，鉄，亜鉛，銅，マンガン，ヨウ素，セレン，クロムおよびモリブデンである。

10) ビタミン

脂溶性ビタミンとして，ビタミンA（レチノール，α-およびβ-カロテン，β-クリプトキサンチン，β-カロテン当量およびレチノール活性当量），ビタミンD，ビタミンE（α-，β-，γ-およびδ-トコフェロール）およびビタミンKが，**水溶性ビタミン**として，ビタミンB_1，ビタミンB_2，ナイアシン，ナイアシン当量，ビタミンB_6，ビタミンB_{12}，葉酸，パントテン酸，ビオチンおよびビタミンCが収載されている。

① ビタミンA

ビタミンAは，**レチノール**，**カロテン**および**レチノール活性当量**で示されている。レチノールの成分値は，異性体の分離を行わず全トランスレチノール相当量を求め，レチノールとして収載されている。八訂食品成分表においては原則として，β-カロテンとともに，α-カロテンおよびβ-クリプトキサンチンを測定し，次の式に従ってβ-カロテン当量が求められている。

$$\beta\text{-カロテン当量}\ (\mu g) = \beta\text{-カロテン}\ (\mu g) + \frac{1}{2}\alpha\text{-カロテン}\ (\mu g) + \frac{1}{2}\beta\text{-クリプトキサンチン}\ (\mu g)$$

β-カロテンからレチノールへの転換効率やβ-カロテンのヒトの生体内吸収率から，β-カロテンのビタミンAとしての生体利用率は1/12であると報告されている。したがって，食品中のレチノール活性当量（ビタミンA含量）の算出は次の式により求められている。

$$\text{レチノール活性当量}\ (\mu gRAE) = \text{レチノール}\ (\mu g) + \frac{1}{12}\beta\text{-カロテン当量}\ (\mu g)$$

② ビタミンD

ビタミンDは，カルシウムの吸収および利用，骨の石灰化などに関与しており，きのこ類に含まれる**ビタミンD_2**[*1]と動物性食品に含まれる**D_3**[*2]とが存在する。両者の分子量は同等で，またヒトに対して同様の生理活性を示すといわれている。しかし，ビタミンD_3がビタミンD_2より生理活性は高いとの報告もある。収載値については，原則としてビタミンD_2とD_3の合計値で示されている。

＊1 **ビタミンD_2** 植物（キノコなど）由来で，化合物名はエルゴカルシフェロールである。プロビタミンD_2（ビタミンD前駆体）のエルゴステロールから紫外線の作用でつくられる。

＊2 **ビタミンD_3** 動物由来で，化合物名は**コレカルシフェロール**である。脊椎動物の皮膚で，コレステロール合成過程で生じた7-デヒドロコレステロール（プロビタミンD_3）から紫外線の作用でつくられる。

③ ビタミンE

食品中の**ビタミンE**は，主に**α-**，**β-**，**γ-**および**δ-トコフェロール**の4種である。五訂では項目名をそれまで用いていたビタミンE効力に代えてビタミンEとし，α-トコフェロール当量（mg）で示していたが，五訂増補からビタミンEとしてトコフェロールの成分値を示すこととし，α-，β-，γ-および δ-トコフェロールが収載されている。

④ ビタミンK

ビタミンKには，**K₁**[*1]と**K₂**[*2]が存在し，これらの生理活性はほぼ同様である。収載値については，原則としてビタミン K_1 と K_2 の合計値で示されている。ただし，糸引き納豆，挽きわり納豆，五斗納豆，寺納豆，金山寺みそおよびひしおみそはメナキノン-7を多く含有するため，メナキノン-4換算後，ビタミンK含量に合算されている。

*1 ビタミン K_1 化合物名はフィロキノンであり，緑黄色野菜や海藻に含まれている。

*2 ビタミン K_2 化合物名はメナキノンである。微生物により生成するため，発酵食品(納豆，チーズ)に多い。

⑤ ビタミン B_1

ビタミン B_1(チアミン)は，塩酸酸性下で加熱抽出されるため，収載値は，チアミン塩酸塩相当量として示されている。

⑥ ビタミン B_2

ビタミン B_2(リボフラビン)は，酵素処理によって遊離型に変換し，リボフラビンの蛍光を利用して測定される。

⑦ ナイアシン

ナイアシンは，体内で同様の作用をもつ**ニコチン酸**，**ニコチン酸アミド**などの総称である。収載値は，**ニコチン酸相当量**で示されている。

⑧ ナイアシン当量

ナイアシン当量は，食品からの摂取以外に，生体内で**トリプトファン**から一部生合成され，トリプトファンの活性はナイアシンの1/60とされている。したがって収載値は，ナイアシン当量を設け，次の式により算出されている。

$$\text{ナイアシン当量}(\mu g\text{NE}) = \text{ナイアシン}(\text{mg}) + \frac{1}{60}\,\text{トリプトファン}(\text{mg})$$

なお，トリプトファン量が未知の場合のナイアシン当量については，たんぱく質の1％をトリプトファンとみなす次の式により算出されている。

$$\text{ナイアシン当量}(\mu g\text{NE}) = \text{ナイアシン}(\text{mg}) + \text{たんぱく質}(\text{g}) \times 1000 \times \frac{1}{100} \times \frac{1}{60}(\text{mg})$$

⑨ ビタミン B_6

ビタミン B_6は，**ピリドキシン**，**ピリドキサール**，**ピリドキサミン**などの同様の作用をもつ10種以上の化合物の総称である。収載値については，**ピリドキシン相当量**で示されている。

⑩ ビタミン B_{12}

ビタミン B_{12}は，**シアノコバラミン**，**メチルコバラミン**，**アデノシルコバラミン**，ヒドロキソコバラミンなどの同様の作用をもつ化合物の総称である。収載値については，**シアノコバラミン相当量**で示されている。

⑪ 葉酸

葉酸の化合物は，プテロイルモノグルタミン酸である。酵素処理により，モノグルタミン酸として定量されている。

⑫ パントテン酸

パントテン酸は，細胞内ではコエンザイムA(CoA)の成分として存在している。酵素処理により，遊離型のパントテン酸として定量されている。

⑬ ビオチン

ビオチンは，食品中では，大部分がたんぱく質中のリシンと結合して存在している。酵素処理により，遊離型のビオチンとして定量されている。

⑭ ビタミンC

食品中の**ビタミンC**は，**L-アスコルビン酸**(**還元型**)と**L-デヒドロアスコルビン酸**(**酸化型**)として存在する。その効力値については，同等とみなされている。収載値については両者の合計値で示されている。

11) 食塩相当量

食塩相当量は，ナトリウム量に2.54(NaCl/Na)を乗じて算出した値で示されている。ナトリウム量には食塩に由来するもののほか，原材料となる生物に含まれるナトリウムイオン，**グルタミン酸ナトリウム**，アスコルビン酸ナトリウム，リン酸ナトリウム，炭酸水素ナトリウムなどに由来するナトリウムも含まれる。

12) アルコール

アルコールは，上述のとおり，エネルギー産生成分と位置づけられている。し好飲料および調味料に含まれるエチルアルコール(エタノール)の量が収載されている。アルコールは，浮標法，水素炎イオン化検出－ガスクロマトグラフ法または振動式密度計法で測定されている。

13) 備　考

食品の内容と各成分の収載値などに関連の深い重要な事項について，次に示す内容が備考欄に記載されている。

- 食品の別名，性状，廃棄部位，あるいは加工食品の材料名，主原材料の配合割合，添加物など。
- 硝酸イオン，カフェイン，ポリフェノール，タンニン，テオブロミン，スクロース，調理油などの含量。

(3) 数値の表示方法

各成分の収載値は，すべて**可食部100gあたりの数値**で示されている。数値の丸め方は，最小表示桁の1つ下の桁を四捨五入している。整数で表示するエネルギー以外の項目については，原則として大きい位から3桁目を四捨五入して有効数字2桁で示している。食品成分表の収載値の記号については，**表1.13**に示したとおりである。

表1.13　食品成分表収載値の記号

記号	意味
-	未測定である。
0	食品成分表の最小記載量の1/10(ヨウ素，セレン，クロム，モリブデンおよびビオチンにあっては3/10)未満または検出されなかった。ただし，食塩相当量は算出値が最小記載量(0.1 g)の5/10未満であることを示している。
Tr	最小記載量の1/10(ヨウ素，セレン，クロム，モリブデンおよびビオチンにあっては3/10)以上含まれているが5/10未満である。
(0)	文献などにより含まれていないと推定される。
(Tr)	文献などにより微量に含まれていると推定される。
(　)内に数値	諸外国の食品成分表の収載値から借用した場合や原材料配合割合(レシピ)等を基に計算した場合に示される。また，無機質，ビタミン等においては，類似食品の収載値から類推や計算により求めた場合に示される。

出所）表1.4に同じ

(4) 食品の調理条件

食品成分表には，**調理した食品**の成分値が収載されている。食品の調理の条件については，一般的な調理，すなわち小規模調理を想定している。**加熱調理**の種類は，水煮，ゆで，炊き，蒸し，電子レンジ調理，焼き，油いため，ソテー，素揚げ，天ぷら，フライおよびグラッセなどが収載されている。一方，**非加熱調理**の種類は，水さらし，水戻し，塩漬およびぬかみそ漬などが収載されている。食品の調理は，一般的に調味料が添加されるが，使う調味料の種類や量を決めにくいために，マカロニ・スパゲッティのゆで，にんじんのグラッセ，塩漬およびぬかみそ漬を除き調味料は添加されていない。示された調理の調理過程の詳細は，食品成分表に「調理の方法の概要および重量変化率表」として掲載されている。

1)　調理に関する計算式

①　重量変化率

食品成分表における食品の調理については，水さらしや加熱により食品中の成分が溶出や変化し，一方で調理に用いる吸水や吸油によって食品の質量が増減するため，次の計算式により**重量変化率**を求めている。

重量変化率（%）＝ 調理後の同一試料の質量 ÷ 調理前の試料の質量 × 100

②　調理による成分変化率と調理した食品の可食部100 g当たりの成分値

食品成分表の調理した食品の成分値は，調理前の食品の成分値との整合性を考慮し，原則として次の式により調理による**成分変化率**を求めている。

調理による成分変化率（%）
＝調理した食品の可食部100 g当たりの成分値 × 重量変化率（%）
÷ 調理前の食品の可食部100 g当たりの成分値

さらに，得られた調理による成分変化率を用いて，調理した食品の成分値が次の式により算出されている。

調理した食品の可食部100 gあたりの成分値
＝調理前の食品の可食部100 gあたりの成分値 × 調理による成分変化率（%）
÷ 重量変化率（%）

③ **調理した食品全質量に対する成分量（g）**

実際に摂取した成分量に近似させるために，栄養価計算においては，食品成分表の調理した食品の成分値(可食部100 g当たり)と，調理前の食品の可食部質量を用いて，次に式により調理した食品全質量に対する成分量を求めることができる。

調理した食品全質量に対する成分量（g）

$$
= \text{調理した食品の可食部100 gあたりの成分値} \times \frac{\text{調理前の可食部質量（g）}}{\text{100（g）}} \times \frac{\text{重量変化率（\%）}}{100}
$$

④ **購入量**

食品成分表に収載されている廃棄率と，調理前の食品の可食部質量から，廃棄部を含めた原材料質量(**購入量**(発注量))を，次の式により算出することができる。

$$
\text{廃棄部を含めた原材料質量（g）} = \frac{\text{調理前の可食部質量（g）} \times 100}{100 - \text{廃棄率（\%）}}
$$

2）調理条件に関するその他事項

揚げ物(素揚げ，天ぷらおよびフライ)については，生の素材100 gに対して使われた衣などの質量，調理による脂質量の増減などを表にしてまとめられている。また，炒めもの(油いため，ソテー)についても，生の素材100 gに対して使われた油の量，調理による脂質量の増減などが同様に表にしてまとめられている。調理による成分変化については，食品成分表に収載データにより「調理による成分変化率の区分別一覧」がまとめられている。当該表により，食品群別/調理方法区分別などの各成分の調理に伴う残存の程度や油調理などの場合の油関連成分の増加の程度がわかるようになっている。

1.2.2 食品成分表利用上の注意点

厚生労働省は，2021(令和3)年8月に八訂食品成分表の取り扱いについて，以下の留意事項を示した。食品成分表の活用にあたっては，注意が求められている。

・八訂において，エネルギー算出方法が変更されたことにより，科学的確からしさが向上する一方で，七訂での方法で算出したエネルギーとの比較ができなくなることに留意すること。

・八訂から，冷凍，チルド，レトルトの状態で流通する食品については，「調理済み流通食品」の食品群が設けられ，成分値等の情報の充実が図られていることと，追補等により変更された既収載食品の成分値が改訂されていることに留意すること。

・収載されている成分値は，“年間を通じて普通に摂取する場合の全国的な代表値”であり，**“1 食品 1 標準成分値”**が原則として収載されており，動植物や菌類の品種，成育(生育)環境，加工，調理方法などによりその値に幅や差異が生じることに十分留意すること。また，旬のある食品については季節による差異が明記されているので，季節変動に留意して活用すること。

表 1.14　緑黄色野菜一覧

あさつき	(たいさい類)	(ピーマン類)
あしたば	つまみな	オレンジピーマン
アスパラガス	たいさい	青ピーマン
いんげんまめ(さやいんげん)	たかな	赤ピーマン
うるい	たらのめ	トマピー
エンダイブ	ちぢみゆきな	ひのな
(えんどう類)	チンゲンサイ	ひろしまな
トウミョウ(茎葉，芽ばえ)	つくし	ふだんそう
さやえんどう	つるな	ブロッコリー(花序，芽ばえ)
おおさかしろな	つるむらさき	ほうれんそう
おかひじき	とうがらし(葉・果実)	みずかけな
オクラ	(トマト類)	(みつば類)
かぶ(葉)	トマト	切りみつば
(かぼちゃ類)	ミニトマト	根みつば
日本かぼちゃ	とんぶり	糸みつば
西洋かぼちゃ	ながさきはくさい	めキャベツ
からしな	なずな	めたで
ぎょうじゃにんにく	(なばな類)	モロヘイヤ
みずな	和種なばな	ようさい
キンサイ	洋種なばな	よめな
クレソン	(にら類)	よもぎ
ケール	にら	(レタス類)
こごみ	花にら	サラダな
こまつな	(にんじん類)	リーフレタス
コリアンダー	葉にんじん	サニーレタス
さんとうさい	にんじん	レタス(水耕栽培)
ししとう	きんとき	サンチュ
しそ(葉，実)	ミニキャロット	ルッコラ
じゅうろくささげ	茎にんにく	わけぎ
しゅんぎく	(ねぎ類)	(たまねぎ類)
すいせんじな	葉ねぎ	葉たまねぎ
すぐきな(葉)	こねぎ	みぶな
せり	のざわな	
タアサイ	のびる	
(だいこん類)	パクチョイ	
かいわれだいこん	バジル	
葉だいこん	パセリ	
だいこん(葉)	はなっこりー	

・別冊として，**日本食品標準成分表アミノ酸成分表編**，**同脂肪酸成分表編**および**同炭水化物成分表編**が作成されているので，利用目的に応じた活用を図ること。

・**緑黄色野菜**とは，原則として可食部100 g当たり**β-カロテン当量**が600 μg以上のものと，摂取量および摂取頻度などを勘案のうえβ-カロテン当量が600 μg未満もの（トマト，ピーマンなど一部の野菜）として一覧表（**表1.14**）に整理されている。

【演習問題】

問1 食事バランスガイドに関する記述である。最も適当なものはどれか。1つ選べ。（2023年国家試験改変）

（1）厚生労働省と農林水産省の共同で策定された。

（2）摂取すべき水分の量が示されている。

（3）運動の重要性が示されている。

（4）炭水化物をコマの軸として示している。

（5）コマの上部から，「主菜」「副菜」「主食」の順に並べられている。

解答（3）

問2 表は，日本食品標準成分表2020年版（八訂）からの抜粋である。「ゆで」による重量変化率が150 %のモロヘイヤについて，調理前の可食部重量が50 gのとき，ゆでた後のビタミンC量（mg）として，最も適当なのはどれか。1つ選べ。（2023年国家試験）

（1）6

（2）8

（3）17

（4）33

（5）49

解答（2）

表 ビタミンC含有量（可食部100g当たり）

	ビタミンC
	mg
モロヘイヤ	
茎葉，生	65
茎葉，ゆで	11

問3 日本食品標準成分表2020年版（八訂）に関する記述である。正しいのはどれか。1つ選べ。（2018年国家試験を改変）

（1）食品群別の収載食品数は，野菜類が最も多い。

（2）食品の検索を容易にするため，索引番号が設けられている。

（3）炭水化物の成分値には，食物繊維が含まれない。

（4）食塩相当量には，グルタミン酸ナトリウムに由来するナトリウムは含まれない。

（5）ビタミンCは，還元型のみの値を収載している。

解答（2）

引用参考文献・参考資料

AOAC 日本：AOAC INTERNATIONAL
https://aoacijs.org/aoac-international/（2024.09.03）
香川明夫監修：八訂食品成分表 2023，女子栄養大学出版部（2023）
香川綾：香川式食事法—四つの食品群点数法—，女子栄養大学紀要，14，5-12（1983）
栢野新市・水品善之・小西洋太郎編：食品学Ⅱ　食べ物と健康　食品の分類と特性，加工を学ぶ，栄養科学イラストレイテッド，羊土社（2021）
厚生省：栄養教育としての「6 つの基礎食品」の普及について，厚生省公衆衛生局長通知（1981）
厚生労働省，e-ヘルスネット：食生活のあり方を簡単に示した栄養 3・3 運動（2019.06.7 更新公表日）
http:/www.e-healthnet.mhlw.go.jp/information/food/e-03-001.html（2024.09.08）
厚生労働省：国民健康・栄養調査，（2024.09.05 公開）
http://www.mhlw.go.jp/bunya/kenkou/kenkou_eiyou_chousa.html（2024.09.08）
厚生労働省：食事バランスガイドについて（2018.06.02 公開）
http://www.mhlw.go.jp/bunya/kenkou/eiyou-syokuji.html（2024.09.08）
厚生労働省：日本食品標準成分表 2020 年版（八訂）の取扱いについて（2021.08.04 公開）
https://www.mhlw.go.jp/web/t_doc?dataId=00tc6109&dataType=1&pageNo=1（2024.09.08）
消費者庁：特別用途食品とは（2024.08.28 公開）
https://www.caa.go.jp/policies/policy/food_labeling/foods_for_special_dietary_uses/（2024.09.08）
消費者庁：保健機能食品について（2024.07.30 更新）
https://www.caa.go.jp/policies/policy/food_labeling/foods_with_health_claims/（2024.09.08）
農林水産省：食料需給表（2024.09.08 更新）
https://www.maff.go.jp/j/zyukyu/fbs/（2024.09.08）
文部科学省：小学校学習指導要領，解説家庭編（2017）
文部科学省：日本食品標準成分表（八訂）増補 2023 年（2023.10.21 公開）
https://www.mext.go.jp/a_menu/syokuhinseibun/mext_00001.html（2024.09.08）
文部科学省：日本食品標準成分表 2020 年版（八訂）（2023.10.21 更新）
https://www.mext.go.jp/a_menu/syokuhinseibun/mext_01110.html（2024.09.08）

2 植物性食品の分類と成分

2.1 植物性食品の分類と成分

2.1.1 穀類の種類と特性

植物性食品には，穀類，いも類，豆類，種実類，野菜類，果実類などが含まれる。中でも，穀類，いも類，豆類は炭水化物を豊富に含み，エネルギー源として人間にとって重要な食糧である。穀類には，イネ科植物のこめ，こむぎ，おおむぎ，とうもろこし，ライむぎ，えんばく，きび，ひえ，あわ，タデ科植物のそば，ヒユ科植物のアマランサス(アマランス)などがある。こめやこむぎ，おおむぎ，とうもろこしなど穀物の世界生産量は28.1億トン(2023年)であり，増加傾向にある。

穀類の特性として，単位面積当たりの生産量が高く，水分含量が少ないことから，保存性が高い。また，**でんぷん**が多くエネルギー源となることから主食となり，味が淡泊であることから副食や副菜との食べ合わせが良好である。

穀類の栄養成分は，炭水化物が約70％前後を占め，たんぱく質は6～10％程度である(**表2.1**)。脂質は胚芽に分布している。無機質は，カリウムや

表2.1 穀類の栄養成分

食品名	廃棄率	エネルギー	水分	たんぱく質	脂質	炭水化物	食物繊維総量	無機質 カリウム	無機質 カルシウム	無機質 マグネシウム	無機質 リン	ビタミン A β-カロテン当量	ビタミン E α-トコフェロール	ビタミン ビタミンB_1	ビタミン ビタミンB_2	ビタミン ナイアシン	アミノ酸価(アミノ酸スコア)
単位	%	kcal	g	g	g	g	g	mg	mg	mg	mg	μg	mg	mg	mg	mg	
こめ ［水稲穀粒］ 玄米	0	346	14.9	6.8	2.7	**74.3**	3.0	230	9	110	290	1	1.2	0.41	0.04	6.3	100
こめ ［水稲穀粒］ 精白米	0	342	14.9	6.1	0.9	**77.6**	0.5	89	5	23	95	0	0.1	0.08	0.02	1.2	93
こめ ［陸稲穀粒］ 精白米	0	331	14.9	9.3	0.9	**74.5**	0.5	89	5	23	95	0	0.1	0.08	0.02	1.2	
こむぎ ［玄穀］ 国産 普通	0	329	12.5	10.8	3.1	**72.1**	14.0	440	26	82	350	(0)	1.2	0.41	0.09	6.3	76
こむぎ ［小麦粉］ 薄力粉 1等	0	349	14.0	8.3	1.5	**75.8**	2.5	110	20	12	60	(0)	0.3	0.11	0.03	0.6	53
こむぎ ［小麦粉］ 中力粉 1等	0	337	14.0	9.0	1.6	**75.1**	2.8	100	17	18	64	(0)	0.3	0.10	0.03	0.6	53
こむぎ ［小麦粉］ 強力粉 1等	0	337	14.5	11.8	1.5	**71.7**	2.7	89	17	23	64	(0)	0.3	0.09	0.04	0.8	49
おおむぎ 押麦 乾	0	329	12.7	6.7	1.5	**78.3**	12.2	210	21	40	160	(0)	0.1	0.11	0.03	3.4	89
おおむぎ 米粒麦	0	333	14.0	7.0	2.1	**76.2**	8.7	170	17	25	140	(0)	0.1	0.19	0.05	2.3	
とうもろこし コーングリッツ 黄色種	0	352	14.0	8.2	1.0	**76.4**	2.4	160	2	21	50	180	0.2	0.06	0.05	0.7	44
とうもろこし コーンフラワー 黄色種	0	347	14.0	6.6	2.8	**76.1**	1.7	200	3	31	90	130	0.2	0.14	0.06	1.3	
とうもろこし コーンフレーク	0	380	4.5	7.8	1.7	**83.6**	2.4	95	1	14	45	120	0.3	0.03	0.02	0.3	22
そば そば粉 全層粉	0	339	13.5	12.0	3.1	**69.6**	4.3	410	17	190	400	(0)	0.2	0.46	0.11	4.5	100
そば そば粉 内層粉	0	342	14.0	6.0	1.6	**77.6**	1.8	190	10	83	130	(0)	0.1	0.16	0.07	2.2	

可食部100gあたりに含まれる成分
出所）文部科学省：日本食品標準成分表(八訂)増補2023年より

マグネシウムが多く，ビタミンA（小麦を除く），D，Cはほとんど含まれない。そのほか，ビタミンEやB_1，B_2，ナイアシンなどは主に胚芽に分布する。三大穀類といわれるこめ，こむぎ，とうもろこしはリシンが少ないことから第一制限アミノ酸がリシンである。一方，そばは穀類に不足しがちなリシンが豊富に含まれており，**アミノ酸価**[*1]が100である。

2.1.2 こ　め（rice, *Oryza sativa* L.）

(1) 分類と品種

こめは，籾（もみ）と呼ばれる外皮で覆われており，籾を取り除いたものが**玄米**である。こめの品種は，形状から**ジャポニカ米**（**日本型米**）と**インディカ米**（**インド型**）に大別され，さらにでんぷんの特性によりうるち米ともち米に分類される。また，栽培方法の違いにより，水稲米と陸稲米に分類される。

1) ジャポニカ米・インディカ米

ジャポニカ米は，丸みを帯びた円粒で粒が砕けにくい。また，炊飯すると粘りがある。インディカ米は，細長い形をしており，砕けやすい。炊いたときにパサつくのも大きな特徴である。この炊飯時の食感の違いは，アミロペクチンの分岐鎖長の違いによるものと考えられている。

2) 水稲米と陸稲米

水田で栽培されるものを**水稲米**，畑で栽培されるものを**陸稲米**という。日本で栽培される米の97 %は水稲米であるが，こめの消費が減少傾向にあることから，水稲（主食用米）の作付面積も減少している。陸稲米は水稲米に比べてたんぱく質が多く含まれているが，飯の食味は水稲米よりも劣る。

3) うるち米ともち米

でんぷんのアミロースとアミロペクチンの割合の違いから，**うるち米**と**もち米**に分類される。日本で生産されているこめのほとんどがうるち米である。うるち米のでんぷんは，70～80 %が**アミロース**，20～30 %が**アミロペクチン**で構成されている。アミロースとアミロペクチンの含量の違いが，飯の粘りや弾力に関係しており，うるち米の飯は適度な粘りと弾力があり，日本人に好まれる。もち米のでんぷんは100 %**アミロペクチン**からなり，粘りが強く，老化しにくいのが大きな特徴であり，赤飯や炊きおこわに用いられる。また，もち米のみを炊飯する場合，でんぷんの特性から蒸す方法が一般的である。

4) その他

現在，赤米や黒米のような着色米，独特な香りをもつ香り米，品種開発により低アミロース米や高アミロース米，アレルギーの原因物質を減らした低アレルギー米（低グロブリン米）なども栽培されている。近年，洗米の必要がない**無洗米**も作られている。

*1 **アミノ酸価（アミノ酸スコア）** アミノ酸スコアは，ヒトが必要とするアミノ酸の基準値に対して食品中のアミノ酸がどれだけ不足しているかを表す値。食品のたんぱく質中に含まれる**必須アミノ酸**[*2]の含量をそのアミノ酸の基準値（1973年，1985年，2007年FAO/WHO/UNUアミノ酸評点パターン）と比較して算出される。食品のたんぱく質に含まれる必須アミノ酸のうち，アミノ酸スコアが100以下で最も小さい値のアミノ酸を，その食品の第一制限アミノ酸という。

$$\text{アミノ酸スコア} = \frac{\text{食品中たんぱく質の第一制限アミノ酸含量 (mg/gN)}}{\text{アミノ酸評点パターンにおける該当アミノ酸含量 (mg/gN)}} \times 100$$

*2 **必須（不可欠）アミノ酸** たんぱく質合成に利用される20種のアミノ酸のうち，ヒトの体内で合成することができないアミノ酸あるいは合成量が少ないために食事から摂取する必要があるアミノ酸のこと。ヒトでは，バリン，ロイシン，イソロイシン，トレオニン（スレオニン），フェニルアラニン，トリプトファン，リシン（リジン），ヒスチジン，メチオニンの9種類である。

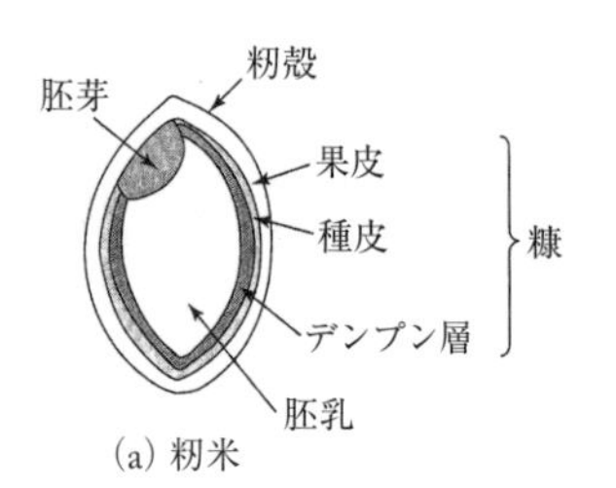

(a) 籾米

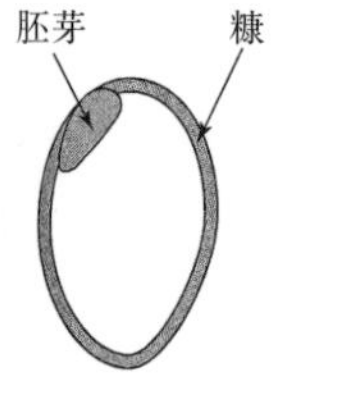

(b) 玄米

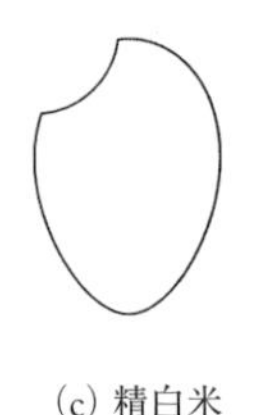

(c) 精白米

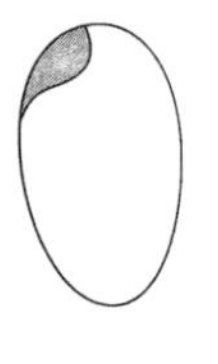

(d) 胚芽米

図 2.1　米粒の構造

5)　精　　米

収穫したこめを籾米(もみまい)と呼び，籾殻を除去したものが玄米である。玄米は果皮・種皮・糊粉層からなる糠(ぬか)で覆われており，搗精(とうせい)によって糠と胚芽が除かれ**精白米**(胚乳)となる。精白米は十分搗(づき)米とも呼ばれる。搗精は精白または精米ともいわれ，糠を取り除いた割合により**五分(半)搗き米**(糠を50 %削ったもの)や**七分搗き米**(糠を70 %削ったもの)という。なお，**胚芽米**は胚芽保有率が 80 %以上のものをいう。(**図 2.1**)

(2) 成　　分

1)　炭水化物

こめの主成分は炭水化物であり，精白米中の約 78 %を占める。そのほとんどがでんぷんであり，先に述べたようにこめの種類によってアミロース，アミロペクチン含量が異なる。

2)　たんぱく質・アミノ酸

こめのたんぱく質は約 6 %で，主なたんぱく質は**オリゼニン**である。アミノ酸の中でリシンが最も含量が少ないことから，**第一制限アミノ酸がリシン**である*。日本では，こめの摂取量が多いことから，こめは重要なたんぱく源となる。

＊**こめのアミノ酸価**　玄米：100，精白米(うるち米)：93，(もち米)：91。アミノ酸価：2007 年 WHO/FAO/UNU の 18 歳以上の必須アミノ酸評点パタンを用いて算出した数値。

3)　脂　　質

こめの脂質は主に糠層に多く玄米 2.7 %，精白米 0.9 %である。そのため，米ぬか油(米油)として利用される。こめ油の脂肪酸組成は，飽和脂肪酸が約 20 %，不飽和脂肪酸が約 80 %を占め，飽和脂肪酸で最も含量が多いのはパルミチン酸(約 17 %)である。不飽和脂肪酸の中で含量が多い脂肪酸は，一価不飽和脂肪酸(大部分がオレイン酸)(約 43 %)，リノール酸(約 35 %)である(**表 2.2**)。また，抗酸化物質である**γ-オリザノール**が含まれる。一方で，脂質酸化酵素である**リポキシゲナーゼ**やリパーゼが含まれることから，長期間貯蔵すると，**古米臭**の原因となる**ヘキサナール**などアルデヒドが生じる。

表 2.2　米ぬか油の脂肪酸およびビタミン E の組成

	飽和脂肪酸	一価不飽和脂肪酸	多価不飽和脂肪酸	16:0 パルミチン酸	18:1 計	18:2 *n*-6 リノール酸	18:3 *n*-3 α-リノレン酸	ビタミン E (α-トコフェロール)
単　位	g/100 g 脂肪酸総量							mg/可食部 100 g あたり
米ぬか油 (別名：米油)	20.5	43.3	36.2	16.9	42.6	35.0	1.3	26

4) ビタミン・無機質

玄米の糠や胚芽部には，ビタミンB群が多く，特にビタミンB_1，B_2，ナイアシンが多く含まれる。そのため，精白することにより80％が失われる(**表2.1**)。さらに，精白米は，洗米によりビタミンB_1が減少する。なお，米ぬか油には，ビタミンEが多く含まれる(**表2.2**)。

こめの無機質は，玄米・精白米ともにリン，カリウム，マグネシウムの順に多く含まれる。

(3) 利用・加工

こめの用途は90％以上が炊飯して米飯として利用される。近年，こめを炊飯し乾燥させた**α(アルファ)化米**や，炊飯後に無菌包装された米飯など米飯の加工品が開発されている。もち米の場合は，小豆やささげと一緒に炊飯した赤飯や強飯として用いられる。

その他の加工食品は，穀粉類，菓子類，発酵食品類(清酒，焼酎，米酢)などがあり，小麦アレルギーの代替品として米粉の需要が高まっている。

うるち米(精白米)の場合，洗米後に乾燥させ粉砕したものが新粉であり，新粉を利用してせんべいが作られる。また，新粉の粒子が細かいものを**上新粉**といい柏餅や草餅に利用される。洗米後に加工したものにビーフンがある。(**表2.3**)

もち米(精白米)の場合，洗米後に粉砕したものがもち粉であり大福に利用される。水挽き・乾燥したものを**白玉粉**とよび，白玉団子に用いられる。また，洗米後蒸し・乾燥粉砕などの工程をへて**道明寺粉**が作られる。道明寺粉は桜餅に利用される。さらに，洗米後，蒸練・圧延べ・焼き上げ・粉砕したものを寒梅粉とよぶ。

表2.3 こめの加工品

種類	加工	米粉	用途
うるち米	生	新粉	せんべいなど
		上新粉	柏餅，草餅，ういろうなど
もち米	生	もち粉	大福，求肥(ぎゅうひ)など
		白玉粉	白玉団子，求肥など
	糊化	道明寺粉	桜餅など
		寒梅粉	押菓子，和菓子など

2.1.3 こむぎ(wheat, *Triticum aestivum* L.)

(1) 分類と品種

こむぎは世界で多く栽培されている穀物であり，さまざまな品種や分類がある。日本は年間約99万トン(2022年度，農林水産省)で，カロリーベースの食料自給率は15％であるため，輸入により470万～520万トン程度を補っている。

1) 品　種

こむぎには，**普通小麦**(パン小麦)，**デュラム小麦**(デュラムセモリナ)，**クラブ小麦**などがある。普通小麦は，最も栽培されている品種で，パンや麺，菓子の原料として用いられる。デュラム小麦はたんぱく質が多く(**表2.4**)硬いことからマカロニやスパゲティなどに利用される。クラブ小麦は，普通小麦に似

表 2.4　小麦粉の種類と用途

小麦粉	たんぱく質量(%)	グルテンの性質	原料小麦	用途
強力粉	11 ～ 13	強靭	硬質小麦	食パン，麩
準強力粉	10 ～ 11.5	強い	中間質小麦	中華麺，菓子パン
中力粉	8 ～ 10	軟	中間質小麦	そうめん，うどん
薄力粉	7 ～ 8	軟弱	軟質小麦	菓子類，てんぷら
デュラムセモリナ	約 12	柔軟	デュラム小麦	スパゲティ，マカロニなどパスタ類

出所）山崎清子ほか：NEW 調理と理論(第 2 版)，同文書院(2021)より作成

ており，菓子の原料として用いられる。

2)　播種（はしゅ）時期による分類

秋に種をまき初夏に収穫する**冬小麦**と，春に種をまき秋に収穫する**春小麦**がある。世界で栽培されているこむぎのほとんどが冬小麦である。

3)　硬度による分類

小麦粒は，**ふすま**とよばれる外皮(果皮，種皮，糊粉層)に覆われており，胚芽，胚乳で構成されている。また，粒溝が胚乳に食い込んでいる(**図 2.2**)。この粒子が硬いものを**硬質小麦**，軟らかいものを**軟質小麦**という。硬質小麦は，切断面がガラス状質で，でんぷんやたんぱく質が密に詰まっていることからたんぱく質含量が高く，パンなどに用いられる。軟質小麦は，切断面が不透明・粉状質でたんぱく質含量が少ないことから軟らかく，うどんや菓子に用いられる。そのほか，硬質小麦と軟質小麦の中間の性質をもつ中間質小麦もある。(**表 2.4**)

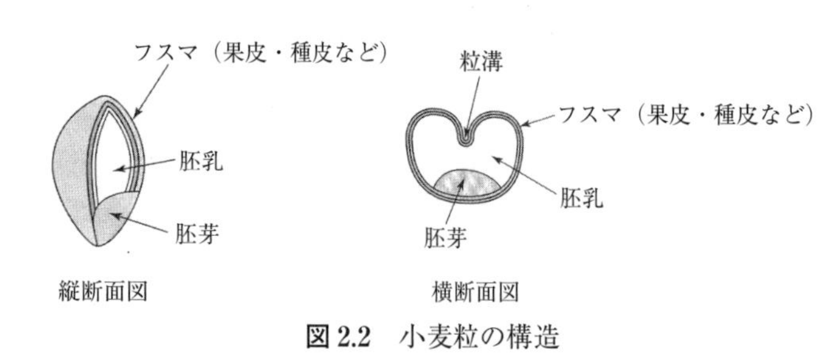

図 2.2　小麦粒の構造

4)　色による分類

外皮の色により，赤色小麦(褐色)と白色小麦(黄色)に分類される。

(2) 製　　粉

こむぎは，外皮が硬く，胚乳が軟らかいため米のような搗精(とうせい)をしない。そのかわり，こむぎは粉砕し，胚乳を粉にしてこれをふるいに通し，ふすまと胚乳を分離して小麦粉を得る。外皮や胚芽を除かずにすべて使用したものを**全粒粉**という。

こむぎは，灰分は胚乳に少なく外皮に多いことから，小麦粉の品質判定に利用される。**灰分**の含量によって等級が異なり，特等級～ 3 等級に分類される。1 等級は灰分が 0.4 %，2 等級は 0.5 %，3 等級は約 1 %前後である。灰分が多いと，外皮が混入していることからくすんだ色になる。

小麦粉は，硬度の項目でも述べたように，原料小麦によって粒度やたんぱく質含量が異なる。たんぱく質含量の違いにより性質が異なることから，用

途により使い分けされている(表2.4)。**強力粉**のたんぱく質含量が最も多く，次いで**準強力粉**＞**中力粉**＞**薄力粉**の順にたんぱく質が多い。また，たんぱく質含量が多いものはグルテン含量も多く，グルテンが多いほどグルテンの性質は強くなる(デュラム小麦を除く)。一方，**デュラム小麦**はたんぱく質含量が多いものの，グルテニン含量が多く小麦粉とはグルテンの性質が異なるためパンには利用されず，主にパスタ類に用いられる。

(3) 成　分

1) 炭水化物

こむぎの炭水化物は約72～76％で，その大部分がでんぷんで主に胚乳に存在する。でんぷんはアミロース約24％，アミロペクチン約76％からなる。

2) たんぱく質・アミノ酸

たんぱく質は，約8～12％含まれており，小麦粉の特性に関与している。たんぱく質はプロラミンたんぱく質の**グリアジン**と**グルテリン**が全たんぱく質の80％以上を占めており，これらは水に不溶である。グリアジンとグルテニンに水を加えてこねると，粘弾性が増し，**グルテン**と呼ばれる網目構造を形成する(図2.3)。これは，両分子内のSS結合やSH結合が互いに引き合うことにより，結合の交換が起こり新たなSS結合を形成するためである。

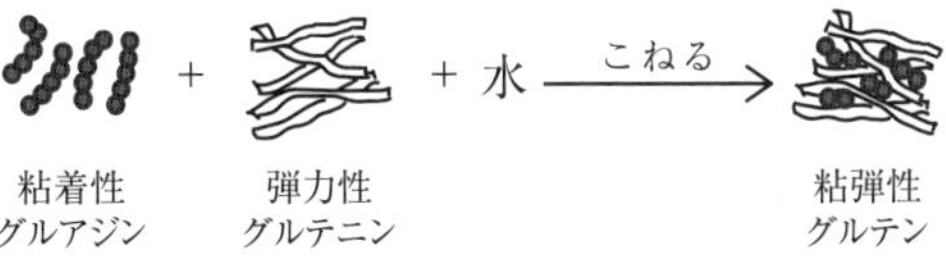

図2.3　グルテンの形成

小麦たんぱく質の**第一制限アミノ酸**は**リシン**である。小麦粉(強力粉～薄力粉)のアミノ酸価は，49～58と，精白米(うるち米＝93)と比べて低い。

3) 脂　質

こむぎの脂質は，胚芽に多く約3％含まれる。胚芽が取り除かれた小麦粉では脂質含量が約1.5％となる。こむぎの脂質を構成する脂肪酸は，主に不飽和脂肪酸のリノール酸が多く含まれる。

4) ビタミン・無機質

こむぎには，胚芽にビタミンEが多く含まれる。また，カロテノイドの一種であるルテインが多く含まれることから，小麦粉は黄色味をおびている。ビタミンB_1，B_2，ナイアシンはふすまや胚芽に多く，胚乳(とくに中心部)には少ない。無機質は，ふすまに多く胚乳に少ない。また，カリウムとリンが多く，カルシウムは少ない。

(4) 利用・加工

小麦粉は，たんぱく質含量が性質に影響することを利用して，パンやめん類，菓子などさまざまな用途がある。

パンは，小麦粉，水，食塩，イーストを基本材料とし，砂糖やバターなど

コラム 2　小麦アレルギーではない，でも，グルテンが食べられない病気?!

こむぎを利用した食品はパン，パスタ，うどんなど非常に多い。これら食品の多くは小麦たんぱく質であるグルテンの性質を利用して作られている。しかし，このグルテンは小麦アレルギーの原因物質であり，重篤なアレルギー症状を引き起こす可能性があることから，こむぎは，特定原材料（8 品目）指定されている。こむぎによる疾患は，アレルギー以外に「セリアック病」がある。セリアック病は，自己免疫疾患の一種でこむぎなどグルテンを含む製品を摂取することにより，下痢や膨満感，成長阻害，倦怠感，神経障害といった症状を起こす。遺伝的要因や環境的要因などの理由があるが，遺伝的要因から白人に多く，アジア人に少ない。そのため，わが国ではこの疾患の認知度はそれほど高くない。日本では，これまでこめを主食としてきたが，近年，食の欧米化によりパンやパスタなどこむぎを主食とする食生活が定着してきた。この食生活の変化により，日本でもセリアック病の増加が懸念されている。好きなものを食べ続けるのではなく，「飽食の時代」といわれ，選択する自由がある今だからこそ，いろんな食材に目を向け，バランスのよい食事が必要ではないだろうか。

油脂類，スキムミルクなど乳製品を加えて混捏する。そして，形成したグルテンを**イースト**のアルコール発酵で膨化し，焼成したものがパンである。この時のグルテンは**粘弾性**や**伸展性**が求められることから，パンには強力粉が利用される。

めん類は，小麦粉，水，食塩で作ることができる。めんの**コシ**を出すために，うどんやそうめんは中力粉が用いられる。また，中華めんには準強力粉が用いられ，小麦粉，水，食塩に加えて**かん水**と呼ばれるアルカリ塩溶液を用いる。かん水の影響により小麦粉中の**トリシン**という**フラボノイド色素**が黄色に変化することから，中華めんは黄色を呈する。

パスタ類は，主にデュラム小麦が用いられる。デュラム小麦は，たんぱく質含量は多いものの，グルテンの弾性が弱く製麺には食塩を利用せず，水とデュラム小麦を機械的に強力に捏ねて作られる。デュラム小麦には，カロテノイド系色素が多いことから，パスタが黄色くなる。形や管の大きさの違いからスパゲティ，マカロニ，**バーミセリ***などに分類される。

*バーミセリ　そうめんのように細いパスタ（太さ 1.2 mm 未満）で，冷製パスタやスープなどに使われる。

菓子類やフライ衣はグルテンの形成が弱い薄力粉が用いられる。ホットケーキやお好み焼き粉，唐揚げ粉，てんぷら粉など薄力粉をもとにした製品もある。

麩(ふ)は，グルテンを利用して作られる。グルテンを加工してオーブンで焼いたものを**焼き麩**，グルテンを加工して蒸したものを**生麩**(**もち麩**)という。

その他，そばのつなぎとして利用されたり，ソーセージ，かまぼこ，ちくわなどの弾性や保水性，結着性を向上させるために改良剤として用いられる。また，しょうゆの原材料の一部としても使用される。

2.1.4　おおむぎ（barley, *Hordeum vulgare* L.）

(1) 品種と分類

おおむぎは，穂の形で六条種と二条種に分かれ，穂に粒が縦に6列並んでいるものを**六条大麦**，粒が縦に2列並んでいるものを**二条大麦**という（図2.4）。また，それ以外にもはだか麦があり，六条大麦や二条大麦と外見がほぼ同じで，成熟するにつれて籾殻（もみがら）が果皮から離れやすくなる特徴がある。現在日本で生産されている**はだか麦**は，六条の品種が多い。なお，籾殻から果皮が離れにくい六条大麦は**皮麦**（**かわむぎ**）と呼ばれ，一般的にはこの皮麦がおおむぎと呼ばれている。

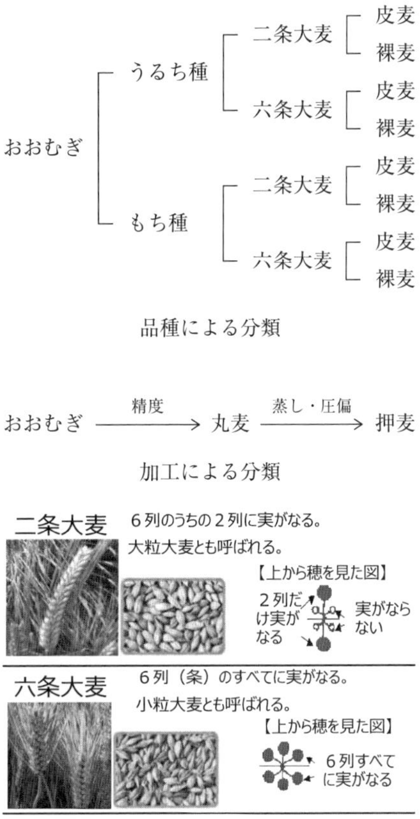

- おおむぎ
  - うるち種
    - 二条大麦（皮麦／裸麦）
    - 六条大麦（皮麦／裸麦）
  - もち種
    - 二条大麦（皮麦／裸麦）
    - 六条大麦（皮麦／裸麦）

品種による分類

おおむぎ —精度→ 丸麦 —蒸し・圧偏→ 押麦

加工による分類

二条大麦　6列のうちの2列に実がなる。
大粒大麦とも呼ばれる。
【上から穂を見た図】
2列だけ実がなる　実がならない

六条大麦　6列（条）のすべてに実がなる。
小粒大麦とも呼ばれる。
【上から穂を見た図】
6列すべてに実がなる

図2.4　おおむぎの分類

出所）農林水産省：ムギをめぐる最近の動向　令和6年，麦の種類・用途

(2) 成　分

1) 炭水化物

おおむぎの主成分は，炭水化物で約78％（押麦）含まれる。その大半がでんぷんであり，アミロース約25％，アミロペクチン約75％である。水溶性食物繊維の**β-グルカン**が多く，特にもち性の大麦（もち麦）中のβ-グルカン量は，うるち性の1.5倍である。

2) たんぱく質

たんぱく質は約7％含まれ，そのうち35～40％がプロラミンの一種である**ホルデイン**とグルテリンの一種である**ホルデニン**である。おおむぎはこむぎと異なり，グルテンを形成しないため，生地の粘弾性が弱く，めんやパンには適さない。

おおむぎ（押麦）の**第一制限アミノ酸**は**リシン**で，アミノ酸価は89である。

3) 脂　質

おおむぎ（押麦）の脂質は1.5％含まれており，主な構成脂肪酸は多価不飽和脂肪酸のリノール酸や飽和脂肪酸のパルミチン酸である。

4) ビタミン・無機質

ビタミンB群，カリウムやリンが多く含まれる。

(3) 利用・加工

六条大麦は，精麦後，粒の状態で食用として利用される。精麦した状態を**丸麦**といい，丸麦を蒸して圧力をかけて平たくしたものを**押麦**という。押麦は，米に混ぜて炊飯することで麦飯となる。また，押麦は丸麦に比べ，口当たりや消化性がよい。さらに，押麦を焙煎したものが麦茶である。麦みそに利用されるのも六条大麦である。**はだか麦**（六条種）も麦みそや金山寺みそに用いられる。そのほか，焙煎し，大麦玄穀を粉にしたものを麦こがしといい別名

（こうせん，はったい），菓子に利用される。

二条大麦は，でんぷんが多く，麦芽に活性の高い**アミラーゼ**が含まれていることから，**でんぷんを糖化**させてビールの原料として用いられる。近年，焼酎の原料としても利用される。

2.1.5　とうもろこし（corn, maize, *Zea mays* (L.) Sturt.）

(1) 品種と分類

とうもろこしは，イネ科キビ亜科トウモロコシ属に属する一年生の草本である。とうもろこしは，種子の色が黄，白，青，赤，紫黒などさまざまであり，黄色種が最も多く栽培・利用されている。また，種子中のでんぷんの性質の違いで，**馬歯（デント）種**，**硬粒（フリント）種**，**軟粒（ソフト）種**，**甘味（スイート）種**，**爆裂（ポップ）種**および**もち（ワキシー）種**の6つに分類される（図2.5）。

(2) 成　　分

主要成分はでんぷんであり，たんぱく質は7％程度でそのアミノ酸価は44（コーングリッツ，2007年アミノ酸評点パターンより）と低い。たんぱく質のうち，約半分はプロラミンの1種である**ツェイン（ゼイン）**であり，第一制限アミノ酸は**リシン**である。**トリプトファン**も少ないために，とうもろこしを常食する人のなかには，ナイアシン欠乏症である**ペラグラ**を発症することがある。脂質は，約5％含有し，そのほとんどが胚芽に含まれており，とうもろこし油の原料とされている。脂肪酸の組成は，**リノール酸**が約5割を占め，次いで**オレイン酸**が多い。

(3) 利用・加工

完熟種子は，コーンミール（製菓，製パンなど），コーングリッツ（ビール，ウイスキーの原料など），コーンフラワー（製菓など），コーンフレーク，コーンスターチ（糖化原料，製菓など），とうもろこし油などに加工され，利用されている。一方，未熟種子も利用されており，この場合のとうもろこし（スイートコーン）は，栄養学上「野菜類」として分類され，利用されている。

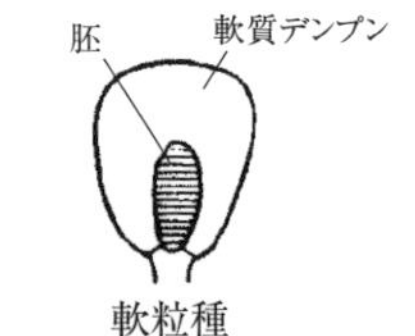

図2.5　とうもろこしの品種と構造

出所）瀬口正晴・八田一編：食品学各論　食べ物と健康2　食品素材と加工学の基礎を学ぶ（第3版），新食品・栄養科学シリーズ，化学同人，図2.3（2016）

2.1.6　その他の麦類

(1) ライむぎ（rye, *Secale cereale* L.）

ライむぎは，イネ科ウシノケグサ亜科ライムギ属に属する一年生または越年生の草本である。主成分は，でんぷんであるが，他の穀類と比べたんぱく質含量の高い（全粒粉で10.8 g/可食部100 g，以下同）ことが特徴である。アミノ酸価は，米や小麦よりも高く100（2007年アミノ酸評点パターンより）であり，第一制限アミノ酸は**リシン**である。また，食物繊維も多い（全粒粉で13.3 g）のも特徴の1つである。ヨーロッパなどでは，パンとして利用されている。ライむぎのたんぱく質は，グルテンを形成することができないので，生地は膨らまずかたいパンに仕上がる。ライむぎは，パンのほか，ビール，ウイスキー，ウオッカなどの酒類にも利用される。

(2) えんばく (oats, *Avena sativa* L.)

えんばく(オートむぎ，からすむぎ)は，イネ科カラスムギ属に属する一年生または越年生の草本である。でんぷんが主成分であるが，たんぱく質含量も比較的高く(オートミールで 12.2 g)，アミノ酸価も 100(2007 年アミノ酸評点パターンより)と高い。精白後に煎ってひき割りにした**オートミール**としての利用が多い。

(3) その他

イネ科に属するその他の麦類として，**あわ**，**きび**，**はとむぎ**，**ひえ**，**もろこし**などがある。あわはおこし，団子，粥(かゆ)など，きびは団子や飴(あめ)などに利用され，はとむぎ，ひえ，もろこし(コーリャン，ソルガム)は米飯に混ぜるなどして利用されている。

2.1.7 そ　ば (buck wheat, *Fagopyrum esculentum* Moench)

そばは，**タデ科**に属する一年生の草本であり，**擬穀物**として扱われる。栽培種には，「**普通種**」と「**ダッタン種**」の 2 種が存在する。よく利用されているのは普通種そばであり，ダッタン種そばは，味が苦いことから苦そばともよばれている。ダッタン種そばは，その栄養特性(フラボノイドの**ルチン**含量が高い)が注目され，わが国でもよく利用されるようになっている。そばの成分は，でんぷんが主体であり，たんぱく質含量が他の穀類に比べ比較的高い(そば粉-全層粉で 10.2 g)。アミノ酸価は 100 であり，他の穀類に少ない**リシン**や**トリプトファン**を多く含有している。そばのたんぱく質は，グルテンを形成しないので，めんの加工には，つなぎとして小麦粉ややまのいもなどが用いられる。食物繊維も比較的多く含まれており(そば粉-全層粉で 4.3 g)，無機質ではカリウム，亜鉛，銅などが，ビタミンではビタミン B_1，B_2，ナイアシンなどが比較的多い。そばは，粉食形態としての利用が多く，めんとしての利用のほか，団子やまんじゅうなどにも利用され，粒食形態ではそば米(むきそばともいう)としての利用もある。

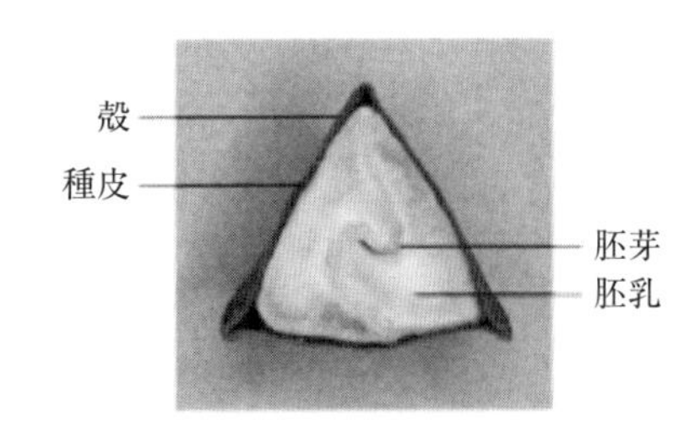

図 2.6　そばの実の内部構造

出所）熊本製粉株式会社ホームページ

2.1.8 その他の穀類

(1) アマランサス (amaranth, *Amaranthus* sp.)

アマランサス(アマランス)は，**ヒユ科**ヒユ属に属する一年生の草本であり，擬穀物として扱われる。品種は豊富で，穀粒用，野菜用および園芸用が存在する。主成分はでんぷんであり，たんぱく質が約 11 %程度含まれている。無機質では，**カルシウム**や**鉄**がかなり多く含有されているのが特徴である。

利用としては，米に混ぜての炊飯や，パンや菓子などに活用されている。近年では，小麦などの**アレルギー代替食品**としての利用もある。

(2) キヌア (quinoa, *Chenopodiumquinoa* WILLD.)

キヌア(キノア)は，**ヒユ科**アカザ属に属する一年生の草本であり，そば，アマランサスと同様に擬穀物として扱われる。たんぱく質，食物繊維，マグネシウムなどを他の穀類よりも比較的多く含んでいる。キヌアは，パンや菓子，粥などでの利用されている。また，アマランサスと同様に小麦などのアレルギー代替食品としての利用がある。

2.2 いもおよびでんぷん類

2.2.1 いも類の種類と特性

いも類とは，根や地下茎といった地下部が肥大化した**塊根**(かいこん)または**塊茎**(かいけい)が主にでんぷんを蓄えた植物のことをいう。塊茎を形成するいも類には，**じゃがいも**，**さといも**，タロイモ，**こんにゃくいも**，**きくいも**，くわいなどがあり，塊根を形成するいも類には，**さつまいも**，**やまのいも**，**キャッサバ**などがある。このうち，じゃがいも，さつまいも，タロイモ，キャッサバは世界的に栽培されている。いも類の多くは多年草で，種子から育てると1年では大きくならず，種いもから育てて1年以内に収穫するのが一般的である。作物としては，食料のほか，飼料，加工用に栽培され，他のでんぷんを生産する植物群よりも単位面積あたりの土地生産性が高い。また，いも類は他の穀物などと比べて一般に栽培が容易で，豊凶の差が少なく，収量が安定しているが，水分含量が高く，貯蔵性，輸送性に関しては劣っている。

表 2.5 は日本で栽培されている主ないも類の成分表を示している。生いもは約 60 ～ 80 %の水分を含んでおり，次いで炭水化物が約 10 ～ 30 %と多い。また，ビタミンやミネラルなど，ほかの栄養成分も豊富に含んでいる。さつまいもは炭水化物含量とカルシウム含量が高い。**ビタミン C** はじゃがいもと

表 2.5 いも類の成分表(可食部 100 g あたり)

		エネルギー	水分	たんぱく質	脂質	炭水化物	灰分	ナトリウム	鉄	食物繊維総量	カリウム	カルシウム	マグネシウム	リン	レチノール活性当量	α-トコフェロール	ビタミン B_1	ビタミン B_2	葉酸	ビタミンC	食用部位
		(kcal)	(g)	(g)	(g)	(g)	(g)	(mg)	(mg)	(g)	(mg)	(mg)	(mg)	(mg)	(μg)	(mg)	(mg)	(mg)	(μg)	(mg)	
じゃがいも		76	79.8	1.6	0.1	17.6	0.9	1	0.4	1.3	410	3	20	40	0	Tr	0.09	0.03	21	35	塊茎
さつまいも		134	65.6	1.2	0.2	31.5	1.0	11	0.6	2.2	480	36	24	47	2	1.5	0.11	0.04	49	29	塊根
やまのいも	ながいも	65	82.6	2.2	0.3	13.9	1.0	3	0.4	1.0	430	17	17	27	0	0.2	0.10	0.02	8	6	
	いちょういも	108	71.1	4.5	0.5	22.6	1.3	5	0.6	1.4	590	12	19	65	Tr	0.3	0.15	0.05	13	7	
	やまといも	123	66.7	4.5	0.2	27.1	1.5	12	0.5	2.5	590	16	28	72	1	0.2	0.13	0.02	6	5	
	じねんじょ	121	68.8	2.8	0.7	26.7	1.0	6	0.8	2.0	550	10	21	31	Tr	4.1	0.11	0.04	29	15	
	だいじょ	109	71.2	2.6	0.1	25.0	1.1	20	0.7	2.2	490	14	18	57	Tr	0.4	0.10	0.02	24	17	
さといも		58	84.1	1.5	0.1	13.1	1.2	Tr	0.5	2.3	640	10	19	55	Tr	0.6	0.07	0.02	30	6	塊茎
きくいも		35	81.7	1.9	0.4	14.7	1.3	1	0.3	1.9	610	14	16	66	0	0.2	0.08	0.04	20	10	

さつまいもにかなり多く含まれており，それらは野菜類のビタミンCに比べて加熱に強いため，じゃがいもやさつまいもはビタミンCのよい供給源となり得る。

いも類は全般に食物繊維を豊富に含んでいるため，食物繊維の機能性である便通の改善，大腸がんの予防，中性脂肪やコレステロールの低下作用，血糖値の上昇抑制，有害物質の排出などの効果が期待できる。また，いも類にはでんぷんを主成分とするものが多いが，一方，こんにゃくいもときくいもは，でんぷんをほとんど含まない代わりに，それぞれ難消化性多糖の**グルコマンナン**[*1]と**イヌリン**[*2]を多く含んでおり，水溶性食物繊維として機能する。

*1 **グルコマンナン** グルコースとマンノースがおよそ2：3の割合でβ-1,4結合した直鎖状の水溶性ヘテロ多糖である。グルコマンナン溶液に凝固剤（水酸化カルシウムなど）を添加し，加熱することで熱不可逆性のゲルを形成する。

*2 **イヌリン** ごぼうやきくいもに含まれ，フルクトースがβ-2,1結合で重合したフルクタンの一種である。整腸作用があるため，機能性表示食品にも利用されている。

2.2.2 でんぷん類の種類と特性

でんぷんは幅広い分野で利用され，食品分野では，たれ，ソース類の主原料や増粘剤，安定剤などとして使用されている。工業分野では糊や段ボールなど，医薬分野では賦形剤などに使用されている。また，でんぷんの性質を改善した加工でんぷんや低分子化したデキストリンなども製造され，食品分野でも広く利用されている。

いも類は穀類とともに重要なでんぷん質食品であり，基本的にはエネルギーとしての糖質の供給源である。また，いも類でんぷんは，いもを水さらしすることで比較的簡単に抽出できる。日本で国内産の原料から生産されるでんぷんは，主にいもから作られており，いもでんぷんのうち，8割がじゃがいもでんぷん，2割がさつまいもでんぷんとなっている。

でんぷんは植物種の違いにより，粒の大きさや形状，アミロース含量，粘性，糊化・老化特性など，さまざまな性質が異なっており，それぞれのでんぷんに特徴がある。食品成分表では，いも類以外のでんぷんも含め，キャッサバ，くず，こめ，こむぎ，サゴ，さつまいも，じゃがいも，とうもろこしから採取したでんぷんが収載されている。

(1) じゃがいもでんぷん

他のでんぷんと比較して，粒径が5～100μmで平均粒径が約50μmと大きく，リン酸含量，保水力，糊液の粘度，糊液の透明度が高く，粘度上昇温度，粘度安定性が低いなど，穀類でんぷんとは大きく異なった多くの特徴をもつ。また，でんぷんと結合しているリン酸基と形成する塩の種類によって，でんぷん糊の粘度が異なることも特性である。じゃがいもでんぷんの特性を利用する用途として，かまぼこ，ちくわなどの水産練り製品，即席めん，はるさめ，くずきり，アルファ化でんぷん，ハム，ソーセージなどの各種食品用増粘剤，えびせんべい，ボーロ菓子などがある。じゃがいもでんぷんからの糖化製品（水あめ，ぶどう糖）の製造も多い。市販品のかたくり粉は，元々はかたくりの鱗茎でんぷんであるが，現在ではもっぱらじゃがいもでんぷんがかたくり粉の名称で販売されている。

(2) さつまいもでんぷん

南九州地方で生産されており，粒径は5～30 μmで形状は釣鐘形や多角形，糊化開始温度は72 ℃付近とじゃがいもやタピオカのでんぷんと比較すると高い。粘度はじゃがいもでんぷんと比較すると低い。さつまいもでんぷん固有の用途としては，和菓子，くずきり，はるさめの原料としての利用が多い。和菓子に用いられる場合には，さつまいもでんぷんが糊化したときの食感や風味が好まれて用いられているが，比較的安価なため，くずでんぷん，わらびでんぷんの代用品として利用されていることも多い。

(3) タピオカでんぷん

キャッサバの根茎から得られるでんぷんである。キャッサバはじゃがいもに比べてでんぷん含量が高く，15～30 %含まれており，タピオカでんぷんは，世界でとうもろこしでんぷんに次いで多く生産されている。植物細胞内では複粒で存在している。でんぷん粒は球形または釣鐘状で，粒径は4～35 μm，平均粒径は17～20 μmである。でんぷんの成分では，他のでんぷんに比べ，アミロースが少なく，アミロペクチンが多く，加熱により吸水膨潤しやすく，糊液の透明性が高く，老化しにくいなど，もち種でんぷんに似た特性がある。種々の食品の増粘剤，米菓やパンの膨化性改良剤，めん物性改良剤，油脂代替素材，デキストリン原料などとして用いられる。タピオカでんぷんを粒状に加工したものが**タピオカパール**で，スープなどの具材として用いられる。タピオカでんぷんは比較的低温で膨潤し，糊液透明性が高いため，各種誘導体が開発され，食品用として，冷凍食品，製めん用粉，増粘用として使用される。

2.2.3　じゃがいも（potato, *Solanum tuberosum* L.）

じゃがいもの原産地は，中南米のアンデス高原とされており，日本には16世紀末にジャガタラ(現在のインドネシア)から渡来し，ジャガタラいもといわれ，のちにじゃがいもと呼ばれるようになった。別名の馬鈴薯(ばれいしょ)は，球形の馬の鈴に似ていることからつけられた中国の呼称を日本語読みしたとされる。本格的栽培は明治時代に欧米から優良品種が導入されてからである。冷涼な気候を好むナス科植物で，現在はロシアやヨーロッパで多く生産されている。東欧の一部では主食として用いられている。わが国では北海道が主な産地であり，多く生産されているじゃがいもの品種は，食用としては，**男爵**，**メークイン**，**キタアカリ**，**農林1号**など，でん粉の原料としては，コナフブキ，紅丸など，加工用としては，トヨシロ，ホッカイコガネ，農林1号などがある。

男爵の肉質は粉質で，ホクホクした食感が得られるが，長時間煮ると煮崩れしやすく，メークインは粘質で煮崩れしにくい。そのため男爵は，主にマッシュポテト，コロッケ，粉ふきいもなど潰してから使う料理に適し，メークインはカレーや肉じゃが，シチューなどの煮込み料理に適している。じゃがいもの保存条件として，光は遮り，温度は 4 ～ 8 ℃，湿度は 90 ～ 98 %が望ましい。

じゃがいもは水分を約 80 %含み，残りの固形分の大半が糖質であり，さらにでんぷんがその約 85 %を占める。スクロース，グルコース，フルクトースなど低分子の糖含量が低いため，味が淡白で主食にもなり，加工もしやすい。たんぱく質は 2 %程度でグロブリンが主体である。無機質ではカリウムが 10 mg/100 g と多い。また，ビタミン C が 35 mg/100 g と多く，調理による損失が少ないのでビタミン C のよい供給源となる。特殊成分として，芽や光が当たって緑色になった皮部には**ソラニン**や**チャコニン**などの有毒な**アルカロイド配糖体**が含まれるので，調理の際には芽の部分や緑色になった皮を取り除く必要がある。日本では，発芽防止処理に**コバルト 60** から出るガンマ線による放射線を照射することが認められている唯一の食品である。

じゃがいもを切断して放置しておくと切り口が黒くなるのは，じゃがいもに含まれるポリフェノール類が**ポリフェノールオキシダーゼ**によって酸化され，さらに酸化重合して褐色のメラニンが生成(褐変反応)するためである。防止するために水に漬けておくなどの処理が有効である。

2.2.4　さつまいも（Sweet potato, *Ipomoea batatas* (L.) Lam.）

さつまいもは別名，甘藷(かんしょ)，唐芋(からいも)，琉球いもともいわれる中南米原産のヒルガオ科植物で，日本には 1700 年前後に渡来した。耐寒性に劣るが，高温や乾燥に強く，やせ地でもよく育つ。現在ではおもにアジアやアフリカで生産されており，さつまいもを主食とする地方もある。

食用，焼酎やでんぷんなどの加工原料用，飼料用と用途が広い。成分は水分が 65 %前後で，じゃがいもやさといもよりも 10 %以上少ない。残りの固形分の大半は糖質ででんぷんが大部分を占める。スクロース，グルコース，フルクトースを 3.7 %含むので，いもの中では甘いのが特徴である。食物繊維を約 2 %含み，じゃがいもよりも繊維質が多いのも特徴である。たんぱく質は 1 %前後と少ない。無機質では**カルシウム**が約 40 mg/100 g，**カリウム**が約 400 mg/100 g と多い。**ビタミン C** 含量は 29 mg/100 g である。肉質が黄色いほどカロテノイド含量が高く，紫色品種(むらさきいも)は**アントシアニン***含量が高い。さつまいもを切断すると，断面から白い乳液が出るが，この成分は樹脂配糖体の**ヤラピン**である。

*アントシアニン　赤や紫，青の色を呈する水溶性色素でフラボノイド系色素に属する。

さつまいもは 17 ℃以上では発芽し，10 ℃以下では低温障害を起こすので，発芽しやすく寒さに弱い。そのため，さつまいもの貯蔵適温は 13 ～ 15 ℃で，湿度85～95％で貯蔵するのがよいとされる。さつまいもは貯蔵中や加熱中に，内在する**β-アミラーゼ**の作用ででんぷんの糖化が進み，**マルトース**を生じ，甘味を増す。蒸し加熱やオーブン加熱のようなゆっくりとした加熱調理は，β-アミラーゼが長時間作用するため，マルトース量が増加するが，電子レンジによる短時間加熱ではマルトース量が少なく，甘味が弱くなる。

さつまいもは病害虫や傷に弱く，収穫時の傷口から黒斑病菌などが侵入して腐敗してしまうことがある。その対策として，収穫したさつまいもを30～34℃，湿度90％以上に3～6日間置くことで傷口にコルク層を形成させて，長期保存に耐えるようにする方法(**キュアリング貯蔵**)がある。

さつまいもの可食部は，黄，橙，紫などの色素をもったものが存在し，黄色や橙色の成分は，カロテノイド，紫色素はラジカル消去作用のあるアントシアニンである。

わが国で生産される主要な品種には，食用としては，**紅あずま**，**紅赤**，**高系14号**系品種の鳴門金時などが，でんぷん原料用としては，**シロユタカ**，**コガネセンガン**などがある。近年では，病害虫や乾燥などに対して強い新品種や，カロテン含量の多い新品種などの栽培も進められている。グルコース，水あめ，いも焼酎の原料にもなる。いも焼酎は，さつまいもと米こうじを利用して製造される蒸留酒である。

2.2.5 やまのいも

「やまのいも」という特定の品種はなく，ヤマノイモ科ヤマノイモ属の総称であり，中国が原産地の熱帯と亜熱帯に自生する多年生のつる性植物である。わが国に産する品種は野生種と栽培種に分けることができる。山野に自生する野生種には**じねんじょ**(自然薯)，畑で栽培されている栽培種には長形のながいも(やまのいもの別種)，塊状のつくねいも(やまといも)，扁平型の**いちょういも**などがある。**ながいも**，**いちょういも**，つくねいも，**じねんじょ**，**だいじょ**が食品成分表に収載されている。

図2.7 やまのいもの種類

ヤマノイモ科の植物の多くは，葉の付け根の茎を肥大させて，1～2cmぐらいの栄養繁殖器官を形成する。これを**むかご**といい，加熱して食される。特有の粘質物は，一種の糖たんぱく質で，**グロブリン様たんぱく質**に**マンナン**が結合したものである。粘質物質はやまといも，いちょういもに特に多い。加熱するとたんぱく質が変性して粘性が消失し，すりおろしたとろろはアミラーゼ活性が高く，でんぷん質食品として唯一生食することができる。

やまのいもの切り口やすりおろしたものが薄黒く変色するのは，やまのいもに含まれているポリフェノールが**ポリフェノールオキシダーゼ**により酸化されて起こる(酵素的褐変)。利用の多くは，とろろ汁，山かけ，かるかん，まんじゅうなどに使われるほか，はんぺん，がんもどき，そばなどの「つなぎ」として用いられる。

2.2.6　さといも（taro, *colocasia esculenta* (L.) Schott）

さといもは，東南アジア原産のタロイモ類の仲間で，高温多湿を好むサトイモ科の植物である。さといもは，種いもから発芽した葉柄の基部が肥大して親いもとなり，親いもの節から子いも，さらに孫いもと連なっていく球茎である（図 2.8）。主に子いもを食する品種には，**土垂**（**どだれ**），**石川早生**などがあり，親いもを食する品種には**たけのこいも**（別名；京いも）などがある。親いもがよく肥大して子いもとひと塊になっている品種には，赤芽，唐芋（えびいも），**八つ頭**などがある。さといもは乾燥と低温に弱く，保存適温は 8 ～ 10 ℃で，5 ℃以下では低温障害を起こす。

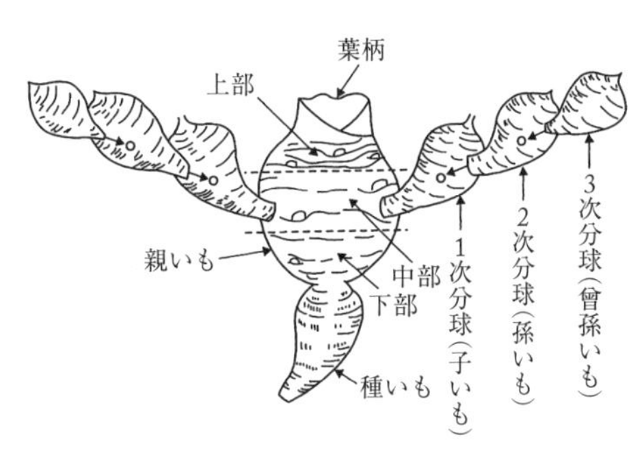

図 2.8　さといもの分球模式図

出所）山川邦夫：野菜の生態と作型，98，農山漁村文化協会（2003）

主成分はでんぷんであり，粒径は 1 ～ 2 μm と非常に小さく，消化がよい。糖質としてはでんぷん以外に，ペントサン，ガラクタン，デキストリンなどの多糖類が含まれ，さといもを煮たときの粘質物は**ガラクタン**である。さといものえぐ味は**ホモゲンチジン酸**と**シュウ酸カルシウム**による。緑色の葉柄にはシュウ酸カルシウムがあり，直接触れると皮膚がかゆくなる。利用の多くは，煮物，田楽，汁物，コロッケなどである。

2.2.7　キャッサバ（cassava, tapioca, *Manihot esculenta* Cranz.）

キャッサバはトウダイグサ科イモノキ属の植物で，タピオカでんぷんの原料となる。アフリカ，東南アジア，南米で栽培されており，栽培は非常に簡単で，茎を地中に挿すだけで根が生え，茎の根元に同心円を描いて数本のいもが付く。苦味種と甘味種があり，苦味種には青酸配糖体のシアン化合物の**リナマリン**を外皮に多く含んでいるが，煮沸するなどの加工処理をすることででんぷん原料となる。甘味種は食用にされる。単位面積，単位時間当たりの生産熱量が高く，食料あるいはでんぷんの原料として熱帯各地で広く栽培される重要な作物である。

2.2.8　その他のいも類

(1)　こんにゃくいも（kojac, elephant foot, *Amorphophallus kongnac* K. Koch.）

インドシナ半島原産のサトイモ科の多年生草本で，東南アジアの熱帯から温帯にかけて広く分布している。日本には 10 世紀ごろに中国から仏教とともに渡来し，現在では北関東で栽培されている。品種は少なく，在来種，備中（びっちゅう）種，支那（しな）種の 3 種類である。植え付けて 3 年目に出荷できる扁球形の直径 25 cm 程度の球茎となる。主成分は**グルコマンナン**で，生いも中に 10％程度含まれている（33 ページの側注参照）。グルコマンナンには食物繊維として，コレステロール濃度を低下させる効果や，糖尿病患者の血糖上昇を抑制する効果などがある。

こんにゃくは，こんにゃくいもを粉砕後，グルコマンナンに富む精粉から製造する。食用こんにゃくは，精粉を水と混ぜ，膨潤して糊状になったら石灰乳(水酸化カルシウム)を混ぜ，型枠に入れ固め，沸騰水で加熱して凝固させ，冷水中にさらしてつくる。グルコマンナンはほとんど消化されないので，低エネルギー食品として，あるいは食物繊維源として評価される。

(2) きくいも (Jerusalem artichoke, *Helianthus tuberosus* L.)

キク科の多年生草本であるきくいもは，北アメリカ原産で，日本には江戸時代末期に飼料用作物として伝来し，現在では全国に分布している。菊の花に似た黄色い花をつけることと，肥大した根の部分が菊に似ていることから菊芋と呼ばれるようになった。でんぷんをほとんど含まず，主成分の**イヌリン**(33ページの側注参照)は，ヒトの消化酵素で分解されない水溶性食物繊維で，血糖値の上昇を抑える効果などがある。また，きくいもにはイヌリンを分解する酵素イヌリナーゼが含まれているため，きくいもを貯蔵しておくと，イヌリナーゼの作用でフルクトースが生成し，甘味が増す。

(3) ヤーコン (yacon, *Smallanthus sonchifolius*)

ヤーコンは南米アンデスが原産のキク科の多年草であり，さつまいもに似た塊根を食用にする。粗放な栽培にも耐えて作りやすい作物である。塊根に**フラクトオリゴ糖**を蓄積することから整腸作用や，抗酸化作用のあるポリフェノールの多さなどから注目されている。でんぷんはほとんど含まれておらず，シャリシャリとした食感が特徴で，畑の梨と呼ばれることもある。

(4) アピオス (ground nut, potato bean, *Apios americana* Medik)

原産が北米のアピオスは，別名アメリカほどいもとも呼ばれるマメ科ホドイモ属のつる性多年草である。直径5 cm程度の塊茎が数珠つなぎで連なっている。アピオスは塩ゆでするだけで食べることができ，じゃがいもと比べてカルシウム，鉄分を多く含み，また，イソフラボン，食物繊維，ビタミンEも豊富で栄養価が高い。

2.3 砂糖および甘味料

2.3.1 砂糖および甘味料の種類と特性

甘味料は，食品に甘味をつける呈味性をもち，代表的なものに砂糖がある。「砂糖および甘味料」に属する約30食品の主成分は，スクロース(しょ糖)，グルコース(ぶどう糖)，フルクトース(果糖)等の炭水化物で，水分を除く他の成分の含量は少ない。甘味料は，**天然甘味料**と**人工甘味料**に分けられる。天然甘味料には，単糖類，オリゴ糖類(二糖類，その他)などの糖類，糖アルコールなどがある。人工甘味料は，砂糖の代わりに用いられ，人工的に作られた甘味料で，食品衛生法に基づいた指定添加物である。

2.3.2　甘味料

甘味料の分類と甘味度の比較を**表 2.6** に示す。

2.3.3　天然（自然）甘味料

(1) 砂　　糖

砂糖類の原料は，さとうきび(甘蔗)やてんさい(さとうだいこん，ビート)でその主成分は**しょ糖**(**スクロース**)である。搾汁，濃縮後，結晶化して得られる粗糖から精製される。

砂糖[*1]は，**含蜜糖**と**分蜜糖**に大別され，原料，精製の程度，結晶の大きさなどで，さらに分類されている。含蜜糖は原料成分をそのまま煮詰めたもので，他の砂糖類や甘味料よりもミネラルが多い。しょ糖の結晶と糖蜜を分離せず，結晶化したもので，原料独特の風味を残している。含密糖には，さとうきびを原料とし，そのまま濃縮した黒砂糖(黒糖とも呼ばれる)，和三盆糖，メープルシロップがある。分蜜糖は絞り汁から糖蜜を分離したもので，白砂糖のことである。しょ糖を結晶化させて，糖蜜を分離したもので，ざらめ糖，車糖，加工糖，液糖に分けられる。ざらめ糖はしょ糖がほぼ 100 %で，グラニュー糖，白ざら糖，中ざら糖がある。車糖は結晶が小さく，**ビスコ**[*2]とよばれる転化糖で表面を覆っているため，水分がやや多くしっとりしている。**上白糖**[*3]，中白糖，三温糖がある。加工糖には粉糖，角砂糖，氷砂糖があり，グラニュー糖や上白糖をもとに作られる。液糖には，**しょ糖型液糖**と**転化型液糖**がある。

*1　**砂糖**　長期保存してもほとんど変質しないため，消費期限，賞味期限について，表示を省略できる。

*2　**ビスコ**　精製糖に用いる転化糖液糖のことで，製品の乾燥や小さい粒子の結晶化を防ぐ。

*3　**上白糖**　上白糖のようなしっとりした砂糖は固まってしまうことがあるが，品質に影響はない。

1)　含密糖

① 黒砂糖

黒糖とも呼ばれ，さとうきびを原料とする。精製されていない砂糖で，糖度は低いがミネラルが多く，独特の風味と濃厚な甘さがある。固まりのものや粉状のものがあり，黒蜜や

表 2.6　甘味料の分類と甘味度の比較

種類		名称	甘味度（砂糖を 1 とした場合）
糖質系		砂糖(二糖類)	1
		グルコース(ブドウ糖)	0.74
		フルクトース(果糖)	1.73
		トレハロース	0.5
		フラクトオリゴ糖(少糖類)	0.3 ～ 0.6
		ソルビトール(糖アルコール)	0.54
		キシリトール(糖アルコール)	1.08
		異性化糖	1.3
		転化糖	1.3
非糖質系	配糖系	グリチルリチン	50
		ステビオシド	300
	アミノ酸系	アスパルテーム	100 ～ 200
		アセスルファムカリウム	200
	化学合成系	スクラロース	600
		サッカリン	200 ～ 700

出所）厚生労働省：e-ヘルスネット

さとうきび　　　てんさい

図 2.9　砂糖の原料

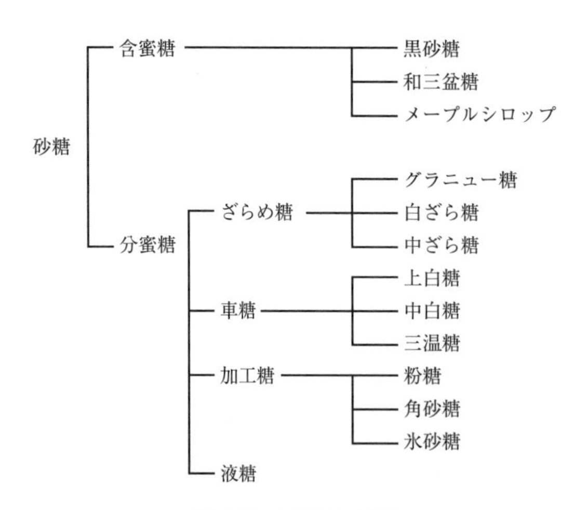

図 2.10　砂糖の分類

出所）栢野新市・水品善之・小西洋太郎 編：食品学Ⅱ　食べ物と健康　食品の分類と特性，加工を学ぶ（改訂第 2 版），栄養科学イラストレイテッド，52，羊土社（2021）より転載，原図をもとに筆者作成

和菓子に使われることが多い。

② 和三盆糖

さとうきびを原料に，糖液を布袋に入れ重石をかけて糖蜜を流出させた伝統的な手法で作られ，粒度が細かく高級和菓子の原料として用いられている。

③ メープルシロップ

かえで糖とも呼ばれ，メープルの樹液を加熱して濃縮したものである。

2）　分蜜糖

① ざらめ糖

ハードシュガーと呼ばれ，結晶が大きい精製糖である。グラニュー糖や白ざら糖は精製度が高く純粋なしょ糖の結晶である。中ざら糖には原料糖以外にカラメル色素を用いた製品がある。グラニュー糖は上白糖よりも結晶が大きく純度が高く，淡泊な味でさらさらしている。白ざら糖は結晶が大きく純度が高く無色透明で菓子や飲料に使われる。中ざら糖は，カラメルを用いるので特有の風味があり料理に使われる。

② 車　　糖

ソフトシュガーと呼ばれ，水分がやや多く結晶が 0.07 ～ 0.26 mm と小さい精製糖である。精製糖工程では，上白が最初に得られ，中白糖，三温糖の順である。

上白糖は精製度が高く溶け易くくせがないので，一般的に料理に使われる。中白糖は，上白糖より，黄褐色である。三温糖は，色は明るい茶褐色で，原料糖以外にカラメル色素を用いた製品もあり，コクと甘味が特徴で煮物に使われる。

③ 加工糖

粉糖（粉砂糖）はグラニュー糖を微粉砕して製品としたもので，湿度や温度の変化や時間が経つと固まりやすく，それを防ぐためにトウモロコシデンプン糖を 2％程度添加した製品もある。**アイシングシュガー**とも呼ばれ，ケーキのデコレーションとして使用されたりする。

角砂糖は，グラニュー糖にグラニュー糖飽和糖液を加え，角形（立方体）に固結させた製品である。氷砂糖はグラニュー糖を溶解した糖液から大きな結晶を成長させたものであり，果実酒の製造などに使われる。氷糖みつは，氷砂糖を製造した後に残る糖蜜で，加工食品の原料材料として用いられる。コーヒーシュガーはカラメルを加えて着色したグラニュー糖の糖液から結晶を成長させた小粒の着色氷糖である。

④ 液　　糖

液糖は，精製しょ糖液であるしょ糖型液糖と，しょ糖の一部を加水分解した転化型糖液に分けられる。国内生産量はしょ糖型糖液が多い。

(2) 糖　　質

1) 単糖類

単糖類はそれ以上分解されない糖質の最小単位で，グルコース(ぶどう糖)，フルクトース(果糖)，ガラクトースがある。グルコースの甘味度はスクロースの 0.74 倍程度の甘さである。異性化糖の原料になる。フルクトースの甘味度はスクロースの約 1.7 倍で温度が低いと甘味を感じる。異性化糖や転化糖の原料になる。

2) オリゴ糖

オリゴ糖(少糖類)とは，単糖類がグリコシド結合によって 2 ～ 10 分子程度結合した化合物である。天然のオリゴ糖は，スクロース(しょ糖)，マルトース(麦芽糖)，ラクトース(乳糖)，トレハロース，パラチノースなどである。麦芽糖は，ブドウ糖が 2 つ結合したもので，水飴の主成分や甘酒などにも含まれている。乳糖はガラクトースとグルコースが β-1.4 結合し，乳汁に含まれる。牛乳を飲用した際，下痢などを起こす原因となる成分である。トレハロースは，グルコース 2 分子が α-1.4 結合し，スクロースの 0.5 倍程度の甘味

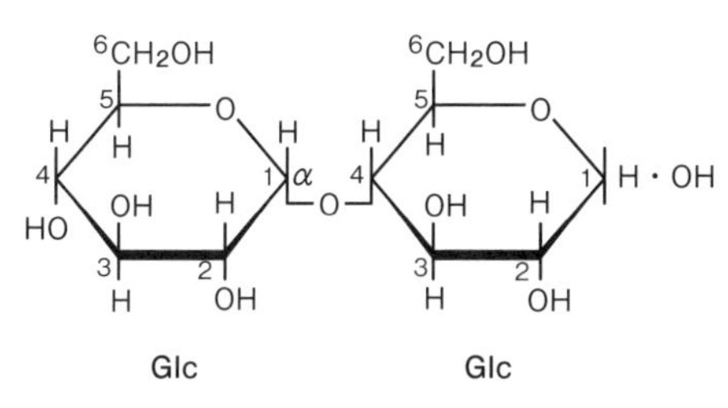

マルトース（麦芽糖）

グルコース 2 分子が結合した還元糖。

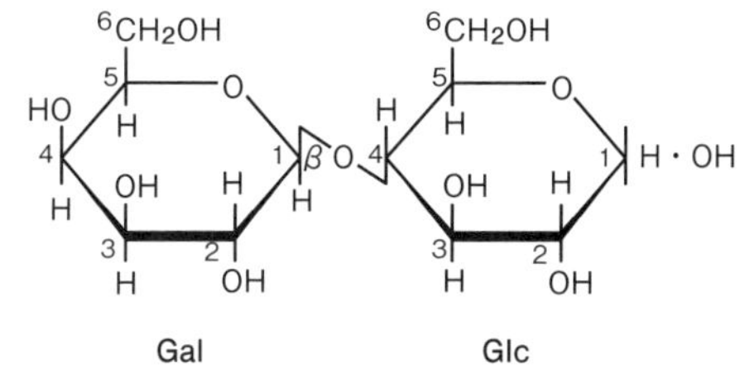

ラクトース（乳糖）

ガラクトースとグルコースが結合した還元糖。
乳中に含まれる

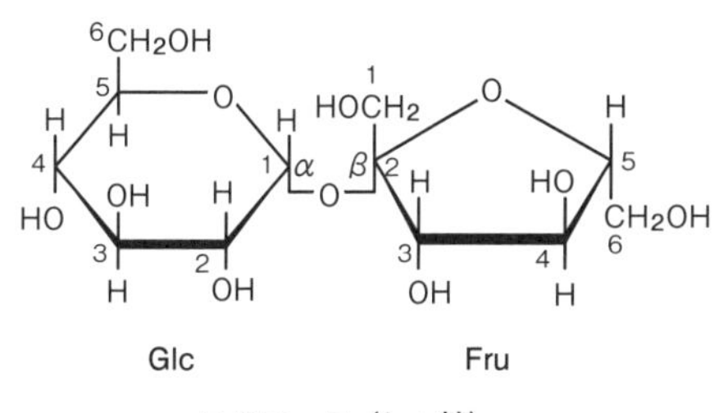

スクロース（しょ糖）

グルコースとフルクトースが結合した非還元糖。

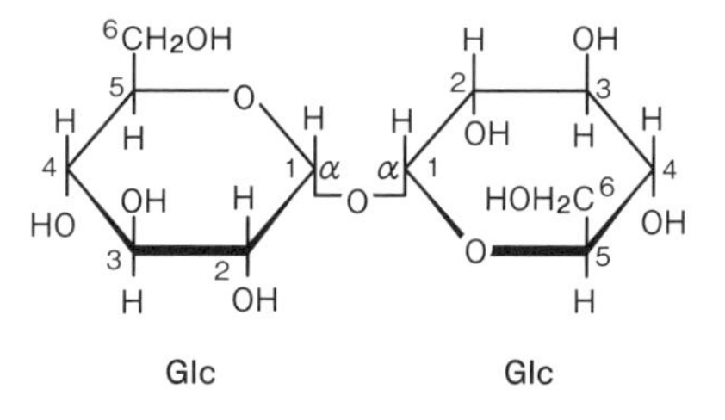

トレハロース

グルコース 2 分子が α－1.1 結合した非還元糖。

Glc：グルコース，Gal：ガラクトース，Fru：フルクトース。

図 2.11　主な二糖の化学構造と所在・性質

度である。パラチノースとは，はちみつにも微量含まれる天然の糖質であり，工業的には，グルコースとフルクトースをα-1,6 結合させて作られ，抗う蝕性を有す。

オリゴ糖類(二糖類を除く)の三糖類では，ラフィノース(ガラクトース，グルコース，フルクトースからなる)，パノース(3 分子のグルコースからなる)，四糖類では，スタキオース(2 分子ガラクトース，グルコース，フルクトースからなる)などがある。でんぷんの加水分解物であるマルトトリオ一ス，マルトテトラオースなどはマルトオリゴ糖とよばれ，分子量が小さくなるほど甘味度が高くなる。

① **異性化糖**は，グルコースにアルカリまたは酵素(**グルコースイソメラーゼ**)を作用させ，その一部をフルクトースに変換した甘味料でフルクトースとグルコースを主成分とする液状の糖で，スクロースよりも甘味度が高く，しっとりした物性を与える。**ぶどう糖果糖液糖**とは，果糖が 50 %未満，**果糖ぶどう糖液糖**は，果糖が 50 %以上のものをいう。

② **転化糖**は，スクロースに酸または酵素(**インベルターゼ**)を作用させ，グルコースとフルクトースに加水分解した甘味料で，スクロースよりも甘味度が高く，しっとりした物性を与える。グルコースとフルクトースの混合物であるが，フルクトースの割合が高いほど甘味度が高くなる。

3) 糖アルコール

糖アルコールは，糖のカルボニル基が還元された多価アルコールである。カルボニル基をもたないので，アミノカルボニル反応が起こりにくく褐変を起こさず，安定性が高い。甘味度は，スクロースと比較してやや低く，小腸から吸収されにくいため，低カロリー甘味料として利用されている。多量に摂取すると下痢を起こすことがある。虫歯の原因となる酸を作らない抗う蝕性である。

① **ソルビトール**は，ソルビットとも呼ばれ，グルコースが原料で，吸湿性が大きい。

② **エリスリトール**(果実やきのこなどに含まれる)は，グルコースを原料に作られる四炭糖(エリスロース)の糖アルコールで，溶解時に吸熱反応を示して冷涼感が得られ，抗う蝕性も有するため，キャンデーなどに使用されている。砂糖の 0.7 ～ 0.8 倍の甘さである。

③ マルチトールは，マルトースが原料で，ラクチトールは，ラクトースが原料である。こんぶ表面の白い粉は，マンノースの糖アルコールの**マンニトール**(マンニット)である。D-マンノースは，グルコースに関連する糖の一種で，果物や野菜に含まれている。

④ キシリトール(キシリット)は，キシロース(五炭糖，木糖)を還元したものである。キシリトールは砂糖と比べてカロリーが低いにもかかわらず，砂

糖とほぼ同じ甘さをもつ。また，キシリトール配合のチューインガムの清涼感は，キシリトールが溶解するとき熱を吸収する反応によるものである。

⑤ パラチニットは，パラチノース(グルコースとフリクトースをα-1,6 結合させてつくられるもの)が原料である。

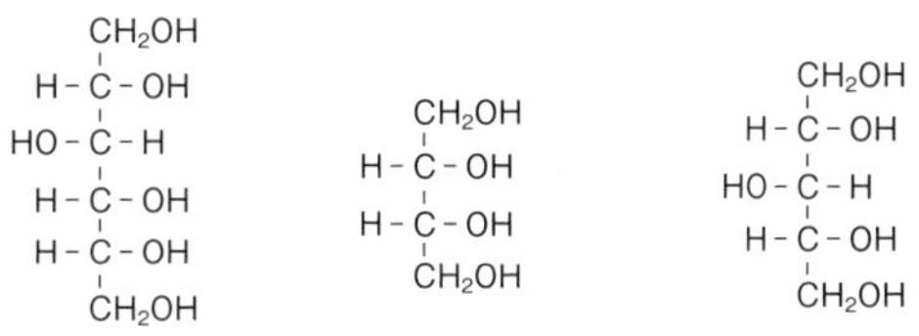

ソルビトール　エリスリトール　キシリトール

図 2.12　代替的な糖アルコール

4) 配糖体

配糖体とは，糖がグリコシド結合した化合物である。

① **グリチルリチン**(テルペン配糖体)は，マメ科植物の甘草の根に含まれ，甘味度は高いが，苦みがあるので，砂糖の代替とするには不向きである。漬物，醤油，つくだ煮などの加工食品に利用されているのは，食塩の塩辛さが，ステビアによりやわらぐ(それほど塩味を感じない)という塩なれ効果があるためである。

② ステビアの葉に含まれる**ステビオシド**，レバウジオシド A (ステビオール配糖体)は，苦みを伴うので，酵素処理により味質を改善している。抗う蝕性であり，高甘味度を呈し，スクロースの 200 倍である。

5) アミノ酸，たんぱく質

一般に，L-アミノ酸では，グルタミン酸，アラニン，プロリンが甘味を呈するが，それ以外は苦味を呈するものが多い。D-アミノ酸は，甘味を呈するものが多く，特に，D-トリプトファンは，スクロースの約 35 倍の甘味をもつ。

たこ，いか，はまぐり，えびなどの水産無脊椎動物やてんさいに含まれる**ベタイン**(トリメチルグリシン)も甘味を呈し，グリシンはスクロースの約 0.7 倍程度の甘味を有するアミノ酸である。

① **モネリン**は，西アフリカ原産のツヅラフジ科の果実(ディオスコレオフィルム・ヴォルケンシー)(野いちごの果実)から発見されたたんぱく質であり，スクロースの約 3,000 倍の甘味を有するが，熱安定性が低いため，加工食品への用途は限られる。

② **ソーマチン**は，西アフリカ原産のクズウコン科の植物(ソーマトコッカス・ダニエリ)の種子に含有されるたんぱく質系の甘味料で，マスキング(苦みや不快臭の抑制)効果や風味増強機能がある。スクロースの約 1,600 倍の甘味をもつ。

6) 特定保健用食品

機能性オリゴ糖は，低カロリー，抗う蝕性，難消化性，ビフィズス菌増殖促進性などをもっている。腸内細菌の善玉菌が増えやすく，働きやすい環境に整える役目をするプレバイオテイクスとして，おなかの調子を整える特定保健用食品に認められている(**表 2.7**)。

表 2.7　特定保健用食品(消化性，難消化性)

	種類	生理活性
消化性	キシリトール	抗う蝕
	還元パラチノース	抗う蝕
難消化性	フラクトオリゴ糖	ビフィズス菌増殖促進
	ガラクトオリゴ糖	ビフィズス菌増殖促進
	乳果オリゴ糖	ビフィズス菌増殖促進

出所）表 2.6 に同じ

(3) その他

① 黒　　蜜

黒蜜はさとうきびの搾汁を煮詰めたもの，あるいは黒砂糖を水に溶かして煮詰めたものである。黒砂糖以外の砂糖，異性化液糖，水あめ等も原材料としている製品もある。

② はちみつ

はちみつはミツバチが植物の花蜜(みつ)を集めて巣に蓄えたもので，主成分はグルコースとフルクトースが 1 対 1 の比率である。花の種類によって色，味，香りに違いがある。加熱していないことにより，1 歳未満の乳児には与えないようにする。

2.3.4　人工（合成）甘味料

人工(合成)甘味料は，食品衛生法で安全性と有効性を確認している指定添加物であり，日本で使用されているのは，アスパルテーム，アセスルファムカリウム，アドバンテーム，キシリトール，サッカリン，サッカリン塩，スクラロース，ネオテームである。

(1) 人工（合成）甘味料

1)　アスパルテーム

アスパラギン酸とフェニルアラニンからなるジペプチドのメチルエステルであり，スクロースの 200 倍の甘味を示し，低カロリーの食品に利用されている。加熱することで甘味が低下するため熱に安定的なアセスルファムカリウムと混合して使用されることが多い。主に低カロリーの食品や飲料に使用されている。

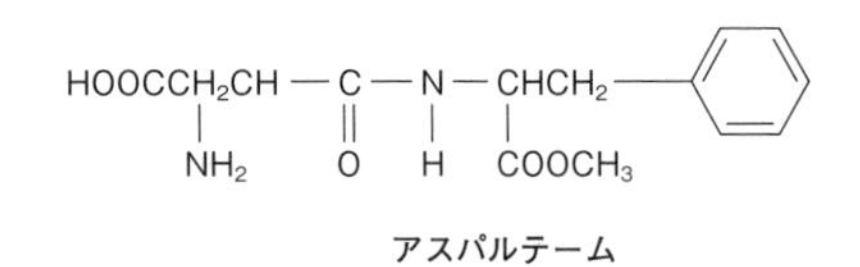

アスパルテーム

アセスルファムカリウム

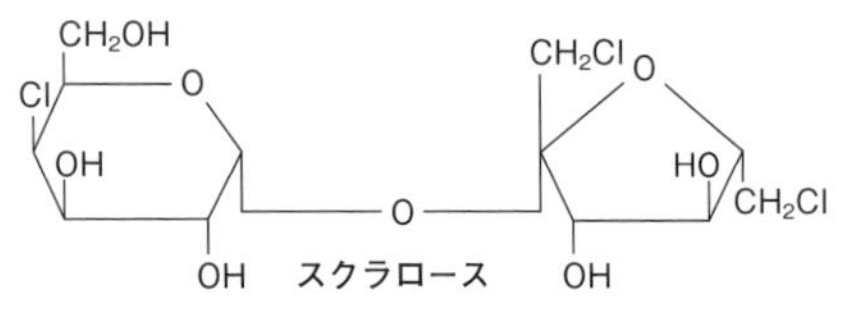

図 2.13　主な合成甘味料

2)　アセスルファムカリウム

スクロースの 100 ～ 200 倍の甘味度があり，すっきりしているので，需要が多い。抗う蝕性であり，アスパルテームと異なり，熱や酸性に対して安定性が高い。

3)　アドバンテーム

アスパルテームから作られ，スクロースの約 30,000 倍の甘味を有する。

4)　サッカリン

スクロースの 200 ～ 700 倍の甘味をもつが，熱や酸性に対して安定性が低く，また，安全性から加工食品の利用は少ない。

5)　スクラロース

スクロースの 600 倍の甘味度であるが，消化管で消化吸収できないため，カロリーは低く，糖類ゼロ甘味料である。抗う蝕性であり，溶けやすく，熱や酸性に対して安定性が高いので，加工食品に利用されている。

6） ネオテーム

スクロースの約 10,000 倍の甘味を有する。

2.4 豆　　類

2.4.1 豆類の種類と成分

(1) 豆類の特徴と種類

豆とは，一般にはマメ科に属する植物の子実(種子)のことである。マメ科植物は 12,000 ～ 20,000 種あるといわれるが，経済的に重要な食用マメ科植物は 70 ～ 80 種である。マメ科植物は，世界各地で気候に適した多種多様なものが栽培され，古くから人々の重要な栄養源になってきた。また，根に共生する根粒菌により窒素固定ができるため，やせた土地でも生育できる。可食部は子葉部分で，完熟豆はでんぷんやたんぱく質を豊富に含み，保存性が高いという特徴がある。

豆類は，いずれもたんぱく質と食物繊維が多く，ビタミンおよび無機質(ミネラル)のよい供給源でもある。でんぷんと脂質の含有量の違いにより，2 つのグループに大別される。ひとつは「でんぷん」を多く含むグループで，だいずとらっかせい以外の豆類(雑豆，ざつまめ)が属する。もうひとつは「脂質」が多くでんぷんをほとんど含まないグループで，だいずとらっかせいが属する(**図 2.14**)。

表 2.8 に，豆の利用部位と日本食品標準成分表での分類を示す。日本食品標準成分表の「豆類」には，13 種の豆の完熟種子とその加工品が収載されている。豆の種類はあずき，いんげんまめ，えんどう，ささげ，そらまめ，だいず，つるあずき，ひよこまめ，べにばないんげん，やぶまめ，らいまめ，りょくとう，レンズまめである。

グリンピースなどの未成熟豆，さやいんげん，さやえんどうなどの未成熟さや，トウミョウなどの新芽は「野菜類」に，脂質が多いラッカセイは「種実類」に収載されている。

(2) 豆類の栄養成分と特殊成分

1） たんぱく質

たんぱく質が最も多い豆はだいず(約 34 %)で，雑豆類のたんぱく質含有量は 17 ～ 26 % である(**図 2.15A**)。また，豆類のたんぱく質は，主に塩溶液に可溶なグロブリンであり，水溶性のアルブミンは少ない。

だいずたんぱく質は，血中コレステロールの低下作用があり，特定保健用機能食品として利用されている。主要な構成たんぱく質は，**グリシニン**(約

でんぷんを多く含む雑豆類

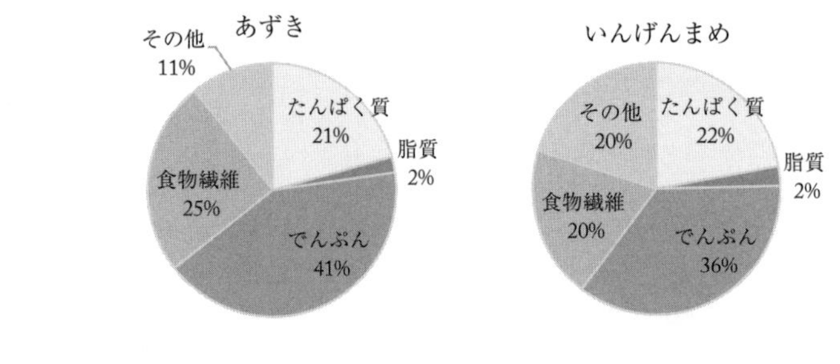

脂質を多く含む豆類

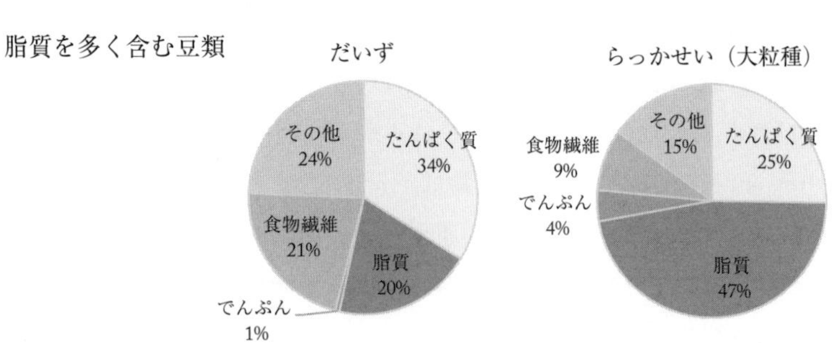

図 2.14　含有栄養素による豆類の分類

だいず：黄大豆(国産)
出所）文部科学省：日本食品標準成分表 2020 年版(八訂)より加工して筆者作成

表 2.8　豆の利用部位と日本食品標準成分表での分類

利用部位		日本食品標準成分表での分類	豆の種類
子実	完熟豆	豆類	乾燥豆(あずき，いんげんまめ，ささげ，べにばないんげん，大豆など)
	未成熟豆(さやから取り出した子実)	野菜類	グリンピース(えんどう)，そらまめ，えだまめ(大豆)
さや	肥大した子実を含む未成熟さや		スナップえんどう(えんどう)
	未成熟さや		さやいんげん(いんげんまめ)，さやえんどう(えんどう)，しかくまめ，ふじまめ
新芽	もやし(種子を遮光条件で発芽させたもの)		アルファルファもやし，だいずもやし，ブラックマッペもやしりょくとうもやし
	スプラウト(種子を発芽させたもの)		トウミョウ(えんどう)

出所）公益財団法人日本豆類協会：新豆類百科，8(2015)をもとに筆者作成

40 %)と**β-コングリシニン**(約 20 %)である。

豆類のたんぱく質を構成するアミノ酸は，リシンが多く，含硫アミノ酸が少ないという特徴がある。主食である穀類(米，小麦，トウモロコシなど)はリシンが不足しているため，豆類と組み合わせて食べることにより，たんぱく質の栄養価が改善される(**アミノ酸の補足効果**[*1])。

だいず，あずき，えんどうの**アミノ酸価**[*2]は 100 であり，豆類は肉や魚と同様，**不可欠(必須)アミノ酸**[*3]をバランスよく含む良質のたんぱく質供給源である。

＊1　**アミノ酸の補足効果**　食品たんぱく質に制限アミノ酸がある場合，その不足アミノ酸を添加することにより，たんぱく質の栄養価を改善することができる。

＊2　アミノ酸価(アミノ酸スコア)→ 23 ページ側注参照

＊3　不可欠(必須)アミノ酸→ 23 ページ側注参照

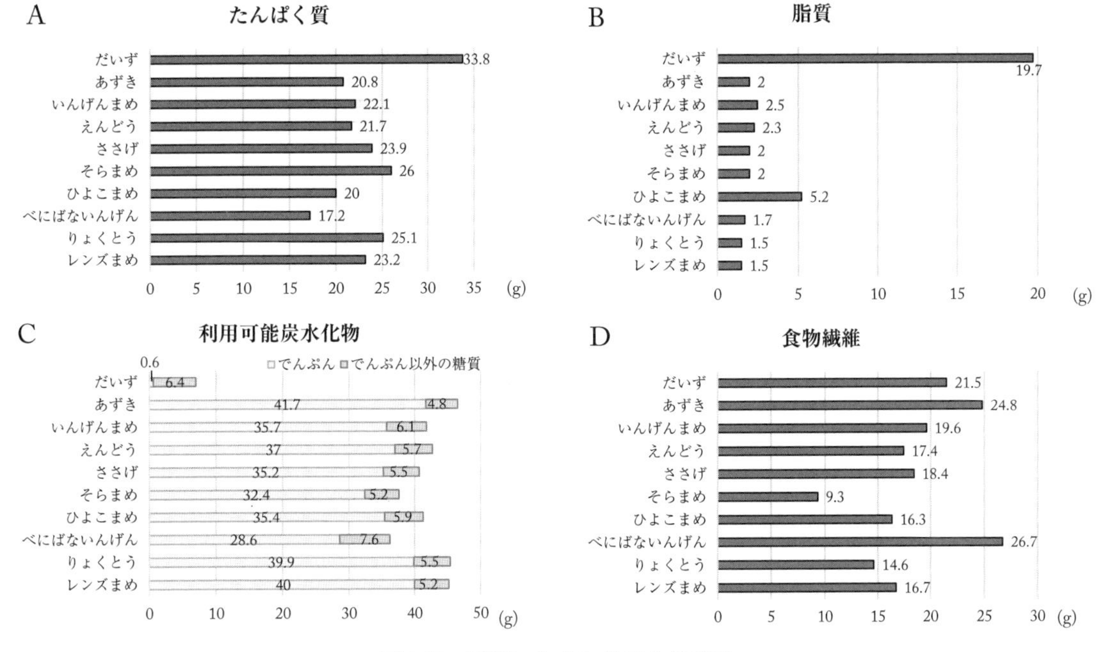

図 2.15 豆類に含まれる三大栄養素

利用可能炭水化物：単糖当量，ダイズ：黄大豆（国産）
出所）図 2.14 に同じ

2） 脂　　質

脂質含量が最も多いのはだいずで，乾燥重量の約 20 ％を脂質が占める。

だいずの脂質の大部分は *n*-6 系の**トリグリセリド**（**トリアシルグリセロール**）で，**半乾性油**に分類される（148 ページ側注参照）。脂質を構成する脂肪酸で最も多いのは**リノール酸**（約 50 ％）で，その次がオレイン酸である（約 25 ％）。コレステロールは微量しか含まれない。その他の成分として，リン脂質が約 1.5 ％含まれ，その大部分が**レシチン**（**ホスファチジルコリン**[*1]）である。レシチンは乳化作用を示すことから，乳化剤としてマヨネーズやドレッシングなどに利用されている。また，だいずに含まれる**植物ステロール**は，血中コレステロールの低下作用があり，特定保健用食品として利用されている。

一方，雑豆類の脂質含量は 1.5 ～ 5.2 ％と少ない（**図 2.15B**）。雑豆類においても，最も多く含まれている脂肪酸はリノール酸である。

3） 炭水化物

だいずの利用可能炭水化物含量（糖質）は，乾燥重量の約 7 ％（でんぷん：0.6 ％）と少ない。一方，雑豆類は利用可能炭水化物が多く（28.6 ～ 41.7 ％），その大部分をでんぷんが占める。特に，あずき，りょくとう，レンズまめはでんぷんの割合が大きい（**図 2.15C**）。豆類のでんぷんは，調理加工過程で，その一部が**難消化性でんぷん**（**レジスタントスターチ**[*2]）に変化することが知られている。

*1　**レシチン（ホスファチジルコリン）**　レシチンは，グリセロリン脂質の一種であり，両親媒性物質である。食品では，卵黄やだいずに多く含まれている。だいずから分離されたレシチンは，植物レシチンと呼ばれ，乳化剤として加工食品に広く利用されている（パンの老化防止など）。

*2　**レジスタントスターチ**　「健常人の小腸管腔内において消化吸収されることのないでんぷんおよびでんぷんの部分分解物の総称」と定義され，食物繊維と同じような生理作用を有することが報告されている。

豆類はいずれも重要な食物繊維の供給源であり(9.3～26.7 %)，特に食物繊維が多いのは，あずきとべにばないんげんである(図 2.15D)。また，大体どの豆にも，**難消化性オリゴ糖**(**ラフィノース**，**スタキオース**)が乾燥重量の数%含まれている。ラフィノース系オリゴ糖類に共通の化学構造であるグルコースとガラクトース間のα-1,6 グリコシド結合は，ヒトの消化酵素で切断できない(図 2.16)。従って，これらは消化されずに大腸に移行し，ビフィズス菌などのエネルギー源となるため，**プレバイオティクス**としての整腸作用が期待される。ラフィノースとスタキオースは，特定保健用食品，機能性表示食品に利用されている。また，ラフィノース系オリゴ糖は，日本食品標準成分表の「利用可能炭水化物」には含まれない。

4) ミネラル

豆類はいずれもミネラルのよい供給源である。多量ミネラルでは，カリウムとマグネシウムがだいずとべにばないんげんに，カルシウムがだいずといんげんまめに特に多く含まれる(図 2.17A)。微量ミネラルは，鉄はレンズまめに，銅はだいずとそらまめ，亜鉛はささげ，そらまめ，レンズまめに多い(図 2.17B)。

5) ビタミン

豆類はビタミン B 群(B_{12} を除く)のよい供給源である。エネルギー産生に関わる 5 種のビタミン(ビタミン B_1，B_2，B_6，パントテン酸，ナイアシン)は，えんどう，りょくとう，レンズまめに多く含まれる(図 2.18A)。**葉酸***は，だいず，ささげ，

*葉酸(プテロイルモノグルタミン酸)　葉酸は，ヒト生体内の核酸の原料となるプリン体やピリミジンの合成に関わっている。また，メチル基供与体として，ホモシステインからメチオニンを生成する反応に必須である。妊娠を計画している女性，妊娠の可能性がある女性および妊娠初期の妊婦は，胎児の神経管閉鎖障害のリスク低減のために，通常の食品以外の食品に含まれる葉酸を 400 μg/日摂取することが望まれる。

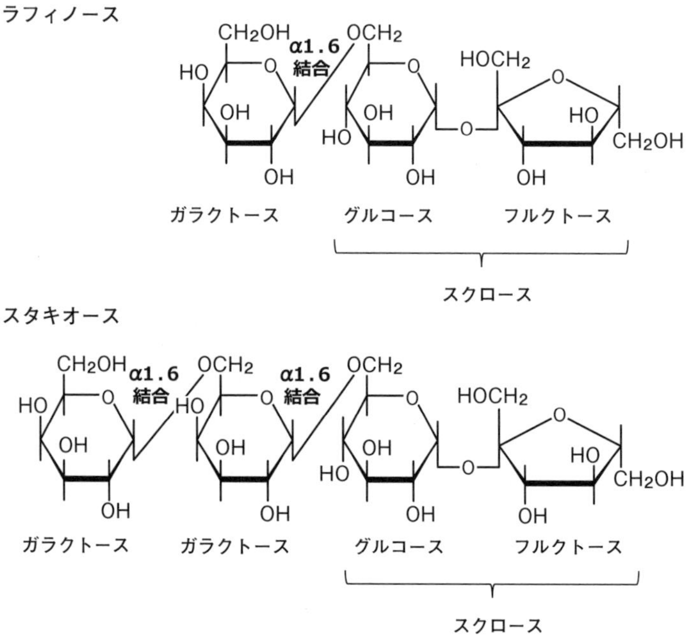

図 2.16　豆類に含まれるラフィノース系オリゴ糖

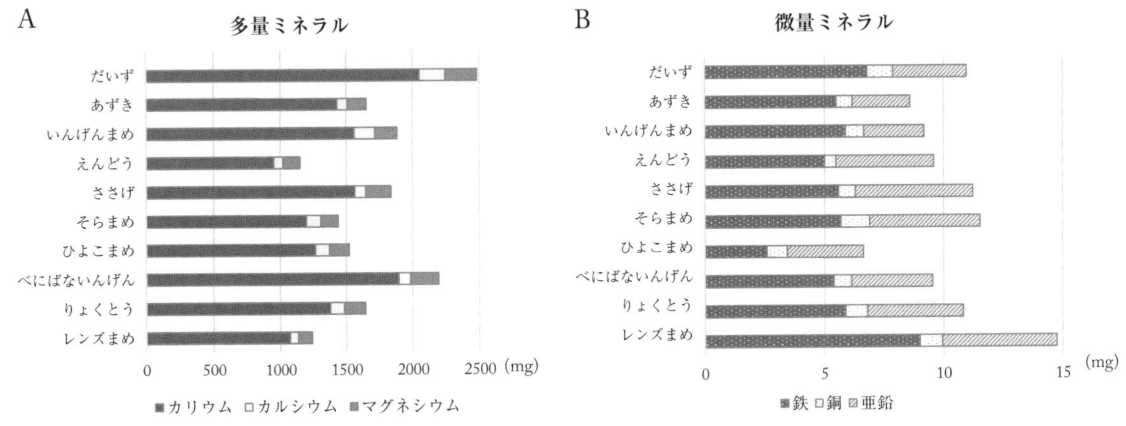

図 2.17 豆類に含まれるミネラル

多量ミネラル：1 日の必要量が 100 mg 以上のもの，微量ミネラル：1 日の必要量が 100 mg 未満のもの
だいず：黄大豆(国産)
出所）図 2.14 に同じ

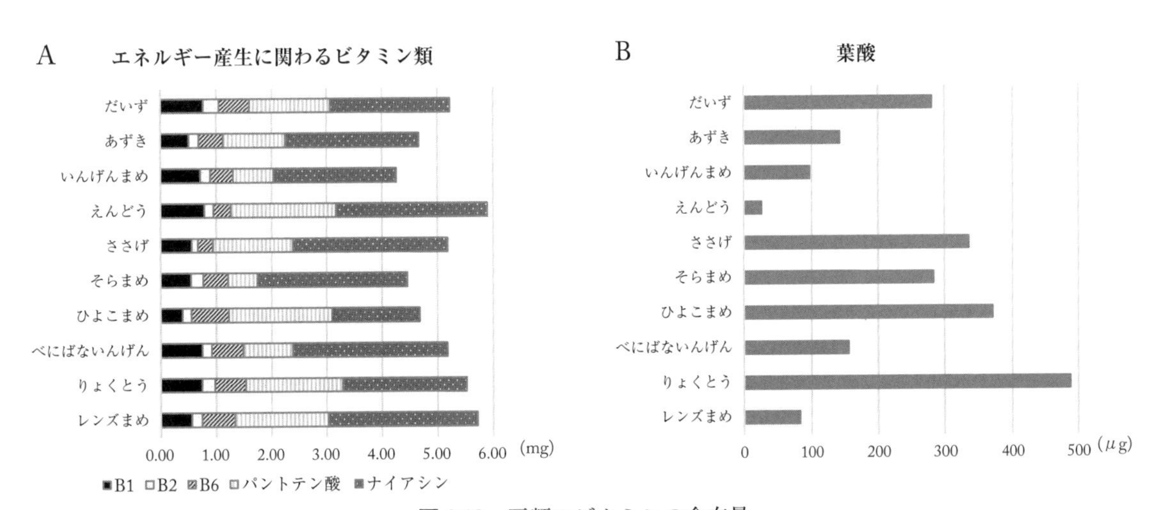

図 2.18 豆類のビタミンの含有量

だいず：黄大豆(国産)
出所）図 2.14 に同じ

ひよこまめ，りょくとうに多い(**図 2.18B**)。

乾燥した完熟豆には，β-カロテンとビタミン C は検出されないか微量であるが，未成熟豆やスプラウトには多く含まれる。また，ビタミン K と葉酸も，完熟豆より未成熟豆やスプラウトの方が多い(**表 2.9**)。

一方，豆類にはビタミン E が含まれるが，α-トコフェロールは少なく，だいずなどγ-トコフェロールの形で含むものが多い。

6) その他

① ポリフェノール

豆類には，フラボノイド，カテキン，タンニンなど種々の**ポリフェノール***が含まれている。

＊**ポリフェノール** ポリフェノールは，芳香族炭化水素の 2 個以上の水素がヒドロキシ基に置換された化合物のことで，その多くは配糖体の形で植物に広く分布している。酵素的褐変の原因物質としても知られる。ポリフェノール類には，ラジカル捕捉剤(ラジカルスカベンジャー)として作用するものがあり，アントシアニン，カテキン，イソフラボン，クロロゲン酸，クルクミンなどに抗酸化性が認められている。

表 2.9　豆類の利用部位によるビタミン量の違い

豆の種類	食品名	水分	β-カロテン当量	ビタミンK	葉　酸	ビタミンC
		g	μg	μg	μg	mg
だいず	成熟豆(乾)	12.4	7	18	260	3
	えだまめ(生)	71.7	**260**	30	320	**27**
	もやし(生)	92.0	**22**	**71**	**44**	4
えんどう	成熟豆(乾)	13.4	92	16	24	Tr
	トウミョウ(茎葉　生)	90.9	**4,100**	**280**	**91**	**79**
	トウミョウ(芽ばえ　生)	92.2	**3,100**	**210**	**120**	**43**
	さやえんどう(若ざや　生)	88.6	**560**	**47**	**73**	**60**
	グリンピース(生)	76.5	**420**	27	**76**	**19**
りょくとう	成熟豆(乾)	10.8	150	36	460	Tr
	もやし(生)	95.4	3	2	36	**7**

成熟豆：だいず；黄大豆 全粒 国産 乾，えんどう；青えんどう 全粒 乾，りょくとう；全粒 乾
太字：成熟豆(乾)と比較して 2 倍以上高値のもの。
出所）図 2.14 に同じ

だいずにはイソフラボンが 0.2 ～ 0.4 %含まれ，主なものは，3 種のアグリコン(**ゲニステイン**，**ダイゼイン**，**グリシステイン**)とそれらの配糖体(**ゲニスチン**，**ダイズイン**，**グリシチン**)である。天然にはほとんど配糖体として存在しているが，これらは腸内細菌により，糖とアグリコンに分解される。イソフラボンの化学構造は，女性ホルモンの 1 種である**エストロゲン**(**エストラジオール**)と類似している(**図 2.19**)。したがって，だいずのイソフラボンを摂取すると，それらがエストロゲン受容体に結合し，エストロゲン様作用を発揮するといわれている。大豆イソフラボンは，骨吸収(骨からのカルシウム溶出)を抑制するはたらきがあるため，骨の健康維持に効果があるとされ，特定保健用食品にも利用されている。また，黒大豆ポリフェノールも高い抗酸化性を有することから，機能性表示食品の機能性関与成分に登録されている。

② サポニン

奈良時代から，あずきの粉は洗剤として使用されてきた。豆をゆでると泡立つのは，煮汁にサポニンが溶出してきたことによる。サポニンは，だいずやあずきに多い。サポニンは，強い界面活性作用を有し，血中コレステロール低下作用も報告されている。大豆サポニンは，乳化剤として，加工食品に使用されている。

③ 特殊成分

・消化酵素阻害物質

豆類には，たんぱく質やでんぷんなどの消化酵素のはたらきを阻害する物質を含むものがある。だいずには**トリプシンインヒビター***が，いんげんまめには**α-アミラーゼインヒビター**が含まれる。これら消化酵素阻害物質は，十分な加熱(100 ℃，20 分程度)によって活性が失われるか，著しく活性が低下する。

***トリプシンインヒビター**　トリプシンに結合してそのはたらきを不活性化することにより，たんぱく質の分解を阻害する。トリプシンインヒビターは，だいず，いんげんまめ，えんどうなどに含まれる。だいずには，トリプシンのほかキモトリプシンのはたらきも阻害するプロテアーゼインヒビターも含まれている。

だいずのイソフラボン

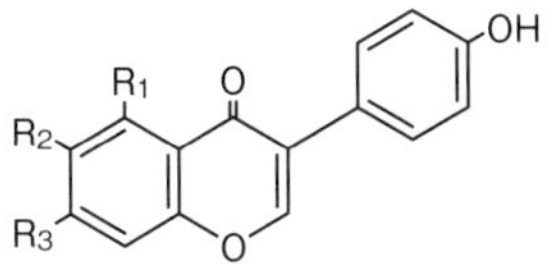

アグリコン		配糖体	
ゲニステイン	$R_1=OH, R_2=H, R_3=OH$	ゲニスチン	$R_1=OH, R_2=H, R_3=O-C_6H_{12}O_6$
ダイゼイン	$R_2=H, R_2=H, R_3=OH$	ダイズイン	$R_2=H, R_2=H, R_3=O-C_6H_{12}O_6$
グリシテイン	$R_3=H, R_2=OCH_3, R_3=OH$	グリシチン	$R_3=H, R_2=OCH_3, R_3=O-C_6H_{12}O_6$

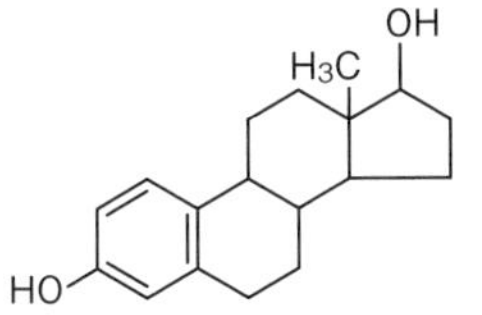

エストロゲン（エストラジオール）

図 2.19　だいずに含まれるイソフラボン類

・レクチン

豆にはさまざまな種類の**レクチン**[*1]が含まれており，その種類は70種以上にのぼる。代表的なものは，いんげんまめのフィトヘマグルチニン(phytohaemagglutinin；PHA)，だいずのレクチン(soybean agglutinin；SBA)，なたまめのコンカナバリンA(concanavalin A；ConA)などである。豆のレクチンは，100℃，15分程度の加熱で活性が失われるといわれるが，70～80℃程度の低温調理や乾式加熱では活性が残りやすく，問題が生じる可能性があるので，注意が必要である。

＊1　**レクチン**　赤血球などの細胞表面には，無数の糖鎖がたんぱく質や脂質に結合した状態で存在している。レクチンは，これら糖鎖の特定の化学構造を認識して結合する性質をもつたんぱく質の総称である。血液にレクチンが作用すると，赤血球が凝集するため，赤血球凝集素(hemagglutinin，ヘマグルチニン)とも呼ばれる。

・青酸配糖体

らいまめなど一部の豆類には，有毒なシアン化合物である**ファゼオルナチン**[*2](phaseolunatin)が含まれる。豆類のシアン化合物は，調理・加工で繰り返し水にさらすことなどである程度除去することが可能である。

＊2　**ファゼオルナチン(phaseolunatin)**　ライマメなど一部の豆類に含まれる有毒なシアン化合物のことで，リナマリンとも呼ばれる。これは，青酸(シアン化水素，HCN)と糖が結合した青酸配糖体であり，それ自体は毒性を示さない。摂取して腸内細菌により分解されると，毒性の強い青酸を遊離するため，重篤な健康被害を引き起こす可能性がある。

2.4.2　主な豆類の特徴と加工食品

(1) だいず（大豆）（soybean，ダイズ属，*Glycine max*）

だいずは，東アジア原産である。「大豆」という和名は，「大いなる豆」の意味に由来するといわれている。一方，英名“soybean”は，しょうゆ“soy”の原料豆という意味である。

1)　種類と分類

だいずは，生育期間(極早生・早生（わせ）・中生（なかて）・晩生（おくて）・極晩生)，外観(種皮やへそ(目)の色，粒形・粒大)から多数の品種に分類される。種皮色は，黄白色，黄色，黒色，緑色，茶色，紅色，鞍(くら)かけ豆のように緑でへその周りが黒いものなどさまざまである。

フクユタカ

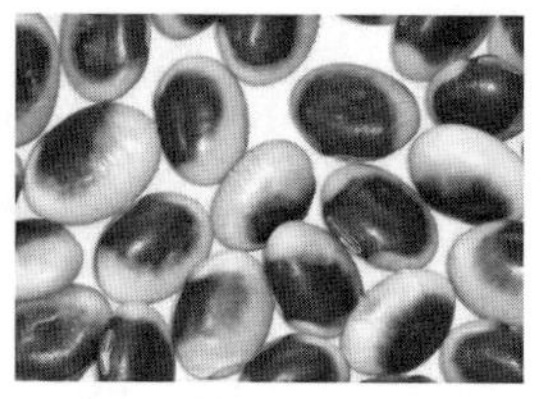
鞍掛（くらかけ）豆

黒大豆（丹波黒）

図 2.20　豆の子実(だいず)

国内で最も普及している品種は，黄だいずの「フクユタカ」である。近年は，だいず臭である**ヘキサナール**[*1]を生成する**リポキシゲナーゼ**を欠損させた品種や，スクロース含有率が高く豆腐加工に優れた品種など新品種の育成と普及に力が入れられている。

*1　**ヘキサナール**　大豆臭や古米臭の主成分として知られるアルデヒドである。リポキシゲナーゼによる脂肪酸の酸化により生成する。

ヘキサナールの化学構造

国産だいずは主として豆腐や納豆に用いられ，だいず油の原料は大部分を米国，ブラジル，カナダ等からの輸入に頼っている。

海外では，遺伝子組換えによる除草剤耐性や高オレイン酸産生だいずが生産されており，日本でも大豆油の原料として利用されている。

2)　加工食品

だいずの加工食品には多くの種類がある(**図 2.21**)。

① 豆　　乳

水につけただいずをすりつぶし，水を加えて加熱し，搾った液体のことである。豆腐や飲み物の原料に利用される。また，このときの搾りかすがおからで，「卯の花」とも呼ばれる。

② 湯　　葉

豆乳を 80 ℃以上に加熱したときに生じる皮膜をすくったものが湯葉であり，たんぱく質と脂質の複合体である。そのため，湯葉(乾，水分：約 7 %)のたんぱく質，脂質含量は大きい(たんぱく質：約 50 %，脂質：約 32 %)。

③ 豆　　腐

加熱した豆乳に凝固剤を加え，ゲル状にしたものが豆腐である。木綿豆腐，絹ごし豆腐，ソフト豆腐，充填豆腐などの種類がある。**にがり**(塩化マグネシウム)や**すまし粉**(硫酸カルシウム)による塩凝固と，**グルコノデルタラクトン**による**酸凝固**[*2]がある。

*2　**豆腐の塩凝固と酸凝固**　豆腐の凝固には，塩凝固(塩化マグネシウム，硫酸カルシウム等)と，酸凝固(グルコノデルタラクトン)がある。塩凝固では，豆乳の加熱によるだいずたんぱく質変性と凝固剤中の Mg^{2+} や Ca^{2+} とたんぱく質のカルボシキ基(-COOH)間の架橋が起こり，流動性を失いゲル化が起こる。一方，酸凝固では，グルコノデルタラクトンがグルコン酸に変化して緩慢に pH を低下させるため，凝固ムラが少ない保水性のあるゲルを作る。

絹ごし豆腐，ソフト豆腐および充てん豆腐では，凝固剤としてグルコノデルタラクトンが併用されるため，木綿豆腐に比べ，カルシウム，マグネシウムがともに少ない。

豆腐ようは，紅麹や泡盛などを混ぜ合わせたものに島豆腐(沖縄豆腐)を漬け込んで熟成させた発酵食品で，チーズに似た風味の沖縄の伝統食品である。

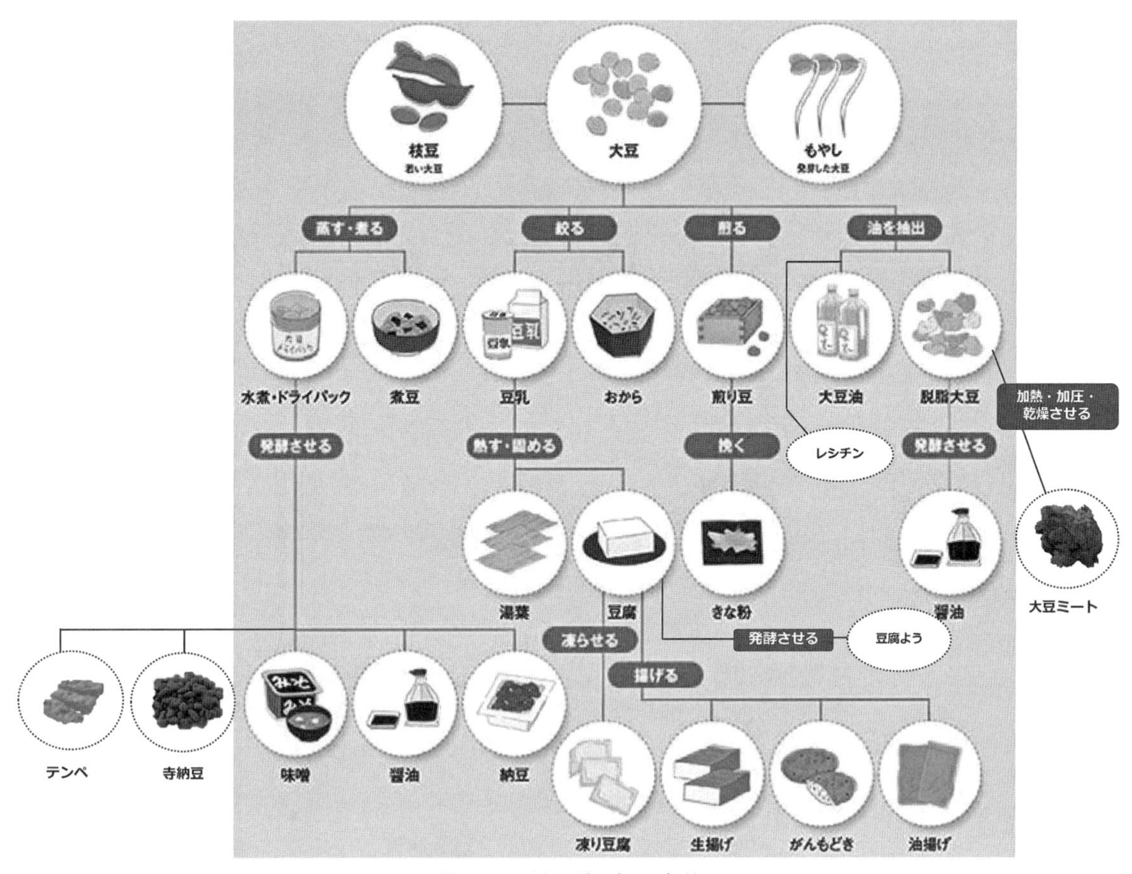

図 2.21　だいずの加工食品

出所）原図：農林水産省：報道・広報 aff 公表をもとに筆者作成

④ **凍り豆腐（高野豆腐）**

豆腐を急速に凍結させると，豆腐の水分が氷結晶になると同時にたんぱく質が変性し，網目状構造が形成される。これを低温で乾燥させたものが凍り豆腐で，**キセロゲル**と呼ばれるスポンジ状の食品である。凍り豆腐(乾，水分：7.2 %)は，たんぱく質，脂質，カルシウムの含量が大きい(たんぱく質：約 50 %，脂質：約 34 %，カルシウム：650 mg)。

⑤ **納　豆**

納豆は，蒸煮ダイズに納豆菌を加え発酵させた食品である。納豆の粘質物は，**γ-ポリグルタミン酸**[*1]とフルクトースの重合体である**フルクタン**[*2]である。また，発酵中に納豆菌がビタミン K_2(メナキノン-7)を産生するため，納豆のビタミン K 含量は蒸煮大豆に比べ数十倍も高い(蒸しダイズ：11 μg，糸引き納豆：600 μg)。

寺納豆は，蒸煮だいずを麹菌と塩水で発酵させたものであり，糸引き納豆のような粘質物は生成しない。塩辛納豆，浜納豆とも呼ばれ，食塩濃度が高い(14.2 g/100 g)。

＊1　**γ-ポリグルタミン酸**　グルタミン酸のα炭素に結合したアミノ基($-NH_2$)とγ炭素に結合したカルボキシ基(−COOH)がペプチド結合したグルタミン酸の重合体。

＊2　**フルクタン**　フルクトースの重合体で，納豆に含まれるものはフルクトースがβ-2,6 結合した直鎖状のフルクタン(レバン)である。一方，きくいもやごぼうに含まれるイヌリンもフルクタンの一種であり，これはβ-2,1 結合の直鎖状フルクタンである。

テンペは，蒸煮だいずをクモノスカビ(*Rhizopusoligosporus*)で発酵させたもので，インドネシアなどの伝統的な食品である。

⑥ **その他**

「**大豆たんぱく**」は，だいずまたは脱脂だいずを主原料として造られ，畜肉加工品，水産練り製品，調理加工食品等の品質改良剤，増量剤として広く用いられている。「**分離大豆たんぱく**」は，最もたんぱく質含量が大きい(約79 %)。また，脱脂だいずは，だいずミートやしょうゆの原料としても利用されている。

一方，だいず油を精製する脱ガム工程で，副産物として**レシチン**が分離される。

(2) 雑豆類

1) あずき（小豆）(adzuki (azuki) bean，ササゲ属，*Vigna angularis*)

① **種類と分類**

東アジアの原産である。あずきは，だいずとともに日本人にとって最も馴染みのある豆である。日本，中国，朝鮮半島では，赤色に神秘的な力があると信じられ，古くから赤色の小豆が儀式や行事などに使われてきた。品種により種皮色に違いがあるが，赤(紅)色の品種が多く流通している。白色や黒色などのものもある。また，赤色のあずきのうち，特に大粒のもの(直径5.5 mm の丸目のふるいを通過しない)は**大納言**と呼ばれ，普通のあずきとは区別して取り扱われる。大納言は，大粒で見栄えがするうえ，煮た時に皮が破れにくい特性がある(**図 2.22**)。

国内生産量の年次変動が大きく，国産とともに中国，カナダ，米国産等のものが用いられている。

② **加工食品**

あずきなどでんぷんを多く含む雑豆類からは**あん**(**餡**)ができる。雑豆類に加水，膨潤，煮熟すると，子葉部細胞の細胞壁を構成しているたんぱく質が熱凝固し，でんぷん粒子は細胞内に閉じ込められたまま糊化する。さらに，これに加水，練って細胞粒子をバラバラにしたものがあん粒子であり，個々の細胞にはでんぷん粒子が包み込まれているため，さらりとした独特の食感

あずき
(普通あずき)

大納言

ささげ

図 2.22　あずきとささげの子実(乾燥)

がある。

あずき以外には，白いんげんまめから**白あん**，えんどうから**うぐいすあん**が作られる（表 2.10）。

あんのうち，生あんと**さらしあん**（乾燥あん）は砂糖を加えていないものを，練りあんはこれらに砂糖等を加えて練り上げたもののことを指す。また，製あん中に種皮を除いたものをこしあんと呼び，種皮を除かないものをつぶしあん（つぶあん）と呼ぶ。

表 2.10　主な雑豆の加工品

あずき	いんげんまめ	えんどう	そらまめ
あん	こし生あん（白あん）	うぐいすあん	フライビーンズ（いかり豆）
こし生あん	うずら豆（煮豆）	揚げ豆（グリンピース）	おたふく豆
さらしあん（乾燥あん）		塩豆	ふき豆
こし練りあん		うぐいす豆（煮豆）	しょうゆ豆
つぶし練りあん（小倉あん）			
ゆで小豆缶詰			

出所）図 2.14 に同じ

2)　ささげ（cowpea，**ササゲ属**，*Vigna unguiculata*）

アフリカ原産で，日本には中国を経て 9 世紀頃に伝来したと考えられている。豆の種皮の色は赤，黒，褐色などさまざまであるが，赤い色のささげは，外観があずきによく似ており，煮ても皮が破れにくいため，赤飯に主に利用されている。また，ささげの多くは，へそ（目）のまわりに黒い輪状の紋様があるのが特徴である（図 2.22）。

3)　いんげんまめ（kidney bean，**インゲンマメ属**，*Phaseolus vulgaris*）

いんげんまめは中南米の原産である。和名を「隠元豆」というが，その名前の由来は，隠元禅師が 17 世紀に中国から日本に持ち込んだことによると考えられている。しかし，近年は，隠元禅師がもたらした豆は別種の「ふじまめ」であるという説が有力である。

いんげんまめは，海外では料理に最も多く利用されている豆のひとつであり，腎臓型あるいは楕円形で，多くの品種がある。種皮色も，白色種，着色種（単色種，斑紋種）など多種多様である。国産の主な品種には，金時類，手亡類，白金時類，うずら類，大福類，虎豆類がある。

日本では，白色種は主に白あんに，その他の品種は煮豆として利用されることが多い。

4)　えんどう（pea，**エンドウ属**，*Pisum sativum*）

東地中海地方，西アジアの原産である。豆の形が球状であることが特徴である。日本では，えんどう子実は，品種名ではなく，青えんどう，赤えんどう，白えんどうなどの品種群として取り扱われることが多い。

海外では，スープや煮込み料理によく利用されるが，日本では，主に煮豆，あん（青エンドウ：うぐいすあん），菓子などの原料に利用されている。

えんどうは，野菜としても利用されている。未熟さやは**さやえんどう**，未成熟子実を**グリンピース**という。**スナップえんどう**は，豆が大きく成長してもさやが柔らかい品種であり，アメリカで開発されたものである。また，**豆苗**（**トウミョウ**）には，ある程度大きく生長した茎葉を食べるものと，発芽直後の**芽生え**（**スプラウト**）の2種類がある（**表2.8**）。

5）そらまめ（broad bean，ソラマメ属，*Vicia faba*）

そらまめの原産地は，東地中海地方，西アジアである。日本で本格的な栽培が始まったのは明治時代になってからである。日本での呼び名「空豆」は，さやが上（空）を向いて着果することに由来するといわれる。

日本での主要な用途は，フライビーンズ（いかり豆）のほか，煮豆（おたふく豆，ふき豆など）である。また，中華料理に使われる豆板醤は，そらまめと唐辛子を原料として発酵させた辛味調味料である。現在，大部分は中国から輸入している。

6）ひよこまめ（chickpea，ヒヨコマメ属，*Cicer arietinum*）

西アジアが原産で，そこからインドやヨーロッパに伝播したとされる。ひよこまめの和名「雛豆」は，種子のへその近くにくちばし状の突起があり，鶏の雛の顔に似ていることから名づけられた。ガルバンゾーとも呼ばれる。大粒品種と小粒品種があり，メキシコ，カナダ，米国等から輸入している。

ひよこまめは，食感がくりに似ていることから，「くりまめ」とも呼ばれる。栗のようなホクホク感とナッツのようなフレーバーが特徴で，海外では，スープやシチューなどさまざまな料理に使われている。近年，日本での利用が増加している。

7）りょくとう（mung bean，green gram，ササゲ属，*Vigna radiata*）

原産地はインドで，古代に中国に伝わり，日本では17世紀ごろから栽培の記録がある。粒の大きさが揃っているため，物の重さを量るために使われたことから，「文豆（ブンドウ）」とも呼ばれていた。日本では，近縁種のケツルアズキ（*Vignam ungo*）とともに「もやし」の原料としても用いられる。

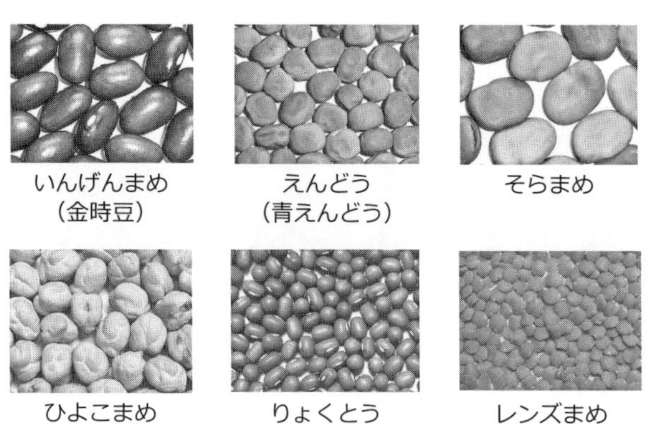

図2.23　雑豆類の子実（乾燥）

コラム 3　日本と海外での豆の呼称と料理の違い

日本では，豆といえば，まずだいずを頭に思い浮かべる人が多い。しかし，だいずの主要生産国であるアメリカやブラジルでは，生産されただいずのほとんどが油の原料や家畜のエサとして消費されている。食品としてのだいず消費量は，日本が世界第一位である。これは，だいずと日本人のかかわりが古いことに加え，身のまわりにだいず加工食品（豆腐，納豆など）がたくさんあるからである。

日本人は，豆類を英語で "bean" と訳すが，欧米では，マメ科植物は "legume"，食用豆類を "pulse" という。厳密な分類ではないが，食用豆類のうち，腎臓型・楕円形の豆類を "bean"，球状のものは "pea"，扁平な円盤型ものを "lentil" といい，豆粒の形によって呼称が異なっている。ちなみに，だいずや落花生などの脂質が多く搾油原料となる豆類は "oilcrop"（油糧作物）と呼ばれ，区別して取り扱われている。

さて，日本の豆料理といえば，だいず加工食品を使った料理が中心であり，そのほかは煮豆か豆ご飯といったところである。一方，海外に目を向けると，アメリカでは，いんげんまめを使ったポークアンドビーンズやフェジョアーダ（ブラジルの黒いんげんまめと肉製品を使った煮込み料理），中近東はひよこまめのペースト（フムス）やそらまめのコロッケ（ターメイヤ），欧米はいんげんまめと野菜のスープ（ミネストローネ），青えんどうと野菜のスープ（マセドワーヌ），レンズまめのスープなど，多彩で美味しい料理がたくさんある。日本でも雑豆料理のレパートリーがもっと増えることを期待したい。

8）レンズまめ（lentil，ヒラマメ属，*Lens culinaris*）

東地中海地方の原産で，その後ヨーロッパ各地に伝わったと考えられている。レンまめは古くからインドにも伝わり，中国にも伝播したが，日本には普及・定着することがなかった。レンズまめの歴史は古く，今日のレンズという呼び名は，この豆のラテン語名にちなんでつけられたといわれいる。正式な和名は「ひらまめ」である。

レンズまめは，形状が扁平で短時間の加熱で火が通りやすいため，ヨーロッパや西アジアでは，スープやシチューに入れ，古くから親しまれてきた。また，豆類の中で特に鉄やセレンが多いのが特徴である。

2.5　種実類

2.5.1　種実類の種類と特性

種実類は穀類や豆類以外の食用とする植物の種子のことである。**堅果類**と**種子類**に分類することができ，堅果類とは，種子の周りに固い殻をもつもので，くるみ，くり，ぎんなん，アーモンド，ピスタチオ，マカダミアナッツ，まつの実等がある。種子類とは，果実以外の野菜等の植物の種子であり，ごまや落花生などを含む。料理の副材料や製菓の材料，おつまみとして，また，脂質が多いものは製油としても利用されている。

成分では，たんぱく質が多いものに野菜の種であるかぼちゃの種，すいかの種やらっかせいには 20 %以上含まれている。脂質を多く含むものでは，くるみ，マカダミアナッツ，まつの実などは 60 %以上である。また，炭水化物では，あまに，ぎんなん，くり，しいの実，はすの実が 30 %以上含ん

表 2.11　種実類の成分

（可食部 100 g 当たり）

食品名	エネルギー	水　分	たんぱく質	脂　質	炭水化物	食物繊維総量	カリウム	カルシウム	マグネシウム	鉄	ビタミンE(α-トコフェノール)	オレイン酸	リノール酸	α-リノレン酸
	kcal	g	g	g	g	g	mg	mg	mg	mg	mg	mg	mg	mg
アーモンド　乾	609	4.7	19.6	51.8	20.9	10.1	760	250	290	3.6	30	—	12,000	9
アーモンド　いり無塩	608	1.8	20.3	54.1	20.7	11.0	740	260	310	3.7	29	—	(12,000)	(10)
あまに　いり	540	0.8	21.8	43.3	30.4	23.8	760	210	410	9.0	0.4	—	5,600	24,000
えごま　乾	523	5.6	17.7	43.4	29.4	20.8	590	390	230	16.0	1.3	—	5,100	24,000
カシューナッツフライ　味付け	591	3.2	19.8	47.6	26.7	6.7	590	38	240	4.8	0.6	—	8,000	76
かぼちゃ　いり味付け	590	4.5	26.5	51.8	12	7.3	840	44	530	6.5	0.6	—	(12,000)	(120)
ぎんなん　生	168	57.4	4.7	1.6	34.8	1.6	710	5	48	1.0	2.5	160	560	36
ぎんなん　ゆで	169	56.9	4.6	1.5	35.8	2.4	580	5	45	1.2	1.6	—	(530)	(34)
（くり類）日本ぐり　生	147	58.8	2.8	0.5	36.9	4.2	420	23	40	0.8	0	—	(200)	(48)
（くり類）日本ぐり　ゆで	152	58.4	3.5	0.6	36.7	6.6	460	23	45	0.7	0	—	250	58
くるみ　いり	713	3.1	14.6	68.8	11.7	7.5	540	85	150	2.6	1.2	—	41,000	9,000
けし　乾	555	3.0	19.3	49.1	21.8	16.5	700	1,700	350	23.0	1.5	—	32,000	280
ごま　乾	604	4.7	19.8	53.8	16.5	10.8	400	1,200	370	9.6	0.1	—	23,000	150
ごま　いり	605	1.6	20.3	54.2	18.5	12.6	410	1,200	360	9.9	0.1	19,000	22,000	160
しい　生	244	37.3	3.2	0.8	57.6	3.3	390	62	82	0.9	0.1	—	(150)	—
すいか　いり味付け	528	5.9	29.6	46.4	13.4	7.1	640	70	410	5.3	0.6	—	25,000	60
とち蒸し	148	58.0	1.7	1.9	34.2	6.6	1,900	180	17	0.4	0			
はす　未熟生	81	77.5	5.9	0.5	14.9	2.6	410	53	57	0.6	0.6	—	180	21
はす　成熟ゆで	118	66.1	7.3	0.8	25.0	5.0	240	42	67	1.1	0.4	—	(280)	(24)
ピスタチオ　いり味付け	617	2.2	17.4	56.1	20.9	9.2	970	120	120	3.0	1.4	—	16,000	200
マカダミアナッツ　いり味付け	751	1.3	8.3	76.7	12.2	6.2	300	47	94	1.3	Tr	—	1,500	85
まつ　生	681	2.5	15.8	68.2	10.6	4.1	730	14	290	5.6	11.0	—	29,000	120
まつ　いり	724	1.9	14.6	72.5	8.1	6.9	620	15	250	6.2	12.0	—	31,000	180
らっかせい大粒種　乾	572	6.0	25.2	47.0	19.4	8.5	740	49	170	1.6	11.0	—	13,000	94
らっかせい大粒種　いり	613	1.7	25.0	49.6	21.3	11.4	760	50	200	1.7	10.0	—	15,000	99
らっかせい小粒種　乾	573	6.0	25.4	47.5	18.8	7.4	740	50	170	1.6	10.0	—	16,000	91
らっかせい小粒種　いり	607	2.1	26.5	49.4	19.6	7.2	770	50	200	1.7	11.0	—	(17,000)	(97)

出所）図 2.14 に同じ

でいる。ミネラルでは，とちの実，ピスタチオにカリウムが多く含まれ，けしの実とごまはカルシウムが多い。けしの実は鉄分も多く含んでいる(**表 2.11**)。

食品表示法における食物アレルギー表示では，種実類の中で**特定原材料***の義務表示に落花生(ピーナッツ)，くるみがある。くるみは，近年，アレルギーの症例数が増加していることなどから特定原材料に準ずるものから特定原材料となり表示が義務づけられることになった。

* **特定原材料**　食品表示基準で定められる品目，えび，かに，くるみ，小麦，そば，卵，乳，落花生(ピーナッツ)の 8 品目のこと。

2.5.2　アーモンド

アーモンドは，バラ科の落葉果樹で甘扁桃(かんへんとう)(スイートアーモンド)と苦扁桃(くへんとう)(ビターアーモンド)があり，甘扁桃の種子の仁が食用となる。

たんぱく質は約 20 %，脂質は 50 %以上であり，ミネラルのカリウム，カルシウム，マグネシウム，鉄が比較的多く含まれている。また，**ビタミンE**[*1]の良い供給源である。製菓原料用として刻んだもの，スライス，粉末，ペーストなどがある。

*1 ビタミンE（トコフェロール） ビタミンEは，脂溶性ビタミンであり，クロマン環のメチル基の位置と数により，α，β，γ，δ-トコフェロールの4種類が天然に存在する。抗酸化活性はα-トコフェロールが最も強く，次いでβ-，γ-，δ-トコフェロールの順である。

2.5.3　あまに

あまには，アマ科アマの種子である。北米やカナダなどが主な生産国であり，寒冷地での栽培に適しているということから，日本では北海道の一部地域で栽培されている。最も多く工業用や食品用に使用されているブラウン種と，医薬・食用に品種改良された希少なゴールデン種がある。

あまに（いり）は，たんぱく質約20％，炭水化物約30％，また，食物繊維も比較的豊富に含んでいる（**表2.11**）。ローストすると風味がよくなり食べやすく，炒め物など加熱調理にも利用できる。あまにを低温圧搾などの工程後にできたあまに油は**必須脂肪酸**[*2]でn-3系であるα-リノレン酸を含んでいる（**表2.12**）。

*2 必須脂肪酸 ヒトの体内で合成できない，あるいは合成できても必要量を満たすことができないため，食物から摂取しなければならない。α-リノレン酸・リノール酸・アラキドン酸のことである

2.5.4　えごま

えごまはシソ科の一年草でエゴマの種子であり，東アジアから東南アジアで栽培されている。日本では福島県，宮城県，岐阜県，広島県の収穫量が多い（**表2.12**）。古くは食用や灯油のほか，油紙，雨傘などの防水加工に用いられていた。主成分は脂質で，えごまの種子を加熱して圧搾してできたものがえごま油である。あまにと同様に必須脂肪酸でn-3系であるα-リノレン酸を多く含んでいる。

表2.12　えごまの収穫量

都府県名	栽培面積（ha）	収穫量（t）
北海道	0.4	0.11
青森県	1.0	0.50
岩手県	13.4	6.98
宮城県	25.8	11.40
山形県	7.3	5.44
福島県	49.6	45.00
群馬県	0.3	0.10
長野県	5.5	2.95
新潟県	1.9	0.91
富山県	1.5	0.40
福井県	1.4	0.21
岐阜県	19.7	10.50
愛知県	1.6	0.90
島根県	6.7	3.30
岡山県	0.2	0.16
広島県	14.0	9.10
熊本県	0.4	0.30

出所）農林水産省：特産農作物の生産実績調査 平成19年より筆者作成

2.5.5　くり類

くり類は，世界各国に分布しており産地により，欧州栗，アメリカ栗，中国栗，日本栗などに分類される。日本での生産量は約1万6千トンといわれ，さまざまな都道府県で収穫されている。主要なくり生産地は，茨城県（3,670トン），熊本県（2,280トン），愛媛県（1,200トン）で，全国収穫量の約50％を占める（2022年）。日本ぐりは，山地に自生する柴栗を原種とし，現在栽培されているのは，それが改良されたものである。粒の大きさにより，大粒種（丹波栗など），中粒種（銀寄（ぎんよせ）など），小粒種（柴栗（しばぐり）など）に分けられる。

主成分は水分と炭水化物であり（**表2.11**），くりの黄色の色素はカロテノイド色素で大部分が**ルテイン**である。渋皮の渋味成分はタンニンの**エラグ酸**である。

2.5.6　ご　ま

ごまは，ゴマ科ゴマの種子である。主な産地として東南アジア，アフリカなどがあり，種皮の色により，黒ごま，白ごま，

コラム4　くるみのアレルギー表示について

食物アレルギーとは食物を摂取した際，身体が食物に含まれるたんぱく質を異物として認識し，自分の身体を防御するために過敏な反応を起こすことといわれている。食物を摂取することによる健康被害程度や頻度の調査を行った結果からアレルギー表示の規定が行われてきた。くるみについては2001年に特定原材料に準ずるものとして規定されていたが，これまでの全国実態調査報告や2018年度の全国実態調査報告書などによりアレルギー症例数の大きな増加がみられた。そのため特定原材料として義務表示対象品目への追加に向けた検討が始まり，2021年5月に医療機関等の専門家の意見を踏まえて特定原材料に「くるみ」が追加され表示義務8品目，表示推奨20品目となった。

金ごまなどに分類される。よく用いられる黒ごま，白ごまの栄養成分にはそれほど大きな違いはなく，約50％は脂質，約20％がたんぱく質である。脂質は不飽和脂肪酸のリノール酸とオレイン酸を含んでいる。ミネラルではカルシウムや鉄が多い。抗酸化作用のある**セサミノール**，**セサモール**，脂質代謝改善効果のあるセサミンなどの**ゴマリグナン**が含まれている。抗酸化物質が多く含まれているため，酸化しにくい。また，**ビタミンE**（γ-トコフェロールが多い）は，ごまの抗酸化性を高める重要な成分である。種皮の割合が多く，皮が硬いといわれている黒ごまの黒い色にはアントシアニンという色素が含まれており，白ごまは，ごま油の原料として主に利用されている。煎(い)ってそのまま，あるいはすりつぶしたり，ペースト状にして料理に利用されている。

2.5.7　らっかせい（落花生，ピーナッツ）

落花生は，マメ科ラッカセイの種子で，ピーナッツ，なんきんまめとも呼ばれる。南米原産で，種子の大きさにより，大粒種と小粒種に分類される。花が咲き終わると子房柄が伸びて地中に入り，そこで莢(さや)をつくりらっかせいとなる。成分はたんぱく質，脂質が多く，ミネラルではカリウムを多く含んでいる。また，ビタミンEも多く含んでいる（**表2.11**）。バターピーナッツは，大粒種の種皮を除いた種子を植物油で揚げた後，食塩で味つけしたもの，ピーナッツバターは，煎(い)った種子をすりつぶし，砂糖，食塩およびショートニングを加えて練ったものである。

らっかせいとくるみは食物アレルギーの**特定原材料***（アレルギー表示義務）に指定されているため，これを材料としている食品・加工食品には，その特定原材料を含む旨の表示をしなければならない（義務づけ）となっている。

*特定原材料　特定表示基準で表示が義務づけられているものである。現在，えび，かに，くるみ，小麦，そば，卵，乳，らっかせい（ピーナッツ）の8品目が特定原材料の対象となっている。

2.5.8　その他の種実類

ぎんなんは，中国原産のイチョウ科の落葉樹であるイチョウの種子である。主な成分は炭水化物（30％以上）であり，その大部分がでんぷんである。ビタミンB_6の生理作用を阻害する4′-メトキシピリドキシンを含むため，食べすぎには注意が必要である。

食物アレルギーの特定原材料に準ずるもの（アレルギー表示推奨）としてアー

モンド，カシューナッツ，ごま，マカダミアナッツがあげられる。

2.6 野菜類

2.6.1 野菜類の特性

野菜とは，草本性食用植物を総称し，水分が多く食用となる植物のことである。「日本食品標準成分表（八訂）増補 2023 年」の収載食品総数約 2,500 食品のうち，野菜類は収載数第 2 位の約 400 食品である。農林水産省が，特に消費量の多い野菜を「**指定野菜**[*1]」と定めている。野菜類は，焼く，煮る，揚げるなどあらゆる方法で調理される。調理による区分別では，電子レンジによる調理は加熱時間が短く，野菜の栄養素が分解されずに残る可能性が高い。野菜類は，淡白な味で他の食材とも合わせやすく，また油もよく吸収し相性がよい食材である。

*1 **指定野菜** キャベツ，きゅうり，さといも，だいこん，たまねぎ，トマト，なす，にんじん，ねぎ，はくさい，ばれいしょ，ピーマン，ほうれんそう，レタスの 14 品目に，ブロッコリーが 2026 年度から「指定野菜」に追加されることになった。

収穫後の野菜を保存する際は，野菜の生理現象を制御することが重要で，低温で保存することで劣化を遅らせることができる。しかし，一部の野菜では，適温より低い温度で保存した場合，**低温障害**を示すので注意が必要である。野菜の保存は，0 ～ 8 ℃が適している（**表 2.13**）。

冷凍野菜に加工する際，急速凍結前に**ブランチング**（198 ページ 7.2.7 ①）すなわち熱湯や蒸気による短時間加熱処理により，酵素を失活させ褐変を防いでいる。商品は－18℃以下で保管されており，解凍後の利用は簡便である。

*2 **緑黄色野菜** 緑黄色野菜は，可食部（食べられる部分）100 g 当たり β-カロテン当量が 600 μg 以上のもののことをいう。一方，β-カロテン当量が 600 μg 未満のものを「淡色野菜」に区別している。ただし，トマト，ピーマンなど 600 μg 未満の一部の野菜については，摂取量および摂取頻度等より栄養指導において「緑黄色野菜に含む」とされている。

2.6.2 野菜類の成分

(1) 栄養成分

生鮮野菜は水分含量が 90 ～ 95 %と多く，エネルギー，たんぱく質，脂質，糖質は少ない。ビタミンは，特に**緑黄色野菜**[*2]ではビタミン A 前駆体となる脂溶性ビタミン（カロテン類）や水溶性ビタミン（B 群，C）が多く，ミネラル（無機質）では，カリウム（**表 2.14**），カルシウム，鉄や食物繊維（水溶性食物繊維，不溶性食物繊維）（**表 2.15**）が多く，これらのよい供給源である。

(2) 呈味成分

野菜に含まれる呈味成分は，味覚を刺激して食べ物をおいしく感じさせることがある。

1) 辛味成分

だいこん，わさびなどの**アブラナ科**の野菜をすりおろしたり切ったりすると細胞が破壊され，辛味成分の**イソチオシアネート**類（**図 2.24**）が酵素の**ミロシナーゼ**により生成される。その他に，代表的な辛味成

表 2.13 野菜類の最適貯蔵温度

野菜名	温度（℃）	野菜名	温度（℃）
アスパラガス	2.5	たけのこ	0
オオバ	8	たまねぎ	0
オクラ	7 ～ 10	トマト（完熟）	8 ～ 10
カブ	0	トマト（緑熟）	10 ～ 13
かぼちゃ	12 ～ 15	ナス	10 ～ 12
カリフラワー	0	ニラ	0
キャベツ	0	ニンジン	0
きゅうり	10 ～ 12	ニンニク	-1 ～ 0
ごぼう	0 ～ 2	ネギ	0 ～ 2
さやいんげん	4 ～ 7	はくさい	0
さやえんどう	0	パセリ	0
しゅんぎく	0	ピーマン	7 ～ 10
しょうが	13	ブロッコリー	0
スイートコーン	0	ほうれんそう	0
セルリー	0	レタス	0
ダイコン	0 ～ 1	れんこん	0

出所）農業・食品産業技術総合研究機構（カルフォルニア大学ポストハーベストセンター等）より抜粋

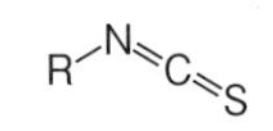

イソチオシアネート(辛味成分)

図 2.24 イソチオシアネート

表 2.14 カリウムを多く含む野菜

(mg/可食部 100 g)

パセリ / 生	1,000	ブロッコリー / 生	460
ゆりね / 生	740	そらまめ / 未熟豆 / 生	440
ほうれんそう / 通年平均 / 生	690	れんこん / 生	440
ゆりね / ゆで	690	サラダな / なま	410
にんにく / 油いため	610	サニーレタス / 生	410
ブロッコリー / 油いため	590	セロリ / 生	410
ほうれんそう / 通年平均 / 油いため	530	水菜 / ゆで	370
たけのこ / 生	520	みつば / 生	500
しそ / 生	500	ししとう / 生	340
こまつな / 生	500	クレソン / 生	330
ブロッコリー / 電子レンジ調理	500	ズッキーニ	320
ほうれんそう / 通年平均 / ゆで	490	モロヘイヤ / ゆで	160
リーフレタス / 生	490		

出所）文部科学省：食品成分データベース，(2023.8 更新)

表 2.15 食物繊維を多く含む野菜

(g/可食部 100 g)

	水溶性食物繊維	不溶性食物繊維	総量		水溶性食物繊維	不溶性食物繊維	総量
アーティチョーク生	6.1	2.6	8.7	こまつな	0.4	1.5	1.9
あしたば	1.5	4.1	5.6	ししとう	0.3	3.3	3.6
グリンピース	0.6	7.1	7.7	たまねぎ	0.4	1	1.4
オクラ	1.4	3.6	5	たらのめ	1.1	3.1	4.2
日本かぼちゃ	0.7	2.1	2.8	チンゲンサイ	0.2	1.	1.2
西洋かぼちゃ	0.9	2.8	3.7	トマト	0.3	0.7	1
からしな	0.9	2.8	3.7	なす	0.3	1.9	2.2
カリフラワー	0.6	2.5	3.1	モロヘイヤ	1.3	4.6	5.9
キャベツ	0.9	1.4	2.3	ゆりね	3.3	2.1	5.4
きゅうり	0.2	0.9	1.1	レタス	0.2	0.9	1.1
ケール	0.5	3.2	3.7	れんこん	0.2	1.8	2
ごぼう	2.3	3.4	5.7				

出所）表 2.14 と同じ

分として，**カプサイシン**(とうがらし)，**ジンゲロン・ジンゲロール・ショウガオール**(しょうが)，**スルフィド類**(たまねぎ・ねぎ)などがある。

2) えぐ味成分

野菜のえぐ味成分は苦味に近く，食材の灰汁(アク)の主成分である。えぐ味をもつ野菜には**シュウ酸**が多く含まれており(特にほうれんそうにはシュウ酸カルシウムの結晶が多い)，これらはゆでこぼすことで除去できる。山菜のわらび，ぜんまい，ふきのとうなども，ゆでて水につけて灰汁を除く。重曹を用いるのは，アルカリ性で繊維をやわらかくして灰汁を抜けやすくなるためである。

3) 香気成分

だいこん・わさびなどのイソチオシアネート類は，アブラナ科に特有の辛味成分であるが香気成分でもある。すりおろしたり切ったりすると細胞が破壊され，香気成分を生成する。

きゅうりの**ノナジエナール**(キュウリアルコール)・**ノナジエノール**，キャベツ・トマトなどの青臭さの**ヘキサナール**，たまねぎ・ねぎのスルフィド類(**ジプロピルジスルフィド**，**アリルスルフィド**)や**アリシン**(にんにく，**アリイン**(無臭)から**アリイナーゼ**により生成)なども代表的な香気成分である。

4) うま味成分

アスパラガスの**アスパラギン酸**，えだまめの**グルタミン酸**，トマトのグルタミン酸などが，うま味(旨味)成分として含まれている。

(3) 色素成分（表 2.16）

1) クロロフィル

クロロフィルの緑色を呈するのは，緑黄色野菜全般で，ほうれんそう・ピーマン・小松菜・モロヘイヤなどに多く含まれている。

2) カロテノイド

カロテノイド色素は，黄色・橙色・赤色を呈する。α・β-カロテン(橙)はにんじん，リコペン(赤)はトマト，カプサンチンは赤ピーマン(パプリカ)やとうがらし，そしてルテイン(黄)はかぼちゃ，ケールやほうれんそうに多く含まれている(**表 2.16**)。

表 2.16　野菜に含まれる主な色素

色素グループ	色素名	色調	主な野菜
クロロフィル	クロロフィル a	緑～青緑	緑黄色野菜全般
カロテノイド	α-カロテン	橙	にんじん
	β-カロテン	橙	にんじん
	リコペン	赤	トマト
	カプサンチン	赤	赤ピーマン・とうがらし
	ルテイン	黄～黄赤	ケール・ほうれんそう・かぼちゃ
	ゼアキサンチン	黄～黄赤	ケール・ほうれんそう・かぼちゃ
アントシアニン	シアニン	赤～紫～青	赤かぶ・赤しそ
	シソニン	赤～紫～青	ちりめんしそ
	ナスニン	赤～紫～青	なす

出所）栢野新市，水品善之，小西洋太郎編：食品学Ⅱ　食べ物と健康　食品の分類と特性，加工を学ぶ(改訂第2版)，栄養科学イラストレイテッド，72，羊土社(2018)より転載，原図をもとに筆者作成

3) アントシアニン

アントシアニン色素は紫色を呈し，赤かぶ・しそ・なすなどに含まれている(**表 2.16**)。

2.6.3　野菜類の分類と種類

野菜類は，食用にされる部位により，**葉菜類**，**根菜類**，**果菜類**，**茎菜類**，**花菜類**の5つに分類される(**表 2.17**)。また，野菜は，いくつかの科に分類され，アブラナ科，ウリ科，キク科，セリ科，ナス科，ユリ科に属するものが多い(**表 2.18**)。

(1) 葉菜類

1) キャベツ（cabbage, *Brassica oleracea* L. var. capitata L.）

春キャベツは葉の巻き方がゆるいためやわらかく，夏秋キャベツと冬キャベツはしっかりと結球している。内側と外側と葉の色のコントラストが鮮やかなものほど新鮮であり，視覚的に鮮度を判別することができる。キャベツ

表 2.17　野菜の食用部分による分類

食用部分による分類		緑黄色野菜	淡色野菜
葉菜類	葉	こまつな，チンゲンサイ，ねぎ，ほうれんそう	キャベツ，はくさい，レタス
根菜類	根，地下茎	にんじん	だいこん，ごぼう，かぶら，しょうが，れんこんなど
花菜類	果実	かぼちゃ，トマト，ピーマン，オクラ	きゅうり，なすなど
茎菜類	茎，地下茎	グリーンアスパラガス	たまねぎ，にんにく，セロリ，アスパラガス，たけのこなど
果菜類	はな，つぼみ，花托	ブロッコリー	カリフラワー，みようがなど
莢(きょう)実類	種子，莢(さや)	さやいんげん，さやえんどう	えだまめ，グリーンピース，だいずもやし

表 2.18　野菜の系統(科)による分類

科名	野菜名
アブラナ科	カリフラワー，キャベツ，こまつな，だいこん，はくさい，ブロッコリーなど
イネ科	とうもろこし，たけのこ
ウリ科	かぼちゃ，きゅうり，ズッキーニ，とうがん，メロン，すいかなど
キク科	きく，ごぼう，しゅんぎく，ふき，レタスなど
シソ科	しそ，バジル，セージなど
セリ科	せり，セロリ，にんじん，パセリ，みつばなど
ナス科	ししとう，とうがらし，トマト，なす，ピーマンなど
ユリ科	たまねぎ，にら，にんにく，ねぎ，らっきょうなど
ヒユ科	ほうれんそうなど

出所）農作物語彙体系

は摂取量が多く，ビタミンCと食物繊維のよい供給源である。紫キャベツはアントシアニン色素を有し，抗酸化作用がある。芽キャベツは，キャベツが2～4 cm 結球したもので茎に密集してできる。キャベツには，**S-メチルメチオニン**(ビタミンU，抗潰瘍作用)が含まれていることが知られている。

2)　はくさい (chinese cabbage, *Brassica rapa subsp.* Pekinensis)

半結球型と結球型がある。鮮度は，葉の緑が鮮やかで，外側の色が濃いものがよい。1/2 や 1/4 に分割してあるものは，芯の部分が盛り上がっていないものが新鮮である。鍋物の材料や漬物(一夜漬け，キムチ等)に加工される。

3)　ほうれんそう (spinach, *Spinacia oleracea*)

雌雄異株*であり，西洋種は春から秋採りで，葉に切れ込みはなく葉肉は厚く，根は薄いピンク色で，東洋種は秋から冬採りで，葉に切れ込みがあり，葉肉は薄く，根は赤い色が特徴である。葉先がピンとしてみずみずしく鮮やかな緑色を呈しているものの鮮度がよい。ゆでることで，カルシウムの吸収阻害因子であるシュウ酸を軽減することができる。

＊**雌雄異株(しゆういしゅ)**　単性花をつける植物で雄花と雌花が別々の個体(株)に生じる植物のこと。イチョウやソテツなどの木に多い。

野菜の中で鉄分が多く(2.0 mg/100 g)，鉄分の吸収を助けるビタミンC(通年平均35 mg/100 g)，β-カロテン(4,200 μg/100 g)，さらに食物繊維も豊富である。季節によるビタミンC含量の変化が大きく，夏に採れたもの(20 mg/100 g)より，冬に採れたもの(60 mg/100 g)は含有量に約3倍の差がある。

4) **レタス**(lettuce, *Lactuca sativa*)

結球型レタスと非結球型のサラダな，サニーレタス，リーフレタスなどの種類がある。緑色のレタス類(サラダな，サニーレタス，リーフレタス，サンチュ)は，β-カロテン，ビタミンC，カルシウム，鉄などのよい供給源である。

(2) 根菜類

1) **だいこん**(daikon, *Raphanus sativus* var. longipinnatus)

根の部分は淡色野菜であり，葉は緑黄色野菜である。根が白色の白首種と根の上部が緑色の青首種がある。葉は菜飯やつくだ煮，根の上部(葉元部分)は水分が多くて甘味が強いのが特徴で，生食に，中間部分は葉元や先端に比べてやわらかく，甘味と辛味のバランスがよいのが特徴的で，煮物などいろいろな料理に幅広く使うことができる。先端部分は辛味成分(アリルイソチオシアネート)が強いのが特徴である。ビタミンC，カリウムや消化を助け胃腸のはたらきを整えるジアスターゼを含んでいる。また，だいこん特有の匂いは，**メチルメルカプタン**である。

2) **にんじん**(carrot, *Daucus carota subsp.* sativus)

東洋系の**金時にんじん**は細長く赤色で，西洋系は太くて短く橙色である。β-カロテンは，体内で一部ビタミンA(レチノール)に変わるため，皮膚や粘膜を丈夫にして，免疫力を高める作用がある。β-カロテンは脂溶性のため，油で調理すると効率よく摂取できる。また，β-カロテンは皮に多く含まれるので，皮ごと食べたり，きんぴらにするとよい。にんじんとだいこんのおろしをまぜてつくるもみじおろしは，にんじんのアスコルビン酸オキシダーゼ活性が強いため，ビタミンCの酸化が促進される。

3) **ごぼう**(edible-burdock, *Arctium lappa*)

不消化性多糖である**イヌリン***を含むため，整腸作用が強い。また，ポリフェノール化合物のクロロゲン酸を多く含んでいるため，褐変防止のため，水や酢水に漬けるなどの下処理(アク抜き)を行う。

京都の伝統野菜である堀川ごぼうは，全国的に流通する長根種とは異なり，1年以上かけて極端に太く内部に空洞(す)を入れるように栽培されている。

4) **しょうが**(ginger, *Zingiber officinale*)

辛み成分は，**ジンゲロン**，**ジンゲロール**，**ショウガオール**である。初夏に出回る茎の付け根が紅色をしている新しょうがは，酢漬けに加工されている。

*イヌリン →33ページ側注参照。

5) **れんこん**（lotus root, *Nelumbo nucifera*）

ハスの地下茎が肥大した茎で，晩秋から冬にかけて収穫される。変色しやすいのは，ポリフェノールの一種のタンニンを含むためである。でんぷんを主とした糖質（16%）を多く含み，カリウムが多い*（ゆでると 50 %ほど減る）。

*「れんこん」の穴の数は 10 個あり，真ん中に 1 個，周りに 9 個である。穴は通気孔のため，呼吸のための空気を地上から根まで送り込んでいる。そのためれんこんから茎，葉の中央まで穴はつながっている。

(3) 果菜類

1) **かぼちゃ**（pumpkin, *Cucurbita*）

「日本かぼちゃ」，「西洋かぼちゃ」，「そうめんかぼちゃ（ぺぽかぼちゃ）」の 3 種類ある。日本かぼちゃは，ゴツゴツした果皮をしており，果肉は水分が約 87 %で，西洋かぼちゃよりも粘質で甘味が少なく，味も淡泊である。西洋かぼちゃの果皮はなめらかで，果肉の水分が約 76 %ででんぷんが多いため，甘味が強く，ほくほくとした食感である。色素成分である β-カロテンが，西洋かぼちゃ（約 4,000 μg/100 g）は，日本かぼちゃ（730 μg/100 g）の約 5.5 倍含んでいる。

そうめんかぼちゃ（ぺぽかぼちゃ）には，ズッキーニやおもちゃかぼちゃなどがある。ズッキーニは，実の外見はきゅうりに似ているが，かぼちゃの仲間で，主に緑果種と黄果種がある。夏野菜のひとつで，β-カロチン，カリウムを含んでいる。おもちゃかぼちゃの金糸瓜は別名「そうめん南瓜」「そうめん瓜」と呼ばれて，2 ～ 4 cm ほどの厚さに輪切りにし，内部の種を取り，沸騰したお湯で 20 分ほどゆでると果肉がほぐれ，繊維質が素麺のようになる。

2) **トマト**（tomato, *Solanum lycopersicon* L.）

鮮やかな赤い色はカロテノイド系色素のリコペンで，抗酸化作用が高い。プチトマトの特徴は，小形のトマトで，黄，オレンジ，緑色の品種など色，形ともにさまざまで，甘みの強いものが多い。近年は，濃い紫色の色素であるアントシアニンを多く含む青いトマトも開発されている。

3) **きゅうり**（cucumber, *Cucumis sativus*）

茎との付け根付近に，苦み成分の**ククルビタシン**や香気成分の**ノナジエナール**が多く含まれる。サラダの生食や漬物（塩漬け，糠漬け，ピクルス）に加工されている。

4) **なす**（eggplant, *Solanum melongena*）

果皮にアントシアニン色素の**ナスニン**を含んでいる（**表 2.16**）。なすを切って生のまま放置すると，**ポリフェノールオキシダーゼ**により酵素褐変反応が起こり，褐色に変色する。水にさらしてから加熱調理することで褐変を抑えることができる。

5) **ピーマン**（bell pepper, sweet pepper, *Capsicum annuum*）

とうがらしのカプサイシンを含まない緑色の品種のひとつである。赤色や黄色の品種はパプリカと呼ばれ，とうがらしの仲間で，肉厚で甘味がある大型種である。とうがらしの辛味成分は**カプサイシン**で，果実の赤色の主成分はキサントフィルの**カプサンチン**(表 2.16)である。ししとうは，小型の青果用のとうがらしである。京都の伝統野菜の万願寺とうがらしは，果肉が分厚く柔らかい甘味種である。

6) オクラ（okra, *Abelmoschus esculentus*）

刻むと独特の粘り気が特徴である，オクラのネバネバの主成分は多糖類(ペクチンなど)である。

(4) 茎菜類

1) たまねぎ（onion, *Allium cepa*）

国内での収穫量は，大根，キャベツに次いで第 3 位である。独特の辛み，香り(**ジプロピルジスルフィド**)，甘み(**プロピルメルカプタン**)である。一方で，旨み成分も多く「西洋のかつおぶし」と呼ばれている。特有のにおいは硫化アリルなどのイオウ化合物で，たまねぎを切ると涙がでてくるのはプロパンチアール-S-オキシドによる。また，抗酸化成分である**ケルセチン**(フラボノイド)が多く含まれる。

2) アスパラガス（asparagus, *Asparagus officinalis*）

栽培法で，育つ時に日光に当てるとグリーンアスパラガスに，遮光にするとホワイトアスパラガスになる*。

＊アミノ酸のアスパラギン酸(旨味成分)が多いのが特徴である。アスパラガスに含まれる栄養素の「アスパラギン酸」は，アスパラガスから発見されたことからその名がついた。

3) たけのこ（bamboo shoot, *Phyllostachys pubescens*）

春になると竹の地下茎から出る若芽の部分で，えぐ味成分の**ホモゲンチジン酸**が含まれているので，収穫後早く処理する。米糠や米のとぎ汁を用い，ゆでて冷めるまでそのまま置いておく。たけのこに含まれているアミノ酸の一種のチロシンは，ゆでると結晶となって節の部分や表面などにかたまりとなって付着している。

4) セロリ（celery, *Apium graveolens*）

葉，茎，実の部分が食用となり，独特の強い香りは**アピイン**(フラボノイド)である。カリウムが多く(410 mg/100 g)含まれている。

5) にんにく（garlic, *Allium sativum*）

香りの強い特徴がある。香気および辛味成分は**アリイン**から**アリイナーゼ**によって生成される**アリシン**やジアリルスルフィドである。アリシンはビタミン B_1 と結合して**アリチアミン**に変化することにより B_1 の吸収を高める。

(5) 花菜類

1) カリフラワー（cauliflower, *Brassica oleracea* var. botrytis）

キャベツの一変種で，花蕾を食用にする淡色野菜である。フラボノイド系色素を含んでいるため，調理ではゆで汁に“酢”を加えることで酸性になり白色が保たれる。カリフラワー，ブロッコリーの原種といわれているロマネスコは，イタリア語で「ローマの」という意味。イタリアのローマが原産地で，ブロッコリーとカリフラワーを掛け合わせたような品種の野菜で，分類上はカリフラワーの仲間となっている。

2）ブロッコリー（broccoli, *Brassica oleracea* var.itarica）

キャベツの変種である。β-カロテン含量が810 μg/100 gで緑黄色野菜に分類される。ゆでるとビタミンC含量が約40 %に減少する（140 → 55 mg/100 g）。また，抗がん作用を有するイソチオシアネート類（**スルフォラファン**）が含まれている。

3）みょうが（myoga, *Zingiber mioga*）

日本では食用として栽培され，薬味などに使われている。

（6）その他　莢実類，もやし類

野菜として利用されるマメ類には，未熟な莢を利用するえんどう，いんげん，ささげ，ふじまめなど，若い未熟種子を利用するそらまめ，えんどう，えだまめなどがある。さやえんどうとは，えんどうの若いさやを食用とする場合の呼び方である。さやいんげんとは，いんげんまめの若いサヤを食用とする果菜である。

もやし類は，りょくとうやだいずなどが発芽したもので，野菜として分類されている（2.4 豆類を参照）。

2.7　果実類

2.7.1　果実類の種類と特性

受粉後の花の一部が肥大して実になったもの果実といい，その中でも特に食用となるものを果物という。水分が多く生食に適しているもので，基本的に多年生木本植物（樹木）の果実を指す。果物として呼ばれているメロンやイチゴ，スイカ（いずれも一年草目植物）などは，省庁により分類が異なり，厚生労働省や文部科学省では，「果物」として分類されるが，農林水産省では，「野菜」として分類される。一般には，それらの形態や利用部位により，**仁果類**，**準仁果類**，**核果類**，**漿果類**に分けられる（**表2.19**）。

果実類の特性は，色，味，香り，テクスチャーなどの特性もさまざまで，食卓に彩りを添える食品である。果実類には，次のような特徴をもつ。

① 水分が多く，適度な甘味，さわやかな酸味，芳香と特有の色彩がある。

② ビタミンや無機質の給源となるものが多い。

③ 食物繊維としてペクチンを含みジャムにできるものが多い。

表2.19　果実の分類

分類	主な果実
仁果類	りんご，なし，かりん
準仁果類	かき，かんきつ類
核果類	もも，あんず，うめ，さくらんぼ
漿果類	ぶどう，ブルーベリー，いちご，いちじく

出所）文部科学省：日本食品標準成分表（八訂）増補2023年

2.7.2 果実類の成分

(1) 栄養成分

1) 水　分

一般に果物の水分含量は約 85 ～ 90 %と多く(**表 2.20**), 腐敗しやすいため, 乾燥果実・ジャム・マーマレードなど水分活性(Aw)を下げた保存食品が発達してきた。

2) 糖　質

固形分として, 糖質(炭水化物)含量が水分に次いで多い。グルコース(ブドウ糖), フルクトース(果糖), スクロース(しょ糖)などの糖質を 10 %前後含んでいるため, みずみずしく甘い(**表 2.21**)。糖の種類や含量は, 果実の種類や熟期によって異なるが, 一般的に成熟するにつれて, でんぷんが減少し, 成熟過程の初期にグルコース, 次いでスクロースが増えて, 甘味が増加する。ちなみに, 熟した果実類(生)にはでんぷんはほとんど含まれていない。

表 2.20　主な果実の主要成分組成

(可食部 100 g 当たり)

食品名	エネルギー	水分	脂質	炭水化物			カリウム	ビタミンA					ビタミンC
				利用可能炭水化物(単糖当量)	食物繊維総量	炭水化物		α-カロテン	β-カロテン	β-クリプトキサンチン	β-カロテン当量	レチノール活性当量	
単位	kcal	g					mg	μg					mg
アボカド	176	71.3	17.5	(0.8)	5.6	7.9	590	13	67	27	87	7	12
あんず	37	89.8	0.3	(4.8)	1.6	8.5	200	0	1,400	190	1,500	120	3
いちご	31	90.0	0.1	(6.1)	1.4	8.5	170	0	17	1	18	1	62
かき(甘がき)	63	83.1	0.2	13.3	1.6	15.9	170	17	160	500	420	35	70
うんしゅうみかん(じょうのう)	49	86.9	0.1	9.2	1.0	12.0	150	0	180	1,700	1,000	84	32
グレープフルーツ(白肉種, 砂じょう)	40	89.0	0.1	7.5	0.6	9.6	140	0	0	0	0	(0)	36
レモン(全果)	43	85.3	0.7	2.6	4.9	12.5	130	0	7	37	26	2	100
キウイフルーツ(緑肉種)	51	84.7	0.2	9.6	2.6	13.4	300	0	53	0	53	4	71
キウイフルーツ(黄肉種)	63	83.2	0.2	(11.9)	1.4	14.9	300	1	38	4	41	3	140
すいか(赤肉種)	41	89.6	0.1	—	0.3	9.5	120	0	830	0	830	69	10
日本なし	38	88.0	0.1	8.3	0.9	11.3	140	0	0	0	0	(0)	3
パインアップル	54	85.2	0.1	12.6	1.2	13.7	150	Tr	37	2	38	3	35
バナナ	93	75.4	0.2	19.4	1.1	22.5	360	28	42	0	56	5	16
ぶどう	58	83.5	0.1	(14.4)	0.5	15.7	130	0	21	0	21	2	2
メロン(露地, 緑肉種)	45	87.9	0.1	9.5	0.5	10.4	350	6	140	0	140	12	25
もも(白肉種)	38	88.7	0.1	8.4	1.3	10.2	180	0	0	9	5	Tr	8
りんご(皮なし)	53	84.1	0.2	12.4	1.4	15.5	120	0	12	7	15	1	4

出所）表 2.19 に同じ

表 2.21　主な果実の糖と含有量

(g/可食部 100 g 当たり)

果実名	全糖量	スクロース	グルコース	フルクトース	ソルビトール
もも(白肉種)	8.4	6.8	0.6	0.7	0.3
うんしゅうみかん(じょうのう)	9.2	5.3	1.7	1.9	—
バナナ	19.4	10.5	2.6	2.4	—
りんご(皮なし)	12.4	4.8	1.4	6.0	0.7
日本なし	8.3	2.9	1.4	3.8	1.5
さくらんぼ	(13.7)	(0.2)	(7.0)	(5.7)	(2.2)
ぶどう(皮なし)	(14.4)	(0)	(7.3)	(7.1)	(0)
かき(甘がき)	13.3	3.8	4.8	4.5	—

出所）表 2.19 に同じ

3)　ビタミン類

ビタミンCは，果実類に含まれる代表的なビタミンであるが，種類によって含量に差がある。みかんやレモンのような柑橘類のほかに，いちごやかき，キウイフルーツに多く含まれる。果実には，ビタミンCだけでなく，**プロビタミンA**（α・β-カロテン，β-クリプトキサンチン）を多く含むものがあり，あんず，うんしゅうみかん，**セミノール**，**メロン**(**赤肉種**)などに多い。

4)　無機質

果実類は，野菜類と同様に，カリウム含量が非常に多く，ついでカルシウム，マグネシウムなどを多く含む。**カリウム含量が特に多いものは，ドライフルーツのほか，アボカド，キウイフルーツ，バナナなどである**。

(2) 旨味成分

1)　有機酸

果実類には，**クエン酸**，**リンゴ酸**，**酒石酸**などの有機酸を含むものが多く，爽快な酸味を呈している。柑橘類とレモンの酸味は，主にクエン酸による酸味である。酒石酸はぶどうに，キナ酸はキウイフルーツに多く含まれている(**表 2.22**)。一般に未熟果は，有機酸の含有量が多く，熟成に従って減少するため，酸味が弱まり，フルクトース，スクロース，グルコースなどの糖類が増加して甘味が強まる。

表 2.22　主な果実中の有機酸含有量とその種類

果実	主な有機酸
いちご	クエン酸(70 %以上)，リンゴ酸
かき	リンゴ酸，クエン酸
うめ	クエン酸(40 ～ 80 %)，リンゴ酸
みかん，グレープフルーツ	クエン酸(90 %)，リンゴ酸
レモン	クエン酸(大分部)，リンゴ酸
キウイフルーツ	キナ酸(36 %以上)，リンゴ酸
バナナ	リンゴ酸(50 %)，クエン酸
ぶどう	酒石酸(40 ～ 60 %)，リンゴ酸
りんご	リンゴ酸(70 ～ 95 %)，クエン酸

(3) 香気成分

果実の芳香(香気)は，口に入れた時の風味にも大きく寄与する。揮発性の物質によるもので，主としてエステル類，アルコール類，アルデヒド類，揮発性の有機酸，カルボニル化合物などに含まれる。柑橘系では，苦味のあるテルペン類の**リモネン**が主成分で，果実より果皮に多く含まれる。バナナには**酢酸イソアミル**，ももには**γ-ウンデガラクトン**，グレープフルーツは**ヌートカトン**の香気成分が含まれる。

(4) 色素成分

果実類は色彩が豊かで，料理に彩りを添える。果実類の色は，アントシアニン，カロテノイド，フラボノイド，クロロフィルなどによる。クロロフィルは，未熟果実に多く含まれるが，熟すにつれて果実それぞれの固有の色合いになる。ぶどう，りんごなどの紫色，赤色はアントシアニン類に由来し，水溶性でpHによって色が変化する（酸性で赤色，アルカリ性で紫・青色）。カロテノイドは脂溶性で赤から黄色の色素で，キサントフィル類とカロテン類がある。カロテノイド系の色素であるα，β-カロテンとβ-クリプトキサンチンはプロビタミンAとよばれ，消化・吸収された後，体内でビタミンAに変わる。柑橘類の果物などに多く含まれる。フラボノイド系の色素は，無色または，淡黄色を呈する水溶性の色素で，酸性で無色，アルカリ性で黄色を呈し，柑橘類に多く含まれる。

(5) 機能性成分

1) ペクチン（食物繊維）

果物類には，難消化性である食物繊維が多く含まれる。その主成分は**β-ガラクツロン酸**がα-1,4結合したペクチンであり，プロトペクチン，水溶性ペクチン，ペクチン酸などがある。未熟果実果皮には，不溶性のプロトペクチンが多く，成熟するに従って酵素によって分解され，水溶性ペクチンに変化する。果実が成熟するにつれて軟化するのは，このためである。水溶性ペクチンのカルボキシ基は一部メチルエステルになっているが，すべてカルボキシ基のものをペクチン酸と呼び，果実の過熟の状態ではペクチン酸が多くなる*。

＊水溶性ペクチンのエステル構造にはメトキシル基が含まれるので，そのエステル化度はメトキシル基の重量分率と相関する。メトキシル基の重量分率が7％（エステル化度50％）以上のものを高メトキシルペクチン，7％以下のものを低メトキシルペクチンと呼び，溶解性，粘性，ゲル化能などの物性を大きく変化させる。酸と糖を水溶性ペクチンに加えるとゼリー化するが，プロトペクチンやペクチン酸はゲル化しない。

果物に含まれる食物繊維は，ペクチン以外にセルロース，ヘミセルロース，リグニンなどがある。食物繊維は，便通を整えるなど多くの生理作用があり，果実類は不足しがちな食物繊維を補給するのにも適している。

2) 酵素類

① ポリフェノールオキシダーゼ

りんごやバナナなどの果肉の切り口を放置すると，切り口が褐変する。これは，果肉中の**ポリフェノールオキシダーゼ**による酵素的褐変反応である。

② アスコルビン酸オキシダーゼ

還元型のビタミンC（L-アスコルビン酸）を酸化する酵素で，果実の組織が傷つくと，この酵素によりL-アスコルビン酸が酸化されてデヒドロアスコルビン酸に変化する。

③ プロテアーゼ

熱帯，亜熱帯産の果実であるパインアップルには**ブロメライン**，パパイヤにはパパイン，キウイフルーツには**アクチニジン**，いちじくには**フィシン**などの**たんぱく質分解酵素**(**プロテアーゼ**[*1])が含まれている。

2.7.3 仁果類

(1) りんご

原産地は中央アジアで日本へは明治時代にアメリカから伝えられた。栽培されている品種が多い。ジュースや缶詰，ジャムのほか，りんご酒やりんご酢も作られる。貯蔵性が高く，品種によって異なるが**低温貯蔵**[*2]で数週間から数か月保存でき，**CA 貯蔵**[*3]では 6 か月以上の貯蔵が可能である。りんごの主成分は，炭水化物でフルクトース，スクロース，グルコース，**ソルビトール**である。蜜といわれる芯の周辺の半透明の部分は，主にソルビトールである。有機酸はおもにリンゴ酸である。

(2) な　し

なしには，日本なし，西洋なしや中国なしなどがある。日本なしは果皮の違いにより赤なし，青なしに分類される。赤なしには，幸水，長十郎，豊水などがあり，青なしには，二十世紀などがある。リグニンやペントサンからなる厚膜をもった**石細胞**が存在し，そのために果肉はざらついた独特の舌触りがある。西洋なしは，未熟のうちに収穫して追熟を行うことで，糖が増加し，臭気も増加し肉質もなめらかになる。

2.7.4 準仁果類

(1) か　き

アジア原産で，日本では種類が多い。甘柿は，生食するが，渋柿は渋抜き後に生食や干し柿で食する。果肉の色は，β-カロテンや**β-クリプトキサンチン**[*4]などのカロテノイドである。ビタミン C を多く含んでいるのも特徴である。渋柿は，可溶性タンニンを含むので，不溶性タンニンに変化させて脱渋する(**脱渋方法**[*5])。干し柿の白い粉は，**マンニトール**，グルコース，フルクトースの析出による。

(2) 柑橘類

柑橘類は，ミカン科・ミカン亜科のカンキツ属・キンカン属・カラタチ属の植物の総称である。食用になっているのは，カンキツ属とキンカン属の一部である。カンキツ属には，ミカン類(うんしゅうみかんなど)，オレンジ類(バレンシア，ネーブルなど)，グレープフルーツ類，タンゴール類(伊予柑など)，香酸柑橘類(レモン，ゆず，かぼすなど)，ぶんたん類，雑柑類(なつみかんなど)がある。キンカン属には，キンカン類があり，種類が多い。甘味，酸味は品種によって異なるが，甘い柑橘類は酸が少ない。柑橘類はビタミン C が豊富で，特にうんしゅうみかんに多く含まれる**β-クリプトキサンチン**は，体内でビタミン A に変換されるだけでなく，生理活性が重要視されている(**表 2.20**)。グレ

*1 **たんぱく質分解酵素(プロテアーゼ)**　たんぱく質分解酵素を含む熱帯，亜熱帯産のフルーツをゼリーに利用する場合，生の果物をそのまま使用するとプロテアーゼの作用でゼラチンを分解し，固まりにくくする。これを防ぐには，果物類をさっと加熱し，酵素を失活させる必要がある。

*2 **低温貯蔵**　果実の新鮮保存を目的とするものである。低温で貯蔵することにより，呼吸その他の代謝作用，追熟，軟化，老化を遅らせることができる。また，水分の損失とそれに伴う萎凋，有害生物の繁殖や活動を抑制できる。

*3 **果物の CA 貯蔵**　貯蔵内の空気組成を人工的に高二酸化炭素，低酸素に調節して呼吸とエチレンの生成を抑制し，長期保存する方法。追熟過程の後半で呼吸の一過性上昇現象(クライマテリックライズ)を起こしやすい果物(バナナ，リンゴ，もも，アボカドなど)の貯蔵に適している。非クライマテリックライズの果物には，ミカン，ぶどう，イチゴなどがある。

*4 **β-クリプトキサンチン**　果物の黄から赤色の天然色素成分でβ-カロテン，リコペン等と同じカロテノイド類の色素である。抗酸化作用があり，体内での酸化ストレスを抑える効果がある。さまざまな病気の予防に役立つと考えられ，うんしゅうみかんやかきに多く含まれる。

*5 **脱渋方法**　かきの渋みの元なるタンニンを水溶性から不溶性に変化させることにより，渋みを感じなくさせること。かきの渋抜きと知られているのは，炭酸ガスを使用する方法とアルコールを使用する方法である。

ープフルーツの独特の苦み成分は，**ナリンギン**に由来する。酸味の強い柑橘類としてレモンがあり，香気の主成分はシトラールである。

2.7.5 核果類

(1) も　も

中国北西部，黄河上流の高山地帯が原産で，シルクロードを通ってペルシャに伝わったとされる。日本では，縄文時代後期の遺跡から出土している。日本で栽培されているのは，中国から入ってきた「水蜜桃」をもとに品種改良したものである。糖分は，スクロースが主成分で，フルクトースやグルコース，ペクチンなどを含む。

(2) う　め

原産地は中国である。花を観賞するものと実を利用するものがある。花には特有の香りがあり，未熟果の果実は，緑色で熟すと黄色に変化する。有機酸を多く含む(主にクエン酸やリンゴ酸)。うめの種子には，**アミダリン**という青酸配糖体が含まれ，酵素作用により，青酸が遊離すると，食中毒様の急性毒性を示す。したがって，うめは，生食に適さず，梅干し，梅酒などに加工される。

2.7.6 漿果類

(1) ぶどう

世界中で栽培されている果物である。歴史はとても古く紀元前 4000 年頃には古代オリエントなどで栽培されていたとされ，シルクロードを通って中国へ伝わり，日本へもたらされた果物である。世界ではワインなどに多く利用されているが，日本では生食が主である。品種は多く，西欧種と米国種があり，世界的には生産量が多い果実の 1 つである。生食用のぶどうの水分含有量は 84 %，糖質は 14 %であり，ビタミン C 含有量はほとんど含まれていない(**表 2.20**)。有機酸は，主に酒石酸とリンゴ酸で，クエン酸は少ない。赤紫の果皮の色素はアントシアニン系の**エニン**による。ポリフェノールの 1 種で抗酸化物質である**レスベラトロール**が果皮や茎に含まれている。

(2) いちご

南米が原産で，果実として分類される。いちごのつぶつぶそれぞれが真果であり，果肉は花托が発達した偽果(集合果)である。かきやレモンと並んでビタミン C 含量が多い(**表 2.20**)。いちごの赤色は，アントシアニン系の**カリステフィン**である。生食だけでなく，ジャムやジュースなどに加工される。

2.7.7 熱帯果類

(1) バナナ

原産地はマレー半島で主要食糧として熱帯地方で広く利用されている。日本では主にフィリピンから未熟果で輸入し，**追熟***させて市販される。炭水化

*追熟　バナナ，洋なし，キウイフルーツ，アボカドなどは未熟な時に収穫してその後適当な条件下で放置すると呼吸の上昇，エチレンガス排出などとともに酸素の活性化により成熟が進み，甘くなる。果実の収穫後の成熟現象をいう。

物を多く含み(約 20 %)，そのうち糖分は約 19 %でスクロースが約 11 %(糖質の約 58 %)を占める。果物の中ではビタミン B_6 を多く含み，カリウムも多い。香気成分は，**酢酸イソアミル**，酪酸アミルなどのエステルである。低温で長く保存すると**低温障害***を受けて黒変する。生食だけでなく，チップやドリンクに利用される。

＊**低温障害**　低温保存に不向きな青果物を冷蔵庫などで保存した場合に発生する障害である。低温障害になりやすい果物は，バナナ，うめ，パインアップル，パパイヤ，レモン，グレープフルーツなどである。果物によって，低温障害が発生する温度は異なるが，組織の軟化や陥没，果肉の黒変，変色などの症状が生じる。

(2) パインアップル

原産地は中南米であるがフィリピンからの輸入が多い。酸味は，クエン酸やリンゴ酸によるものである。可食部 100 g 当たりビタミン C を 35 mg 含んでいる。たんぱく質分解酵素のブロメラインを含み，肉料理の消化を助ける。生食やジュース，缶詰，ドライフルーツなどに加工される。

(3) アボカド

原産地はアメリカ大陸で，脂質を多く含み(17.5 %)，糖質は少ない。果肉は黄色で中央に 1 個大きな種子がある。脂肪酸は，オレイン酸，パルミチン酸，リノール酸が多く，カリウムも多い。サラダやスープなどに利用される。

2.7.8　その他（果実的野菜）

(1) メロン

キュウリやかぼちゃの仲間で，ウリ科の 1 年生草木である。原産地は東アフリカで，歴史は古く，古代エジプトより栽培され広がった。ヨーロッパ型の網目メロン，中央アジア型の冬メロン，東アジア型の雑種メロン，白うり，まくわうりに分類される。日本では，品質の向上をめざして交配がなされ，多数の品種が栽培されている。炭水化物は，10 %前後で，ほとんどが糖類である。カリウムも多く含まれ，赤肉種は β-カロテンも含まれる。主に生食であるが，追熟させてから食べる。

(2) すいか

メロンと同じウリ科の 1 年生草木である。原産地は熱帯アフリカ，アジアといわれ，シルクロードを経て伝わった。果実は，球形で，品種によっては長楕円形のものがある。果肉は，赤，桃，黄色を呈し，種子は，黒や褐色で

コラム 5　毎日くだもの 200 g で健康生活

みかんやりんごなどの果物は，生活習慣病に対して高い予防効果があることが国内外の研究で明らかになっている。しかし，実際の果物の摂取量は，低い水準にとどまっている。そこで，「果物のある食生活推進協議会」では，果物を毎日の食生活に欠かせない品目として定着させるため，1 人 1 日あたりの果物摂取目標量を「可食部で 200 g 以上」とする「毎日くだもの 200 g 運動」を推進している。果物は，ビタミン類（β-カロテンなどのプロビタミン A，C）をはじめ，ミネラル（カリウムなど），食物繊維などの生活習慣病予防効果のある栄養素の重要な供給源である。無理なく果物を取り入れるためには，いろいろな種類の旬の果物を，ヨーグルトやシリアルに混ぜたり，100 %ジュースやスムージーに取り入れたり，いろいろな食べ方を工夫することが大切である。

ある。改良されて種なしのものもある。赤肉種は，水分や炭水化物が多い。赤色はリコペンで，カロテノイド系のβ-カロテンを830 μg（可食部100 g当たり）含む。利尿作用のあるシトルリンが含まれ，腎臓病に効果があるとされている。生食の他に皮や幼果などは，粕漬などに加工される。

2.8 きのこ類

2.8.1 きのこ類の種類と特性

きのこ類とは，真菌類のうち「**子実体**[*1]が肉眼で見えるほどの大きさになるもの」の総称であり，担子菌類と子嚢菌類の2グループに大別される。しいたけやまつたけなど食用きのこの多くは担子菌類に属しており，アミガサタケ（モリーユ）やトリュフなどの一部は子嚢菌類に属する。

日本には約4,000～5,000種類のきのこが存在しているといわれているが，大半のきのこが食毒不明である。食毒が知られているきのこのうち200種類以上が毒きのこであり，食用となるきのこは100種類程度である。また，食用きのこの中でも人工栽培方法が確立されているものはわずか20種類程度である。人工栽培の方法は主に**原木栽培**[*2]と**菌床栽培**[*3]がある。

きのこ類の栄養素等成分は種類によって異なるが，水分を除くとそのほとんどが炭水化物であり，食物繊維に富む。なお，日本食品成分表におけるきのこ類に属する食品のエネルギー換算係数については，七訂まではAtwaterの係数に0.5を乗じた暫定的な係数を用いていたが，八訂より他の食品群と同一のエネルギー換算を用いて算出されている。

きのこ類はうま味成分として**5'-グアニル酸**（5'-GMP，グアノシン一リン酸）や遊離アミノ酸（グルタミン酸，アスパラギン酸，アラニンなど）を含んでいる。一般的にシメジ科のきのこは，うま味成分を多く含み味がよいため，古くから「香りまつたけ，味しめじ」といわれている。

炭水化物はそのほとんどが食物繊維であり，呈味にかかわる低分子の炭水化物としては**トレハロース**と糖アルコールの**マンニトール**を多く含む。きのこ類はプロビタミンD_2である**エルゴステロール**を多く含んでおり，日干し（紫外線の照射）により**ビタミンD_2**（**エルゴカルシフェロール**）へ変換される。また，多くのきのこ類で血圧降下作用のあるγ-アミノ酪酸（GABA）を含むなど，食味がよいだけではなく機能性にも富む食品である。

*1 **子実体** 多数の菌糸により構成された生殖器官（胞子をつくり散布する器官）。

*2 **原木栽培** 穴をあけた原木に種菌を打ち込み，自然環境下できのこを培養する方法

*3 **菌床栽培** おが屑等に栄養源を加えて固めた培地に種菌を植え付け，空調設備の整った設備できのこを培養する方法

2.8.2 しいたけ（*Lentinula edodes*，シイタケ属）

一般的に流通しているもののほとんどは人工栽培されたものであり，自然界では春・秋にブナ科の枯れ木に発生する。以前は原木栽培が主流であったが，現在は90 %以上が菌床栽培となっている。食品表示基準では，しいたけに限り栽培方法（原木栽培または菌床栽培）の表示が必要となる。また，しい

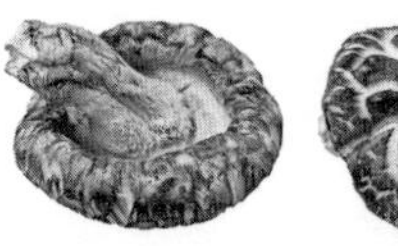

図 2.25　乾しいたけ(冬菇)

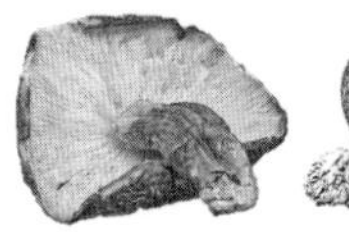

図 2.26　乾しいたけ(香信)

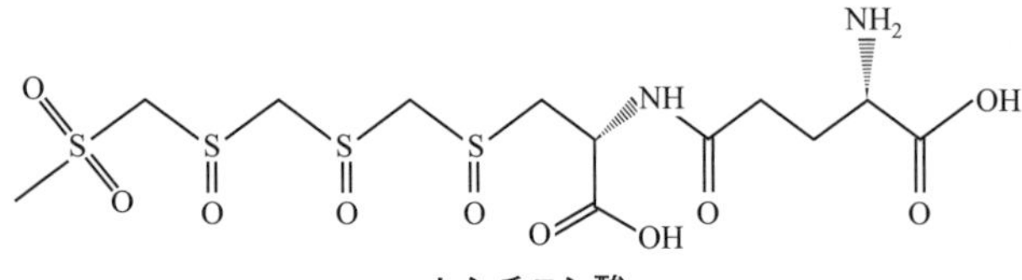

レンチニン酸

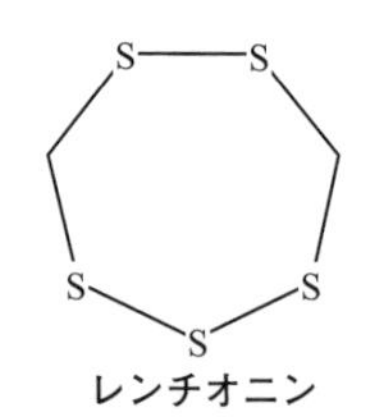

レンチオニン

図 2.27　レンチニン酸およびレンチオニンの構造

表 2.23　きのこ類の生産量(2022 年度)

種類	生産量(トン)
えのきたけ	126,321
ぶなしめじ	123,134
生しいたけ	69,620
まいたけ	57,267
えりんぎ	37,798
なめこ	23,697
乾しいたけ	14,241
その他	9,658

注 1）乾しいたけは生換算である
出所）農林水産省：きのこ類，木材需給の動向

たけ・しいたけ加工食品については，原木または菌床に種菌を植え付けた場所を原産地として表示する必要がある。

しいたけは生だけでなく乾燥状態のものもよく利用されている。乾しいたけは傘の開き具合によって名称が異なり，七分開きにならないうちに採取したしいたけを用いたものを「冬菇(どんこ)」(図 2.25 参照)，七分開きになってから採取したしいたけを用いたものを「香信(こうしん)」という(図 2.26)。

乾しいたけ独特の香りは**レンチオニン**によるものであり，この香り成分は乾燥中における熱と酵素の働きにより生しいたけに含まれる**レンチニン酸**が変化したものである(図 2.27)。

2.8.3　えのきたけ（*Flammulina velutipes*，エノキタケ属）

きのこ類の中でも生産量が最も多いきのこである(表 2.23)。一般的に流通しているえのきたけは主に品種改良されたもので，光を当てずに菌床栽培されているため白色で傘が小さく柄が細長い。自然界に発生しているものは傘が大きく褐色で柄が短い。ぬめりがあることから，なめたけとも呼ばれており，味付け瓶詰めの「なめたけ」はえのきたけを材料としている。えのきたけはきのこ類の中でも**γ-アミノ酪酸**(**GABA**)[*1]を多く含んでおり，**機能性表示食品**[*2]として販売されているものもある(図 2.28)。

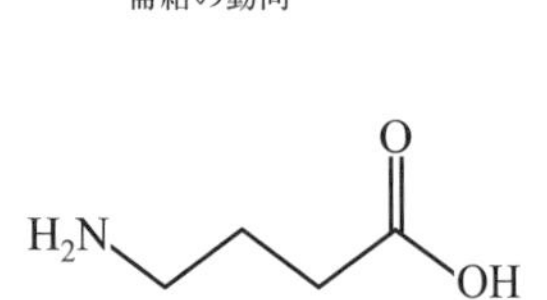

図 2.28　γ-アミノ酪酸(GABA)の構造

2.8.4　しめじ類（ぶなしめじ［*Hypsizygus marmoreus*，シロタモギタケ属］，ほんしめじ［*Lyophyllum shimeji*，シメジ属］，はたけしめじ［*Lyophyllum decastes*，シメジ属］）

主な食用しめじとして流通している中でも，スーパーマーケット等で特によく見かけるしめじは「ぶなしめじ」である。ぶなしめじはきのこ類の中でも**オルニチン**を豊富に含んでおり，オルニチン含有量は，一般的にオルニチンを豊富に含むことで知られているシジミよりも多い。

「ほんしめじ」は味覚に優れたきのこであり，「香りまつたけ，味しめじ」

＊1　**GABA**　γ-アミノ酪酸は，その英語名の γ (gamma) -amino-butyric acid の頭文字をとった略称であり，GABA（ギャバ）が一般的によく用いられている。

＊2　**機能性表示食品**　「本品には GABA が含まれます。GABA には血圧が高めの方の血圧を下げる機能があることが報告されています。」等の表示で販売されている。

のしめじはこの種を指すといわれている。まつたけと同様に人工栽培は困難とされてきたが，近年は栽培技術が確立され生産が伸びてきている。

2.8.5 ひらたけ類（ひらたけ［*Pleurotus ostreatus*，ヒラタケ属］，うすひらたけ［*Pleurotus pulmonarius*，ヒラタケ属］，えりんぎ［*Pleurotus eryngii*，ヒラタケ属］）

ひらたけは，しいたけと同様に古くから栽培されている。世界中の温帯の森林に自生することから，わが国に限らず世界各地で食用とされている。

えりんぎは，ヨーロッパ原産のきのこであり，日本では自生しておらず菌床栽培されたものが流通している。クセのなさや食感のよさが受け入れられ，1996 年頃から国内生産量が拡大した。

2.8.6 まいたけ（*Grifola frondosa*，マイタケ属）

元々はまつたけと同様に高価なきのこであった。現在は人工栽培が確立され安価に入手できるようになり，馴染みの深いきのことなった。まいたけに含まれるたんぱく質分解酵素は比較的熱に強く 50-75 ℃の温度帯でも失活しないため，生の状態で茶碗蒸しの具として使用すると，凝固しないといった現象が起こる。そのため，茶碗蒸しなどたんぱく質の凝固を利用した料理に加える場合は事前にゆでる・焼くなど高温で処理しておく必要がある。まいたけを調理した際に煮汁等が黒くなる場合があるが，これはまいたけのもつ色素が水溶性のためである。

2.8.7 マッシュルーム（*Agaricus bisporus*，ハラタケ属）

マッシュルームは通称であり，和名は「つくりたけ」である。ヨーロッパ原産のきのこであり，現在は世界中で人工栽培されている。品種によって傘の色が異なり，ホワイト，クリーム，ブラウン種がある。きのこの中では珍しく生食できる[*1]ため，スライスしてサラダ等にも用いられる。マッシュルームの断面は酵素的褐変が起きやすいが，レモン汁をかけることで防止できる。

2.8.8 まつたけ（*Tricholoma matsutake*，キシメジ属）

人工栽培方法が確立されていないため，天然物しか流通しておらず非常に高価である[*2]。まつたけの特徴はその香りであり，主な香気成分は**マツタケオール**（**1-オクテン-3-オール**）と**桂皮酸メチル**（メチルシンナメート）である（図 2.29）。

2.8.9 その他

(1) なめこ（*Pholiota microspor*，スギタケ属）

古くから栽培されており，現在流通しているなめこのほとんどは菌床栽培のものである。なめこを調理するとぬめりが出てくるが，これは粘性物質を多量に分泌しているためである。

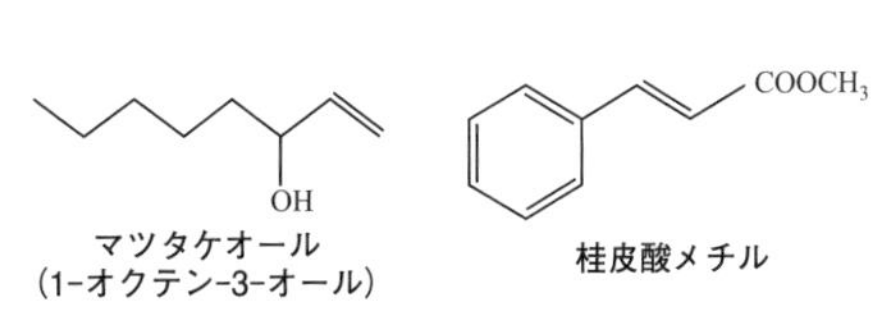

図 2.29 マツタケオールおよび桂皮酸メチルの構造

*1 食用きのこの多くは加熱調理しなければ食中毒を引き起こす。例えば，しいたけを生（あるいは加熱不十分）の状態で食べた場合，しいたけ皮膚炎を引き起こすことがある。

*2 流通しているまつたけのうち，輸入品が 408 トン，国産はわずか 35 トンである（2022 年現在）。そのため国産まつたけはさらに高価となる。

コラム 6　まつたけはなぜ人工栽培が難しいのか

まつたけといえば秋の味覚の代表ともいえるきのこであるが，本誌で記載の通り天然物しか流通しておらず，国産ともなれば非常に高価である。まつたけの 2022 年の生産量はわずか 35 トンで，いかに希少なきのこであるかがわかる（他のきのこの生産量は**表 2.23** を参照）。なぜまつたけの人工栽培が難しいかというと，まつたけは生きた樹木の根と共生関係を保ちながら生育する菌根性のきのこであり，他のきのこのように枯れた木に生える腐生性のきのことは生育条件が大きく異なるためである。腐生性のしいたけなどは菌床栽培により安価に栽培可能であるが，菌根性のまつたけは自然発生を祈るしかないのが現状である。最近ではまつたけの全遺伝情報が解析されたり，近縁種のバカマツタケの人工栽培に成功したりと，まつたけの人工栽培実現に向けてさまざまな研究がされている。まつたけが手頃に食べられるようになる日もそう遠くないのかもしれない。

(2) きくらげ（*Auricularia auricula-judae*，キクラゲ属）

以前は中国産の乾燥きくらげが一般的であったが，最近は国内でも栽培されるようになり，生きくらげも流通している。国内で栽培・流通しているものの多くは近縁のあらげきくらげである。

(3) 毒きのこ

わが国では毎年毒きのこによる食中毒が発生している*。食中毒の大半を占めるのは，ひらたけ等に間違えられやすい**ツキヨタケ**と**クサウラベニタケ**である。ツキヨタケの毒性物質は，セスキテルペン類のイルジン S など，クサウラベニタケの毒性物質はムスカリン，ムスカリジンなどである。

＊毒きのこによる食中毒事例は 2021 年に 12 件，2022 年に 9 件，2023 年に 24 件起きている。主な症状は嘔吐，下痢，腹痛などの消化管症状だが，種類によってはけいれんや臓器の機能障害などを引き起こす。

なお，俗信として「地味なきのこは食べられる」「縦に裂けるきのこは食べられる」などいわれているが，これは誤りである。専門家であってもきのこの食毒を見分けることは難しいため，素人が判断するのは危険である。

2.9　藻　　類

2.9.1　藻類の種類と特性

藻類とは，光合成により生育する生物から陸上植物を除いたものの総称である。その中でも海水や汽水域に生育し，肉眼で確認可能な藻類がいわゆる「海藻」である。陸上植物のように葉，茎に分化しておらず，個体の全体で光合成と水中からの養分の吸収を行っている。植物の根に相当する部分は養分の吸収ではなく岩などに体を固定するための組織となっており，付着器などといわれている。

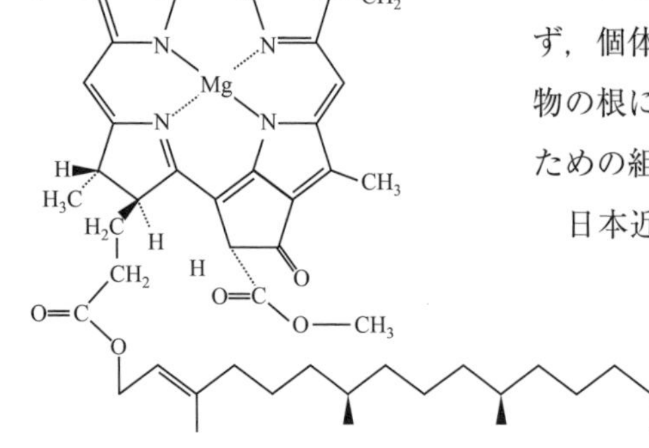

図 2.30　クロロフィル a の構造

日本近海は海藻の生育に適した環境が揃っていることから 1,500 種類を超える海藻が自生しており，現在は約 50 種類の海藻が食用とされている。一般的に乾燥や塩蔵など加工された状態で流通しているが，わかめなど一部の海藻は旬の時期に生鮮品が流通している。海

表 2.24　主な藻類(干し・乾)の食品成分

(100 g あたり)

食品名	エネルギー (kcal)	水分 (g)	たんぱく質 (g)	脂質 (g)	炭水化物 (g)	食物繊維総量 (g)	灰分 (g)	カルシウム (mg)	鉄 (mg)	ヨウ素 (μg)	ビタミン B_{12} (μg)
あおさ / 素干し	201	16.9	22.1	0.6	41.7	29.1	18.7	490	5.3	2,200	37.2
あおのり / 素干し	249	6.5	29.4	5.2	41.0	35.2	17.8	750	77.0	2,700	41.6
わかめ / 乾燥わかめ / 素干し	172	11.3	14.4	2.6	39.6	29.8	32.2	830	5.8	10,000	0.2
まこんぶ / 素干し / 乾	170	9.5	5.8	1.3	64.3	32.1	19.1	780	3.2	200,000	(0)
ひじき / ほしひじき / ステンレス釜 / 乾	180	6.5	9.2	3.2	58.4	51.8	22.7	1,000	6.2	45,000	0
ひじき / ほしひじき / 鉄釜 / 乾	186	6.5	9.2	3.2	56.0	51.8	25.2	1,000	58.0	45,000	0
あまのり / ほしのり	276	8.4	39.4	3.7	38.7	31.2	9.8	140	11.0	1,400	39.6
てんぐさ / 素干し	194	15.2	16.1	1.0	53.8	47.3	13.9	230	6.0	—	0.5

出所）文部科学省：食品成分データベース

藻は前述の通り光合成によって生長するため，主な色素として**クロロフィル a** を有している(**図 2.30**)。また，補助色素の種類によって海藻の体色も変化し，**緑藻類**，**褐藻類**，**紅藻類**に大別される。

藻類に属する食品のエネルギー換算係数については，きのこ類と同様に七訂成分表まではAtwaterの係数に0.5を乗じた暫定的な係数を用いていたが，八訂より他の食品群と同一のエネルギー換算を用いて算出されている。藻類は食物繊維が豊富であり，一部の海藻は粘性の多糖類を多く含むことから増粘剤やゲル化剤の原料に利用されている。ミネラルも豊富で，多くの海藻で甲状腺ホルモンの構成成分であるヨウ素に富み，特にこんぶ類のヨウ素含量は他の海藻に比べて著しく高い。

他の海藻については，その種類によって栄養素の含有量に特徴がみられ，あおさ，あおのり，あまのりについては微生物由来のビタミン B_{12} やたんぱく質を豊富に含み，褐藻類のひじきはカルシウムに富む。また，製造方法によっても栄養素量が変化する。たとえば，ほしひじきの製造工程として干す前に一度煮熟するが，鉄釜またはステンレス釜のどちらを用いたかで鉄含有量は大きく異なる(**表 2.24**)。

2.9.2　緑藻類

クロロフィル a と b，β-カロテンなどのカロテノイドを含む。藻類の中でも浅所に生育しており陸上の緑色植物と色素の組成が似ているため，体色は緑色を呈する。

(1) あおさ・あおのり

あおさはアオサ科アオサ属，あおのりはアオサ科アオノリ属の総称である。どちらとも乾燥・粉末にして薬味やふりかけに使われるなど用途は似ている。あおさは主にアナアオサが食用にされており，あおのりはスジアオノリを主体としてウスバアオノリを混ぜたものが食用として用いられている。一般的にはあおのりの方が風味や食感がよく高価である。

(2) ひとえぐさ

ヒトエグサ科の海藻で日本各地に分布している。一部地域では「あおさのり」の名称で流通している他，ひとえぐさのことを「あおのり」と称する地域もある。食感がよく佃煮やふりかけなどに利用される。

2.9.3　褐藻類

クロロフィル a と b，β-カロテンなどの他，**フコキサンチン**を多量に含むため褐色を呈する。加熱するとフコキサンチンに結合しているたんぱく質が変性し，赤色を失うため緑色となる。褐藻類にはぬめり成分である**フコイダン**や**アルギン酸**などの食物繊維が含まれており，これらの食物繊維は免疫機能への有効性やメタボリックシンドロームの抑制などの機能性が報告されている。

(1) わかめ

チガイソ科の海藻で日本沿岸に広く分布する。おおよそ2～5月頃に収穫され，早春の新芽に近いものは生の状態で流通することもあるがほとんどは乾燥わかめや塩蔵わかめに加工される。なお，これらは加工方法によりさまざまな名称で呼ばれる(**表 2.25**)。生殖細胞が集まっている根元の部分がいわゆる「めかぶ」であり，この部分にフコイダンやアルギン酸を多く含む。

(2) こんぶ

コンブ科の海藻の総称で主に北海道沿岸に分布しており，大きいものでは 10 m 以上に成長する大型の海藻である。国産のこんぶの 90 %以上は北海道で採取されたものであり，まこんぶ，らうすこんぶ，りしりこんぶ，ひだかこんぶ，がごめこんぶなどが代表的である。

乾燥こんぶの表面に付着している白い物質は糖アルコールの**マンニトール**である。こんぶはうま味成分であるグルタミン酸の他，アスパラギン酸，プロリン，アラニンを豊富に含む。**フコイダン**や**アルギン酸**も豊富に含まれるが，だし汁にこれらのぬめりが溶け出すのは好ましくないことから，出汁を取る

表 2.25　乾燥わかめ，塩蔵わかめの定義

分　類	食品名	定　義
乾燥わかめ	乾わかめ	乾燥わかめのうち灰ぼしわかめ，もみわかめ及び板わかめを除いたもの
	灰ぼしわかめ	乾燥わかめのうち，わかめにシダ灰等を塗布したもの又はこれを水で洗浄して当該シダ灰等を除去したものを乾燥したもの
	もみわかめ	乾燥わかめのうち，わかめを繰り返してもみ，かつ，乾燥したもの
	板わかめ	乾燥わかめのうち，わかめを板，すだれ等の上で平面状に整形して乾燥したもの
塩蔵わかめ	塩蔵わかめ	一　わかめ又は乾燥わかめを水で戻したものに食塩を加えて脱水したもの 二　一に食塩を加えたもの
	湯通し塩蔵わかめ	一　わかめを湯通しし，速やかに水(海水を含む。)で冷却したものに食塩を加えて脱水したもの 二　一に食塩を加えたもの

出所）消費者庁：食事表示基準　別表第三(一部改変)

際には沸騰直前でこんぶを取り出す。

(3) ひじき

ホンダワラ科の海藻で北海道南部から九州沿岸に分布している。現在は90％近くが韓国や中国からの輸入品で，国内産は10％程度となっている。生のままでは渋味が強く繊維も固いため食用に向かず，加熱後に乾燥された「乾燥ひじき」が流通している。乾燥ヒジキには収穫後に一度乾燥してから水戻し，加熱，乾燥させる伊勢製法と，収穫後生のまま加熱，乾燥させる房州製法がある。ひじきは他の食品と比べて無機ヒ素が多いといわれているが，海藻の摂取を原因とするヒ素中毒の報告はなく，極端な過剰摂取を避けバランスのよい食生活を心がければ健康上のリスクが高まることはないとされている*。

＊イギリスやスペインなどの一部の国ではヒ素の含有量を理由にヒジキの摂取を避けるように勧告している。なお，乾燥ヒジキに含まれるヒ素については適切な水戻しにより5割程度，ゆで戻しにより8割程度除去できる。

2.9.4 紅藻類

クロロフィルaとb，β-カロテン，青色を示す**フィコシアニン**などの他，赤色を示す色素たんぱく質(**フィコエリスリン**)を多量に含むため紅色にみえる。なお，フィコエリスリンは熱に不安定であるため加熱すると赤色は消失する。

(1) あまのり

ウシケノリ科アマノリ属の総称である。一般的に流通しているいわゆる「海苔」は同属のすさびのり，あさくさのり等の乾燥品である。生の状態では紅紫色をしているが，焼き海苔などは加熱によりフィコエリスリンが消失するため青緑色となる。

(2) てんぐさ

テングサ科で寒天の原料となる海藻の総称である。まくさ，おばくさ，ひらくさ等がこれにあたる。ところてん(心太)は，てんぐさを煮だしてろ過した液を凝固させた寒天ゲルであり，この寒天ゲルを凍結乾燥させることで寒天が得られる。寒天ゲルの主要成分は**アガロース**と**アガロペクチン**である。寒天はゼラチンと異なり熱に強いが溶けにくく90℃以上の熱水で溶けるため，寒天ゲルを作成する際はしっかり沸騰させて煮溶かすと失敗しにくい。寒天およびアガロースは食品だけでなく医療，研究，工業など幅広い分野で利用されている。

2.9.5 その他藻類

(1) すいぜんじのり

淡水の藍藻類で，熊本県，福岡県の一部で生育しており，養殖もされている。綺麗な湧き水にしか生息できず環境省レッドリストでは絶滅危惧I類(絶滅の危機に瀕している種)とされている。乾燥させたものを水戻しして刺身のつまや酢の物などに用いる。

コラム 7　天然の海藻にご用心？

海藻類は日本沿岸に幅広く分布しており，一般人でも簡単に採取できる場合が多い。しかしながら，一般的に食用とされている海藻であっても安易に採取するのはやめておいた方がよい。たとえば，おごのりは寒天の原料や刺身のつまとして食されているが，市販品は毒成分を除去するために加熱やアルカリで処理を行った上で流通されている。潮干狩り等で採ったおごのりを適切に処理せず摂取して食中毒を起こした事例がいくつかあり，中には死亡例もある。また，食用の海藻は地域によって漁業権が設定されている場合もあり，知らずに採取しても密漁となり罰金を科せられる可能性がある。遊漁者（釣りや潮干狩りなど，営利目的とせず水産物を採取する者）が採取可能な水産物は各県のホームページで確認することができる。仮に採取可であっても，取ってよい時期やサイズ，使ってよい道具などルールが細かく設定されていることがほとんどである。わからない場合はむやみに水産物を拾わない方が無難である。

(2) スピルリナ

熱帯地方の塩湖に生息する藍藻類である。**フィコシアニン**を多く含み，天然の着色料として用いられている他，たんぱく質含量等が多く健康食品としても流通している。

(3) クロレラ

淡水の単細胞緑藻類である。たんぱく質やビタミンを豊富に含むため健康食品として利用されている。ビタミンKが多く，抗凝固薬であるワーファリンの作用を減弱させるため服用者は注意が必要である。

【演習問題】

問 1　可食部 100g 当たりの標準的な栄養成分含有量に関する記述である。最も適当なのはどれか。1 つ選べ。（2023 年国家試験）

（1）薄力粉のたんぱく質含有量は，強力粉より多い。
（2）乾燥小豆の脂質含有量は，乾燥大豆より多い。
（3）ラードの飽和脂肪酸含有量は，なたね油より多い。
（4）生しいたけのビタミンD含有量は，乾しいたけより多い。
（5）柿のビタミン B_{12} 含有量は，牡蠣より多い。

解答（3）

問 2　穀類の加工品に関する記述である。最も適当なのはどれか。1 つ選べ。（2022 年国家試験）

（1）ビーフンは，うるち米を主原料として製造される。
（2）生麩は，とうもろこしでんぷんを主原料として製造される。
（3）ポップコーンは，とうもろこしの甘味種を主原料として製造される。
（4）オートミールは，大麦をローラーで押しつぶして製造される。
（5）ライ麦パンは，グルテンを利用して製造される。

解答（1）

問3　粉類とその原料の組合せである。正しいのはどれか。1つ選べ。
（2020年国家試験）

(1) 上新粉 ———— もち米
(2) 白玉粉 ———— うるち米
(3) 道明寺粉 ——— 大豆
(4) はったい粉 —— 大麦
(5) きな粉 ———— 小麦

解答（4）

問4　小麦・大麦に関する記述である。正しいのはどれか。1つ選べ。
（2018年国家試験）

(1) 強力粉は，軟質小麦から製造される。
(2) 六条大麦は，麦みその原料として利用される。
(3) 小麦の主な構成でんぷんは，アミロースである。
(4) 二条大麦の主な構成たんぱく質は，グルテニンである。
(5) 小麦粉の等級は，たんぱく質含量に基づく。

解答（2）

問5　いも類に関する記述である。正しいのはどれか。1つ選べ。
（2019年国家試験）

(1) じゃがいもの食用部は，塊根である。
(2) さつまいもの主な炭水化物は，グルコマンナンである。
(3) きくいもの主な炭水化物は，イヌリンである。
(4) こんにゃくいもの主な炭水化物は，タピオカの原料となる。
(5) さといもの粘性物質は，ポリグルタミン酸である。

解答（3）

問6　いも類に関する記述である。正しいのはどれか。1つ選べ。
（2015年国家試験）

(1) キャッサバの主成分は，グルコマンナンである。
(2) じゃがいもの有害成分は，リナマリンである。
(3) さといもの粘性物質は，ガラクタンである。
(4) きくいもの主成分は，キトサンである。
(5) さつまいもの甘味成分は，ホモゲンチジン酸である。

解答（3）

問7　砂糖および甘味類に関する記述である。最も適当なのはどれか。1つ選べ。
（2022年国家試験）

(1) サッカリンは，甘草に含まれる。
(2) 上白糖は，グラニュー糖より結晶粒子が大きい。
(3) 異性化糖は，インベルターゼによって得られる。
(4) キシリトールは，キシロースが原料である。
(5) 黒砂糖は，分蜜糖である。

解答（4）

問 8　豆類とその加工品に関する記述である。最も適当なのはどれか。1 つ選べ。　(2022 年国家試験を改変)

(1) 小豆は，大豆よりでんぷん含量が少ない。
(2) 大豆の脂質含量は，小豆より多い。
(3) グリーンピースは，エンドウの未熟種子である。
(4) 凍り豆腐は，豆腐を凍結後に低温で乾燥させたものである。
(5) 豆腐は，すまし粉から生成する酸で凝固させたものである。

解答 (4)

問 9　豆類とその加工品に関する記述である。誤っているのはどれか。1 つ選べ。　(2013 年・2017 年国家試験を改変)

(1) 大豆のたんぱく質は，主にグリシニンである。
(2) 小豆の脂質は，主にオレイン酸である。
(3) 小豆の糖類には，ラフィノースが含まれる。
(4) 大豆油に含まれる多価不飽和脂肪酸は，n-6 系が多い。
(5) 大豆レシチンは，乳化剤として利用される。

解答 (2)

問 10　野菜類に関する記述である。最も適当なのはどれか。1 つ選べ。　(2020 年国家試験)

(1) だいこんの根部は，葉部よりも 100 g 当たりのビタミン C 量が多い。
(2) 根深ねぎは，葉ねぎよりも 100 g 当たりの β-カロテン量が多い。
(3) れんこんは，はすの肥大した塊根を食用としたものである。
(4) たけのこ水煮における白濁沈殿は，リシンの析出による。
(5) ホワイトアスパラガスは，遮光して栽培したものである。

解答 (5)

問 11　野菜類の成分に関する記述である。最も適当なのはどれか。1 つ選べ。　(2023 年国家試験)

(1) ほうれんそうのシュウ酸は，腸管でのカルシウムの吸収を促進する。
(2) にんじんの β-カロテンは，光照射によって色調が変化する。
(3) なすのナスニンは，金属イオンに対するキレート作用で退色する。
(4) だいこんのイソチオシアネート類は，リポキシゲナーゼの作用で生成する。
(5) きゅうりのノナジエナールは，ミロシナーゼの作用で生成する。

解答 (2)

問 12　果実類に関する記述である。最も適当なのはどれか，1 つ選べ。　(2021 年国家試験)

(1) りんごの切断面は，リポキシナーゼによって褐変する。
(2) バナナは，ジベレリン処理によって追熟が促進する。
(3) 西洋なしは，非クライマテリック型の果実である。
(4) 日本なしは果肉に石細胞を含む。
(5) いちじくは，アクチジンを含む。

解答 (4)

問13　果実類に関する記述である。正しいのはどれか。1つ選べ。

（2014年国家試験）

（1）いちごの色素はカロテノイドである。
（2）りんごは，漿果類に分類される。
（3）ももには，石細胞が含まれる。
（4）かきには，でんぷんが多く含まれる。
（5）うめ未熟果実の核には，アミグダリンが含まれる。

解答（5）

問14　植物性食品とその香気成分の組合せである。正しいのはどれか。1つ選べ。

（2015年国家試験を改変）

（1）にんにく ―――――― 酢酸イソアミル
（2）しいたけ ―――――― レンチオニン
（3）グレープフルーツ ―― 桂皮酸メチル
（4）きゅうり ―――――― ジアリルジスルフィド
（5）バナナ ――――――― トリメチルアミン

解答（2）

問15　藻類に関する記述である。最も適当なのはどれか。1つ選べ。

（2021年国家試験）

（1）わかめは，緑藻類である。
（2）あまのりの青色色素は，フィコシアニンである。
（3）てんぐさを熱水で抽出すると，ゼラチンが得られる。
（4）こんぶの主なうま味成分は，グアニル酸である。
（5）干しこんぶ表面の白い粉の主成分は，フルクトースである。

解答（2）

引用参考文献・参考資料

浅見輝男，大山卓爾，南沢究：新しい根菜ヤーコン，化学と生物，27(12)，813-815（1989）
新しい食生活を考える会編著：食品解説つき八訂準拠ビジュアル食品成分表，大修館書店，297（2021）
石原貞人：果実の低温貯蔵：農業機械学会誌第41巻第4号
和泉秀彦，三宅義明，舘和彦他編著：食品学（第2版），栄養科学ファウンデーションシリーズ　59-63，朝倉書店（2019）
今堀和友，山川民夫監修：生化学辞典（第3版），972，東京化学同人（1998）
（国立研究開発法人）医薬基盤・健康・栄養研究所：特定保健用食品一覧
https://hfnet.nibiohn.go.jp/specific-health-food/（2024.02.24）
海老原清：日本調理科学会誌，47(1)，49-52（2014）
大石祐一，服部一夫編著：食べ物と健康　食品学，光生館（2013）
大谷貴美子，松井元子編：食べ物と健康，給食の運営　基礎調理学，栄養科学シリーズNEXT，83，講談社（2017）

小笠原康雄，肥田野豊，加藤陽治：アピオスの塊茎および花の炭水化物組成，日本食品科学工学会誌，53(2)，130-136（2006）

甲斐達夫，石川洋哉編：最新食品学―総論・各論―，講談社（2022）

栢野新市，水品善之，小西洋太郎編：食品学Ⅱ　食べ物と健康　食品の分類と特性，加工を学ぶ，栄養科学イラストレイテッド，28-33，64-68，羊土社（2018）

栢野新市，水品善之，小西洋太郎編：食品学Ⅱ　食べ物と健康　食品の分類と特性，加工を学ぶ，（改訂第２版），栄養科学イラストレイテッド，羊土社（2021）

カルフォルニアアーモンド協会
https://www.almonds.jp/why-almonds（2024.02.22）

北越香織，飯村九林，小長井ちづる他：イラスト食品学各論，41-44，東京教学社（2023）

木戸詔子，池田ひろ編：調理学　食べ物と健康４（第３版），新 食品・栄養科学シリーズ，化学同人（2016）

木村万里子，吉川豊：食品学Ⅰ，サクセスフル食物学と栄養学４，学文社（2025）

熊本製粉株式会社ホームページ
https://www.bears-k.co.jp（2024.12.02）

厚生労働省：e-ヘルスネット　う蝕の原因とならない代用甘味料の利用法
https://www.e-healthnet.mhlw.go.jp/information/teeth/h-02-013.html（2024.08.05）

厚生労働省：ヒジキ中のヒ素に関するＱ＆Ａ　https://www.mhlw.go.jp/topics/2004/07/tp0730-1.html

小西洋太郎，辻英明，渡邊浩幸，細谷圭助編：食べ物と健康　食品と衛生　食品学各論（第４版），栄養科学シリーズ NEXT，講談社サイエンティフィク（2021）

澤野勉原編著，高橋幸次編著，新編標準食品学各論　食品学Ⅱ，15-28，59-63，医歯薬出版，（2018）

消費者庁：塩蔵わかめに関する個別品目ごとの表示ルールの見直しの検討について（2024 年 9 月公開）
https://www.caa.go.jp/policies/policy/food_labeling/meeting_materials/assets/food_labeling_cms201_240927_05.pdf（2024.09.08）

消費者庁：乾燥わかめに関する個別品目ごとの表示ルールの見直しの検討について（2024 年 9 月公開）
https://www.caa.go.jp/policies/policy/food_labeling/meeting_materials/assets/food_labeling_cms201_240927_06.pdf（2024.09.08）

消費者庁：機能性表示食品の届出検索　https://www.fld.caa.go.jp/caaks/cssc01/（2024.02.24）

消費者庁：食品アレルギー表示
https://www.caa.go.jp/policies/policy/food_labeling/food_sanitation/allergy/（2024.02.24）

消費者庁：食品表示基準　別表第三
https://www.caa.go.jp/policies/policy/food_labeling/food_labeling_act/（2024.12.02）

消費者庁：特定保健用食品について，許可品目一覧
https://www.caa.go.jp/policies/policy/food_labeling/foods_for_specified_health_uses（2024.02.24）

菅原龍幸，井上四郎編：新訂 原色食品図鑑，建帛社（2001）

瀬口正晴：複雑な病気セリアック病 1，*New Food Industry*，63，1-9（2017）
瀬口正晴，八田一編：食品学各論　食べ物と健康 2　食品素材と加工学の基礎を学ぶ，新食品・栄養科学シリーズ，120-122，化学同人（2008）
瀬口正晴，八田一編：食品学各論　食べ物と健康 2　食品素材と加工学の基礎を学ぶ（第 3 版），新食品・栄養科学シリーズ，化学同人（2016）
(一財)全国落下生協会
https://peanuts-no-hi.jp/peanuts/（2024.02.22）
竹生新治朗監修，石谷孝佑，大坪研一編：米の科学，シリーズ食の科学，朝倉書店，118（1995）
田地陽一編：基礎栄養学（第 4 版），栄養科学イラストレイティッド，118-120（2020）
谷口亜樹子編者：食べ物と健康　食品学各論・食品加工学，光生館（2019）
(公財)中央果実協会
https://www.japanfruit.jp/（2024.02.24）
津田謹輔，伏木亨，本田佳子監修，土居幸雄編，食べ物と健康Ⅱ，食品学各論，Visual 栄養学テキストシリーズ，28-29，中山書店（2018）
土居幸雄編：食べ物と健康Ⅱ　食品学各論，中山書店（2021）
内閣府：食品表示基準　別表 3
https://elaws.e-gov.go.jp/document?lawid=427M60000002010（2024.02.24）
長尾精一：小麦の機能と科学，食物と健康の科学シリーズ，朝倉書店，56-58，95-97（2017）
長沼誠子：米飯の調理への利用，日本調理科学会誌，42，208-211（2009）
永浜伴紀：甘藷澱粉利用の現状と将来方向（1），農業技術，47(9)，414-418（1992）
永浜伴紀：原料用甘藷の用途適性と品質，日本醸造協会誌，88(11)，830-838（1993）
中山勉，和泉秀彦：食品学Ⅱ（改訂第 3 版），南江堂（2017）
西村公雄，松井徳光編，松井徳光他著：食品加工学，新食品・栄養科学シリーズ，5-13，化学同人（2015）
(一社)日本アマニ協会　https://flaxassociation.jp/qa/page-3/（2024.02.22）
日本栄養・食糧学会編：栄養・食糧学用語辞典（第 2 版）建帛社（2015）
(公財)日本豆類協会：豆フォトギャラリー
https://www.mame.or.jp/syurui/photogarally/（2024.02.24）
農作物語彙体系（Crop Vocabilatory, CVO）ver.3.12（2012 年 11 月 27 日更新）
https://www.cavoc.org/cvo/ne/3/index.html（2024.02.22）
農業・食品産業技術総合研究機構：野菜の最適貯蔵条件
https://www.naro.affrc.go.jp/org/nfri/yakudachi/optimalstorage/list.pdf（2024.02.24）
(独法）農畜産業振興機構：野菜
https://www.alic.go.jp/vegetable/index.html（2024.02.24）
農林水産省：指定野菜について
https://www.maff.go.jp/j/heya/kodomo_sodan/0410/02.html（2024.02.24）
農林水産省：海藻製品
https://traditional-foods.maff.go.jp/bunrui/kaisouseihin（2024.02.20）
農林水産省：国産果実競争力強化事業（六訂版）平成 30 年 3 月発行
https://www.maff.go.jp/j/seisan/ryutu/fruits/f_siensaku/pdf/kouhukin.pdf（2024.02.20）

農林水産省：穀類の生産量，消費量，期末在庫率の推移
https://www.maff.go.jp/j/zyukyu/jki/j_zyukyu_kakaku/（2024.02.20）
農林水産省：食材まるかじり ごまのチカラ
https://warp.da.ndl.go.jp/info:ndljp/pid/11664489/www.maff.go.jp/j/pr/aff/0910/spe2_01.html（2024.02.20）
農林水産省：食料安全保障月報　品目別需給編（小麦）
https://www.maff.go.jp/j/zyukyu/jki/j_rep/monthly/attach/pdf/r5index-71.pdf（2024.02.20）
農林水産省：白ゴマや黒ゴマなど種類があるが，何が違いますか
https://www.maff.go.jp/j/heya/sodan/1610/01.html（2024.02.20）
農林水産省：きのこの生体と豆知識
https://www.maff.go.jp/j/pr/aff/2110/spe1_01.html（2024.02.20）
農林水産省：きのこ類，木材需給の動向
https://www.maff.go.jp/j/tokei/sihyo/data/25.html（2024.12.02）
農林水産省：栗の魅力を探ってみよう
https://www.maff.go.jp/j/pr/aff/1910/spe2_01.html（2024.02.20）
農林水産省：大豆をめぐる事情，令和 5 年 12 月
https://www.maff.go.jp/j/seisan/ryutu/daizu/（2024.02.20）
農林水産省：毒きのこによる食中毒の発生状況
https://www.maff.go.jp/j/syouan/nouan/rinsanbutsu/yaseikinoko/joukyou.html（2024.02.20）
農林水産省：特産農作物の生産実績調査
https://www.maff.go.jp/j/tokei/kouhyou/tokusan_nousaku/（2024.02.26）
農林水産省：日本の食料自給率　令和 4 年度食料自給率
https://www.maff.go.jp/j/zyukyu/zikyu_ritu/012.html（2024.02.20）
農林水産省：FACT BOOK 果物と健康（六訂版）毎日くだもの 200 g で健康生活
http://www.maff.go.jp/j/seisan/ryutu/engei/attach/pdf/iyfv-53.pdf（2024.02.20）
農林水産省：別紙 4-2-6 輸入堅果及び種子類
https://www.maff.go.jp/j/shokusan/export/attach/pdf/e_r3_zigyou-6.pdf（2024.02.20）
農林水産省：報道・広報 aff 公表
https://www.maff.go.jp/j/pr/aff/2102/（2024.12.02）
農林水産省：麦をめぐる最近の動向
https://www.maff.go.jp/j/syouan/keikaku/soukatu/attach/pdf/mugi_kanren-164.pdf（2024.05.02）
農林水産省：冷凍食品豆知識と製造工場レポート
https://www.maff.go.jp/j/pr/aff/2107/spe1_01.html（2024.02.20）
農林水産省：令和 4 年産西洋なし，かき，くりの結果樹面積，収穫量及び出荷量
https://www.maff.go.jp/j/tokei/kekka_gaiyou/sakumotu/sakkyou_kajyu/nasi_kaki_kuri/r4/#:~:text=%EF%BC%85%EF%BC%89（2024.02.20）
農林水産省：令和 4 年度麦類（子実用）の作付面積及び収穫量
https://www.maff.go.jp/j/tokei/kekka_gaiyou/sakumotu/sakkyou_kome/mugi/r4/index.html（2024.02.20）
松本光：貯蔵温度によって変わる果実の品質
http://www.naro.go.jp/publicity_report/publication/files/Fruit_Tea_Times_No7.pdf（2024.02.24）

水品善之，菊崎泰枝，小西洋太郎編：食品学Ⅰ　食べ物と健康　食品の成分と機能を学ぶ（改訂第2版），栄養科学イラストレイテッド，134，羊土社（2021）
宮越俊一：こんにゃくとグルコマンナンの化学，化学と教育，64(6)，292-295（2016）
文部科学省：日本食品標準成分表（八訂）増補2023年
https://www.mext.go.jp/a_menu/syokuhinseibun/mext_00001.html（2024.02.16）
文部科学省：日本食品標準成分表2020年版（八訂）
https://www.mext.go.jp/a_menu/syokuhinseibun/mext_01110.html（2024.02.16）
文部科学省：食品成分データベース
https://fooddb.next.go.jp（2024.09.08）
山川邦夫：野菜の生態と作型，農山漁村文化協会（2003）
山崎清子，渋川祥子，市川朝子ほか：NEW調理と理論（第2版），同文書院，74-161（2021）
吉田勉監修，佐藤隆一郎，加藤久典編：食べ物と健康，食物と栄養学基礎シリーズ4，34-35，学文社（2012）
吉町晃一：澱粉資源―ジャガイモ，澱粉科学，27(4)，228-243（1980）
林野庁：きのこ
https://www.rinya.maff.go.jp/j/kouhou/kouhousitu/jouhoushi/attach/pdf/0211-1.pdf（2024.02.20）
林野庁：しいたけの原産地表示について
https://www.rinya.maff.go.jp/j/tokuyou/shokuhin_hyoji_QandA.html（2024.02.20）
林野庁：特用林産物の生産動向
https://www.rinya.maff.go.jp/j/tokuyou/tokusan/（2024.02.20）
渡辺篤二：豆の事典―その加工と利用―，8-59，68-77，幸書房（2004）
Ejima, R., Akiyama, M., Sato, H., et al.: Seaweed Dietary Fiber Sodium Alginate Suppresses the Migration of Colonic Inflammatory Monocytes and Diet-Induced Metabolic Syndrome via the Gut Microbiota, Nutrients. 13(8): 2812（2021）
JAPAN FRUIT ROAD 日本くだもの農協：柑橘とは
http://kudamono-noukyo.com/kankitsu.html（2024.02.20）
Peter, K., Herbert, W. and Katharina, K.: Celiac Disease and Gluten Capter 1, Celiac Disease-A Complex Disorder https://doi.org/10.1016/C2013-0-13353-3, 1-96（2014）

3 動物性食品の分類と成分

3.1 肉　類

3.1.1 食肉とは

(1) 食肉の定義

食肉とは，ウシ(牛)，ブタ(豚)，ヒツジ(羊)，ウマ(馬)，ヤギ(山羊)などの家畜やニワトリ(鶏)，アヒル(家鴨)，アイガモ(合鴨)，ウズラ(鶉)，シチメンチョウ(七面鳥)など家禽に加えてシカ，ウサギ，カモ，キジなどのジビエとよばれる野生の鳥獣類の筋肉(主に骨格筋)および内臓をさす。また，これらの，加工品も含まれている。

1) 日本食品標準成分表における肉類

食品成分表では，食品群別収載食品として肉類は310と魚介類，野菜類に次いで多い。この中には，種類や部位別の肉に加えて，肝臓，腎臓，胃などの内臓やベーコン，ハムのような肉の加工品，フォアグラのような内臓の加工品などが収載されている。さらに，イナゴ，カエル，スッポン，はちの子なども肉類として収載されている。

2) 肉食は筋肉を食べること

前述したように肉類として食べる部位は，筋肉や内臓などである。筋肉には，**骨格筋**(横紋筋)，**心筋**(横紋筋)，**内臓筋**(平滑筋)がある。これらの筋肉の構造の基本は**筋原線維**である。筋原線維は**アクチン**，**ミオシン**というたんぱく質で構成され，筋肉の収縮に関与する。筋原線維は多数集まり，**筋線維**を形成する。筋線維は50から150本程度集まって筋線維束を形成する。筋線維の断面積や疎密は食肉の肉質を判断する基準のひとつとなる。筋線維や筋線維束が太く，粗いときめの粗い肉となり，細く，やわらかいときめの細かな軟らかい肉となる。また，筋線維，筋線維束，脂肪組織をまとめたり，筋膜や筋肉を骨につなぐ腱を構成したりする**結合組織**がある。結合組織の集まった部分は「すじ」とよび，煮込み料理に用いられる。さらに，食肉には**組織脂質**(筋肉組織や臓器組織に含まれる)と**蓄積脂質**(皮下，内臓周囲，腹腔に蓄積)とよばれる脂肪が含まれる。

3) 筋肉のたんぱく質の種類

筋原線維たんぱく質は**アクトミオシン**などのグロブリン系たんぱく質で筋肉の基本部分を構成する。**筋形質(筋漿(しょう))たんぱく質**は，ミオゲン，ミオアルブミンなどのアルブミン系たんぱく質で，含量が多いと軟らかい肉質になる。**肉基質たんぱく質**(硬たんぱく質)は**コラーゲン**，**エラスチン**などでその含量が多いと硬い肉質となる。

筋形質たんぱく質は食肉に少なく魚肉に多い。このため，魚肉は食肉よりも軟らかい鶏肉は肉基質たんぱく質が他の食肉より少ない。したがって，鶏肉は他の肉類と比べると軟らかい。また，肉基質たんぱく質であるコラーゲンは，高温長時間加熱で低分子の**ゼラチン**に変化する。硬い肉は煮込にすると軟らかくなるのはこのためである。

4) 筋肉の脂質

パルミチン酸(C16:0)，ステアリン酸(C18:0)などの**飽和脂肪酸**[*1]が多いと脂質の融点は高くなり，食した場合，体温で溶けないため口当たりが悪くなる。オレイン酸(C18:1)，リノール酸(C18:2)，リノレン酸(C18:3)などの**不飽和脂肪酸**[*2]が多いと脂質の融点は低くなり，体温で溶けるため口当たりがよくなる。これらの脂肪酸組成と融点の相関は高い。飽和脂肪酸が多い(＝常温では固体の脂)食肉は加熱調理が適する。不飽和脂肪酸が多い食肉は，馬肉の馬刺し，豚肉の冷しゃぶ，鶏肉の棒々鶏(バンバンジー)などのように常温以下で食する料理に用いることができる。飽和脂肪酸が多い牛肉を常温以下で食べる場合は脂肪の少ない赤身肉を利用する。

5) 筋肉の炭水化物

筋肉に含まれる糖質のほとんどは**グリコーゲン**であるが，その量は非常に

＊1 **飽和脂肪酸** 炭素同士の二重結合をもたない脂肪酸をいう。豚脂(ラード)や牛脂(ヘット)，乳脂肪(バター)など動物性脂肪に多く含まれる。融点が高いので，常温では固体であることが多い。

＊2 **不飽和脂肪酸** 脂肪酸のうち，炭素原子同士の二重結合が1つ以上あるものをいう。オレイン酸のように二重結合が1つのものを「一価不飽和脂肪酸」，2つ以上のもの(α-リノレン酸，リノール酸，EPA，DHAなど)を「多価不飽和脂肪酸」とよぶ。同じ炭素数の脂肪酸を比べると二重結合が多いものほど融点が低くなる。このため常温では液体であるものが多い。

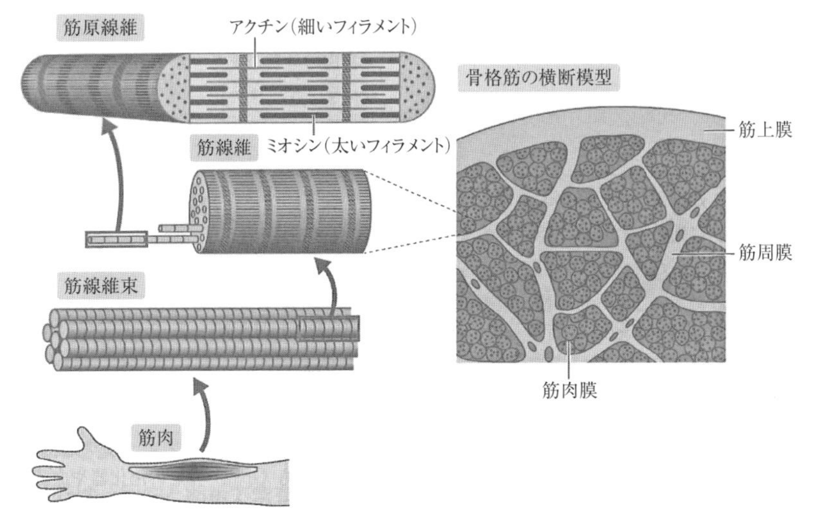

喜多野宣子，上村昭子，久木久美子，食べ物と健康Ⅱ，はじめて学ぶ健康・栄養系教科書シリーズ，化学同人(2010)
鈴木孝仁監修：三訂版　視覚でとらえるフォトサイエンス生物図録，数研出版(2017)

図 3.1　筋線維と筋肉の構造

出所）栢野新市・水品善之・小西洋太郎 編：食品学Ⅱ　食べ物と健康　食品の分類と特性，加工を学ぶ，(改訂第2版)栄養科学イラストレイテッド，98，羊土社(2021)より転載

少ない。グリコーゲンは動物の死後，嫌気的に分解され，**乳酸**となるため食肉にはほとんど残っていない。

3.1.2　食肉の特性

(1) 食肉の熟成と軟化

1)　死後硬直と熟成

動物は，と殺すると呼吸と血液循環が停止するが，嫌気的代謝が進行し，筋肉中のグリコーゲンがピルビン酸から乳酸にまで分解され蓄積し，筋肉中の pH が低下する。このため筋原繊維たんぱく質のアクチンとミオシンが**アクトミオシン**となったまま，伸展性を失い，硬直を起こす。この現象を死後硬直といい，筋肉は収縮し，保水力が低下した状態となる。この pH 低下した状態の肉は食しても硬く，うま味が少ない。

筋肉が最も収縮した状態を**最大硬直期**といい，その後，アクトミオシンの脆弱化とプロテアーゼ(たんぱく質分解酵素)による自己消化などにより肉質が軟化する現象が生じる。これを**解硬**という。この時期には pH が上昇し，核酸系の旨味成分の生成が起こり，保水性，食味，食感などが向上する。このようなプロセスを**熟成**とよぶ。熟成期間は，種や保存温度により異なるが，4℃貯蔵では，牛肉で約 10 日，豚肉で 3 ～ 5 日，鶏肉で 0.5 ～ 1 日程度必要とされている。

2)　軟　　化

硬い肉を軟らかくするためには，物理的な方法として，筋線維を直角に切ることや肉たたきでたたき，筋線維をほぐすことが行われている。硬い肉をひき肉にすることも同様である。化学的な方法では，ふり塩をすることで保水性を高めることや食酢や果汁でマリネしたり，みそ，しょうゆやワインに漬けたりして肉の中に含まれるプロテアーゼを活性化させること，パパイア，パインアップル，キウイフルーツ，いちじく，なし，しょうがなど食品由来のプロテアーゼや微生物由来の酵素を利用した食肉軟化剤を加えることなどが行われている。

(2) 食肉の色

1)　食肉の色の変化とその要因（図 3.2）

食肉に含まれる色素には筋肉に含まれる**ミオグロビン**(肉色素)と血液に含まれる**ヘモグロビン**(血色素)などがある。筋肉中のミオグロビンとヘモグロビンの含量比は 5：1 であることから，ミオグロビンが筋肉の色の主色素であると

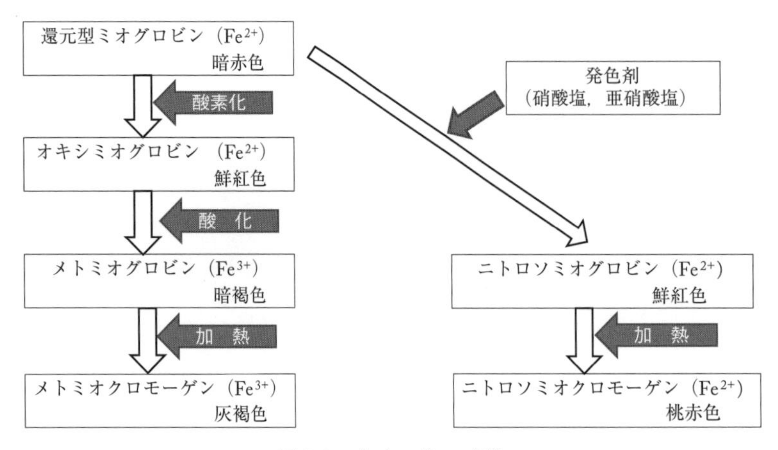

図 3.2　食肉の色の変化

いえる。ミオグロビンは酸素親和性がヘモグロビンよりも強く，ヘム鉄が酸素と結合することで筋肉への酸素の供給源であると同時に筋肉組織内に酸素を貯蔵する役割も担っている。新鮮な肉に含まれる還元型ミオグロビン（Fe^{2+}）は暗赤色で，空気に触れると酸素と結合（酸素化）し，鮮紅色の**オキシミオグロビン**（Fe^{2+}）となる。その後も酸素に触れているとヘム鉄が酸化されてFe^{3+}になり（**メト化**），暗褐色の**メトミオグロビン**となる。肉を加熱すると灰褐色に変化するが，これはミオグロビンのたんぱく質であるグロビンが熱変成して**メトミオクロモーゲン**（Fe^{3+}）となるためである。一方，ハムやベーコンなどの加工品では酸素に触れても前述のような変色は起こらない。これは，発色剤とよばれる亜硝酸塩や硝酸塩を添加する塩漬（えんせき）が行われ，亜硝酸塩由来の一酸化窒素（NO）がミオグロビンのヘム鉄と結合し，ニトロソミオグロビンとなるためである（ニトロソ化）。この**ニトロソミオグロビン**は加熱により熱変成しても退色せず，桃赤色の**ニトロソミオクロモーゲン**となる。

2）食肉の焼き色

食肉を加熱した場合の肉色で灰褐色となるのは，前述のとおり，肉色素のミオグロビンがメトミオクロモーゲンとなるためである。一方，茶褐色のこげ色とされるものは，筋肉中の還元糖とアミノ酸による**アミノカルボニル反応**（メーラード反応）によるものである。

3.1.3　食肉の種類（部位と特徴）

（1）牛　肉

1）牛肉の種類

国内で流通する牛肉には，和牛，国産牛，輸入牛肉がある。**和牛**は，黒毛和牛，褐毛和種，短角和種，無角和種の4種とこれらの交雑種であり，国内で生育，生産された肉にのみ用いることができる名称である。和牛のほとんどは黒毛和種である。国産牛はホルスタインなどの乳用牛の雄がほとんどである。また，外国で生まれた牛でも国内肥育期間の方が長くなったものは国産牛と称することが可能である。輸入牛肉は，アバディーン・アンガス種やヘレフォード種などの肉用牛を用いて米国やオーストラリアで生産され，冷凍やチルドで輸入されている。

さらに，神戸ビーフや松阪牛などの銘柄牛（ブランド牛）は320種以上あり，それぞれ品種や種別，枝肉の格付，飼育方法などブランドを推進する団体が決めた定義があり，その土地ならではのものに育てられている。

2）牛肉の部位と特徴

牛肉は脂の入り具合，食感など，部位によってさまざまな味わいがある。牛肉の部位は農林水産省が定めた「食肉小売品質基準」によって，13部位に分けられている。焼肉店などではさらに細かく分類した，希少部位を味わうこともできる。**図3.3**に主な部位の名称と特徴，利用法などを示した。なお，牛肉は**関東と関西で呼び名の異なる部位**＊があるのでそれも併記した。

＊**関東と関西で異なる牛肉の部位の呼び名**　牛肉の部位名は，関東と関西で異なるものがある。例えば，「かたロース」は関東での呼び名。関西では「くらした」と呼ばれる。他に「ヒレ（関東），ヘレ（関西）」，「らんぷ（関東），らむ，いちぼ（関西）」，「もも（しんたま）（関東），まる（関西）」，「すね（関東），ちまき（関西）」などがある。

No.	名称	特徴	利用法や主な料理	呼び名＊
1	ネック	きめが粗く，かたくて筋っぽい部位。脂肪分が少なく赤身が多め。	他の部位と混ぜてひき肉やこま切れにされる。	Shoulder Clod Clod うで
2	ばら（かたばら）	霜降りになりやすい部位。きめが細かく肉質もよい。	ローストビーフ，ステーキ，すき焼きなど。	Brisket Point-End-Brisket うでばら
3	すね	筋が多く，かたい部位。長時間煮るとやわらかくなる。	だしをとるのに最適の部位。ポトフや煮込み。	Shank，Shin ちまき
4	かたロース	やや筋が多いが，脂肪分が適度にあって，風味のよい部位。	しゃぶしゃぶ，すき焼き，焼き肉。	Chuck-Roll くらした
5	かた	ややかたく脂肪の少ない赤身肉。うまみ成分が豊富で，味は濃厚。エキス分やゼラチン質が多い。	煮込み料理，スープをとるのに適する。	Shoulder Clod Clod うで
6	リブロース	霜降りになりやすい部位。きめが細かく肉質もよい。	ローストビーフ，ステーキ，すき焼きなど。	Chuck-Roll Cube-Roll ロース
7	ばら（ともばら）	肉質はかたばらとだいたい同じ。エネルギーはかたばらより高め。霜降りになりやすく，濃厚な味。	シチュー，煮込み，カルビ焼き。	Short Plate Brisket Navel-End-Brisket ともばら
8	サーロイン	きめが細かくてやわらかく，肉質は最高。	ステーキに最適，ローストビーフ，しゃぶしゃぶにも。	Strip-Loin へれした　サーロイン
9	ヒレ	きめが細かく大変やわらかな部位で，脂肪が少ない。	ステーキ，ビーフカツなど	Tender-Loin ヘレ
10	らんぷ	やわらかい赤身肉で，味に深みがある部位。	たたき，ステーキ，ローストビーフ。ほとんどの料理に利用できる。	Sirloin Butt Rump らむいちぼ
11	もも（しんたま）	赤身のかたまりで，きめが細かく，やわらか。他の部位に比べると脂肪が少ない。	ローストビーフ，シチュー，焼き肉，カツなど。	Knuckle Thick-Frank まる
12	もも（うちもも）	赤身の大きなかたまりで，牛肉の部位中，最も脂肪が少ない。	ステーキなど大きな切り身で使う料理や焼き肉，ローストビーフや煮込みに。	Top-Round Top-Side うちひら
13	そともも	脂肪の少ない赤身肉で，きめはやや粗く，かための部位。	薄切り，細切りにして炒め物に。	Out Side Round Silver-Side そとひら

＊英語は北米やオセアニアでの呼び名。下段は関西での呼び名。

図3.3　牛肉の部位と特徴

出所）日本食肉消費総合センターホームページより改変

3）牛内臓の部位と特徴

牛の内臓は，焼き肉店でその名を見かけることが多い。**図3.4**に内蔵12部位の特徴，利用法などを示した。

(2) 豚　肉

国内で飼育されている主な品種にはバークシャー（黒豚），ヨークシャー（白豚），ランドレース，ハンプシャー，デュロックと肉用種を交雑させた三元

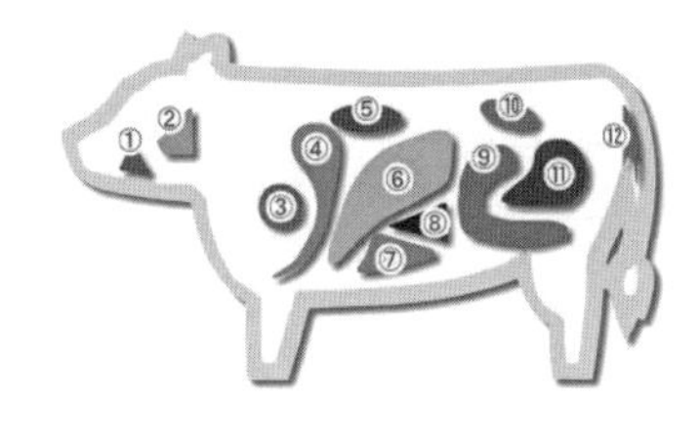

No.	名称	特徴	利用法や主な料理
1	タン（舌）	脂肪が多く，かたいが，煮込むとやわらかくなる。	かたまりのままゆで，好みのソースで。シチューやみそ漬けにも。普通，皮をむいたものが売られている。
2	カシラニク（頭肉）	こめかみと，ほおの部分。	主に加工原料として利用される。
3	ハツ（心臓）	筋線維が細かいため，コリコリした歯ざわり。たんぱく質とビタミン B_1，B_2 が多い。	下味をつけて焼いたり，串焼きにしても。
4	ハラミ（横隔膜）	主に焼き肉用として出回る。適度に脂肪がある。	焼き肉，シチュー，カレーなど。
5	サガリ（横隔膜）	横隔膜の腰椎に接する部分で，ハラミと同様，適度に脂肪がある。肉質はやわらか。ハラミとサガリを分けずにハラミということがある。	焼き肉
6	ミノ（第一胃）	牛の 4 つの胃の中でいちばん大きく肉厚でかたく，繊毛が密生している。通常売られているのは，第一胃のうち特に厚くなった「上ミノ」と呼ばれている部分。	焼き肉
7	レバー（肝臓）	たんぱく質，ビタミン A，B_2，鉄が多い。	焼き肉
8	センマイ（第三胃）	千枚のひだがあるような形で，特有の歯ざわりがあり，脂肪が少なく，鉄を多く含む。	焼き肉。ゆでて売られているが，もう一度ゆで，氷水にさらして臭みを除くとよい。
9	ヒモ（小腸）	大腸より薄くて細い部位。かたいが，じっくり煮込むとおいしく食べられる。	つけ焼き，煮込み料理など。
10	マメ（腎臓）	脂肪が少なく，鉄，ビタミン B_2 が多く，ぶどうの房状をしています。	バター焼き，モツ焼き，みそ煮など。
11	シマチョウ（大腸）	ヒモに比べると厚く，かたい。	焼き肉。一般にはヒモと同様，ゆでてぶつ切りにしたものが売られている。下処理の方法はヒモと同様。
12	テール（尾）	コラーゲンが多く，長時間の加熱でゼラチン化し，やわらかくてよい味になる。普通，関節ごとに切ったものが売られている。	シチュー，テールスープなど。

図 3.4　牛内臓の部位と特徴

出所）図 3.3 と同じ

交配種がある。**三元交配種**は，ランドレース，大ヨークシャー，デュロックを交配したもので，肉質や生産性が優れていることから飼育数が最も多い。

1)　豚肉の部位と特徴

豚肉の部位は農林水産省が定めた「食肉小売品質基準」によって，8 部位に分けられている。その特徴と利用法などを**図 3.5** に示した。

2)　豚内臓の部位と特徴

豚内臓 9 部位の特徴，利用法などを**図 3.6** に示した。

(3) 鶏　　肉

鶏肉の自給率はおよそ 6 割から 7 割の間を推移しており，比較的安定した生産が行われている。これは，50 日程度の短期間で生育，出荷できるブロイラーとよばれる肉用若鶏の普及によるものである。ブロイラーは肉質がやわらかく，味や色は淡泊である。一方，地鶏とよばれる日本在来種の血を半分以上受け継いでいる鶏がある。日本の在来種は明治までに国内で成立または導入されて定着した 38 種と定められており，日本農林規格ではこれら在来種由来血液が 50 % 以上で出生の証明ができ，75 日以上の飼育期間，28

No.	名称	特徴	利用法や主な料理
1	かた	肉のきめはやや粗くかため。肉色は他の部位に比べてやや濃い。脂肪が多少ある。	薄切りや角切りにして長時間煮込む。シチュー，ポークビーンズなど。
2	かたロース	赤身の中に脂肪が粗い網状に混ざり，きめはやや粗くかため。	カレーや焼き豚，しょうが焼きなど
3	ロース	きめが細かく，適度に脂肪がのった，ヒレと並ぶ最上の部位。外縁の脂肪にうまみがあるのであまり脂肪を取りすぎないように。	とんカツ，すき焼き，ローストポーク，焼き豚など。ロースハムにはこの部位を加工する。
4	ヒレ	豚肉の中で最もきめが細かく，やわらかい最上の部位。脂肪は少なくビタミン B_1 を多く含み，低エネルギー。	とんカツ，ステーキなど。
5	ばら	濃厚な味の部位で，赤身と脂肪が交互に3層くらいになっている。骨つきのものはスペアリブと呼ばれる。	シチュー，角煮など。
6	もも	ヒレに次いでビタミン B_1 が多く，脂肪が少なくきめが細かい部位。	ローストポーク，ステーキ，焼き豚など。ボンレスハムには，この部位を加工する。
7	そともも	お尻に近い部位で，牛肉でいう「らんぷ」と「そともも」の2つの部位にあたる。肉色の濃いめの部分はきめが粗い。	ほとんどの豚肉料理に向く。

図 3.5　豚肉の部位と特徴

出所）図 3.3 と同じ

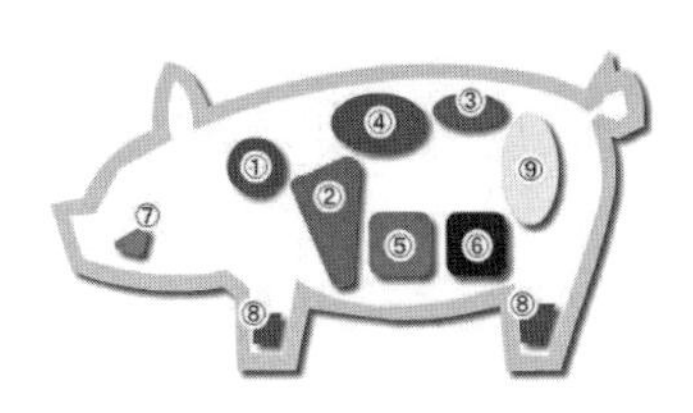

No.	名称	特徴	利用法や主な料理
1	ハツ(心臓)	筋線維が細かく緻密なので独特の歯ざわりがある。ややかたく，味は淡泊。脂肪が少なく，ビタミン B_1，B_2，鉄が多い。	充分に血抜きをしてから調理する。薄切りにして網焼きや鉄板焼き。煮物にも適する。
2	レバー(肝臓)	肉，内臓の中でビタミンAが最も多い部位。たんぱく質，ビタミン B_1，B_2，鉄も多い。	揚げ物，炒め物，ソテーなど。
3	マメ(腎臓)	そら豆の形に似ていることから，この名前がある。脂肪が少なく，低エネルギー。	表面の皮を除き，半分に切って，白い筋(尿管)をていねいに取り，香味野菜などとさっとゆでて水にさらしてから用いる。炒め物，煮込み，あえ物など。
4	ガツ(胃)	臭みが少なく，内臓を好まない人でも食べやすい部位。	一般にはゆでたものが売られている。生のものは塩でよくもんでから，香味野菜を加えた湯でゆでる。モツ焼き，酢の物，煮込み料理など。
5	ヒモ(小腸)	ダイチョウといっしょに「モツ」として市販されている。脂肪が多く付着しているが，普通は軽くゆでて脂肪を除いたものが売られている。	下ゆでしたものをさらにぬるま湯につけてアクをきれいに除いてから調理する。煮込み，串焼きなど。
6	ダイチョウ(大腸)	ヒモと同様に，脂肪が多く付着している。ぶつ切りにして，ゆでて市販されている。	みそ煮込み，酢の物，マリネなど。
7	タン(舌)	ビタミンA，B_2，鉄，タウリンが食肉より多い。根元のほうは脂肪が多くてやわらか。	皮は食用に向かないので，取り除く。薄切りはバター焼き，網焼き，から揚げ。丸のままゆでて煮込みなどに。
8	トンソク(足)	コラーゲンや，エラスチンなどのたんぱく質を多く含み，長時間煮るとゼラチン質に変化してやわらかくなる。骨と爪以外は，全部食べられる。	通常ゆでて売られているので熱湯でアク抜きをする。あえ物，甘辛い煮物や**足ティビチ***など煮込み料理。
9	コブクロ(子宮)	市販のものは，若い雌豚のもので，やわらかく，淡泊な味で，脂肪は非常に少ない部位。	網焼き，あえ物，煮込み料理など。

図 3.6　豚内臓の部位と特徴

出所）図 3.3 と同じ

***足ティビチ**　沖縄のことばで，「チュグー」と呼ばれる豚足をクーブ(昆布)やデークニ(だいこん)などと煮込んだ沖縄の郷土料理のこと(農林水産省：「うちの郷土料理」足ティビチ沖縄県より，https://www.maff.go.jp/j/keikaku/syokubunka/ (2024)。

日齢以降平飼い，1 m^2 あたり 10 羽以下の飼育密度をクリアしたものが**地鶏**とよぶことができると定義している。地鶏は歯ごたえのある濃厚な味わいが特徴である。

No.	名称	特徴	利用法や主な料理
1	手羽(手羽もと・手羽さき・手羽なか)	手羽さきはゼラチン質や脂肪が多い。手羽もとは，ウイングスティックと呼ばれ，手羽さきよりは淡泊。	手羽先：スープ，カレー，煮物。手羽元：炒め物や揚げ物など。
2	むね肉	脂肪が少ないため，エネルギーが低い。	から揚げ，フライ，照り焼き，焼きとり，炒め物，煮物，蒸し物など様々に利用できる。
3	もも肉	むね肉に比べて肉質はかため。	照り焼き，ローストチキン，フライ，から揚げなど。骨つきのものは，カレー，シチュー，煮込み。
4	ささみ	形が笹の葉に似ているので，この名前が。脂肪は少なく，たんぱく質を多く含む。淡泊な味。	揚げ物，酒蒸し，ゆでてサラダやあえ物など。
5	かわ	脂肪の量が多く，エネルギーはささみの約5倍。黄色の部分は脂肪。	黄色の脂肪を除き，さっとゆでて冷水にとり，余分な脂やにおいを洗い流してから調理する。から揚げ，網焼き，炒め物，煮物，あえ物など。

図 3.7　鶏肉の部位と特徴

出所）図 3.3 と同じ

No.	名称	特徴	利用法や主な料理
1	きも(心臓)	ハツとも呼ばれ，肝臓といっしょに売られている。	まわりの脂肪を除いて洗い，縦半分に切って血のかたまりを除き，水洗いをし，冷水につけて血抜きをしてから調理する。串焼き，煮物，揚げ物，炒め物に。
2	きも(肝臓)	たんぱく質，ビタミンA，B_1，B_2，鉄を多く含む。ビタミンAは豚レバーに次いで多い。	冷水に30分くらいつけ，血抜きをする(臭みとり)。焼きとり，煮物，揚げ物，炒め物，レバーペーストなど。
3	すなぎも(筋胃)	砂嚢(すなぶくろ)とも呼ばれ，砂を蓄え食べたものをつぶすなどの働きをする。筋肉が発達して，コリッとした歯ざわり。脂肪が少なく，低エネルギー。	しょうが煮，から揚げ，炒め物，焼きとりなど。

図 3.8　鶏内臓の部位と特徴

出所）図 3.3 と同じ

3.2　魚介類の生産と消費

日本の周辺水域には，北から親潮(千島海流)とリマン海流，南からは黒潮(日本海流)と対馬海流が流れ込み，寒水性および暖水性の魚類が多く回遊・棲息している。そのため，日本では古くから水産物を中心とした食文化が発達してきた。これまで，日本の漁業は，沿岸から沖合へ，沖合から遠洋へと漁場を拡大することで発展してきた。しかし，近年は，漁場環境の悪化，政治・経済的影響等により，海水魚の生産量が1984年をピークに減少傾向が続いている。現在は，持続的な水産資源の管理のため，漁獲量の多い8種の魚介類について**漁獲可能量***(TAC)が設定され，資源評価対象魚種も年々拡大している。

日本の食用魚介類の自給率は，1964年度の113 %をピークに漸減し，近年は55 ～ 60 %で推移している。また，魚介類の年間1人当たりの供給量も減少しており，2011年度に肉類と逆転し，2022年度は約22 kg (約60 g/日)とピーク時の約半分近くまで減少している(**図 3.9**)。

***漁獲可能量(Total Allowable Catch, TAC)**　日本では，国が魚種ごとに年間漁獲量の上限を設定し，水産資源の管理を行っている。TACとは，魚種別の1年間に採捕可能な漁獲量のことである。現在のTAC対象魚種は，漁獲量の多い8種(さんま，すけとうだら，まあじ，まいわし，さば類(まさば，ごまさば)，するめいか，ずわいがに，くろまぐろ)であるが，今後，対象魚種を増やすことが検討されている。

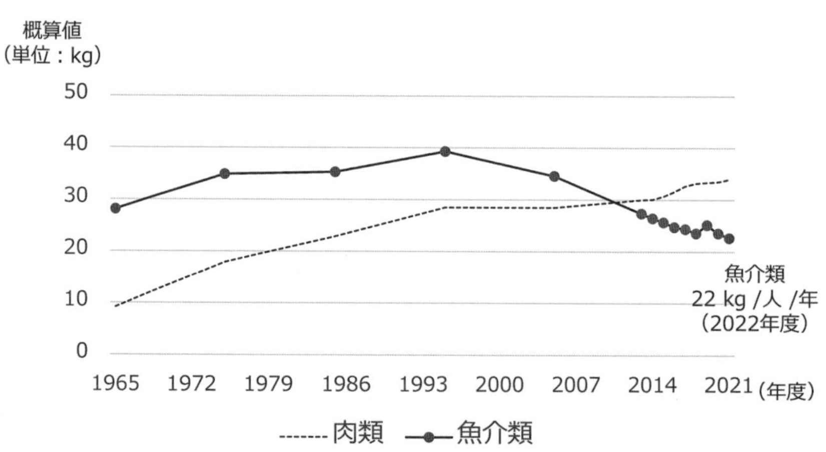

図 3.9 国民１人・１年当たり供給純食料の推移

出所）農林水産省：食料需給表(令和４年度)より作成

3.2.1 魚介類の種類と分類

(1) 生物学的・習性や生息域による分類

魚介類は，生物学的な観点から，原索動物，刺胞(腔腸)動物，棘皮動物，節足動物，軟体動物および脊椎動物に分類される(**表 3.1**)。また，習性や生息域からは，海水産魚類(遠洋回遊魚類，近海回遊魚類，沿岸魚類，底棲魚類)，遡・降河魚類，淡水産魚類に分けられる(**表 3.2**)。

(2) 赤身魚と白身魚

日常の食生活では，**赤身魚**と**白身魚***に分けることが多い。厳密な分類基準はないが，赤身魚の筋肉は赤みがあり，血合肉が発達しているものである。赤色の色調は主に色素たんぱく質の**ミオグロビン**に由来し，赤身魚はミオグロビンとヘモグロビンの含量が 10 mg%以上といわれる(**図 3.10**)。一方，白身魚は，筋肉が白色で血合筋が少ないものである。代表的な赤身魚は，回遊性魚類のまぐろ，かつお，いわし，さばなど，白身魚は底棲魚類のかれい，たい，たら，ひらめ，沿岸魚類のきすやふぐなどである。

＊**赤身魚と白身魚**　70℃の湯浴中で 30 分間魚体を加熱して魚肉を凝固させると，血合肉と普通肉に分離することができる。このようにして得られた血合肉の割合で，赤身魚と白身魚に分けることができる(赤身魚：12%以上，中間の魚は 4 ～ 9%，白身魚：3%以下)。

表 3.1 魚介類の分類

原索動物	ほや	
刺胞(腔腸)動物	くらげ	
棘皮動物	ウニ類	うに
	ナマコ類	なまこ
節足動物	甲殻類	えび，かに
軟体動物	腹足類	巻貝
	斧足類(二枚貝類)	二枚貝
	頭足類	いか，たこ
脊椎動物	円口類	やつめうなぎ
	軟骨魚類	さめ，えい
	硬骨魚類	魚類一般

表 3.2 魚介類の習性や生息域による分類

海水産魚類	遠洋回遊魚類	かじき，かつお，まぐろ
	近海回遊魚類	あじ，いわし，さば，さわら，さんま，ぶり，にしん
	沿岸魚類	あいなめ，おこぜ，きす，かます，すずき，ぼら，ふぐ
	底棲魚類	あんこう，えそ，かれい，ぐち，たい，たら，ひらめ
遡・降河魚類		あゆ，うなぎ，さけ，ししゃも，ます
淡水産魚類		こい，ふな，どじょう，やまめ

さけ・ます類の筋肉の色は赤橙色であるが，これはミオグロビンではなく，脂溶性色素のカロテノイド(**アスタキサンチン**)によるもので，これらは白身魚に分類される。

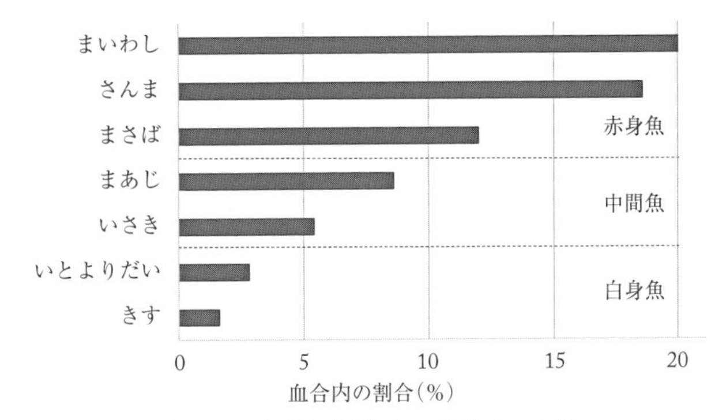

図 3.10　各種魚類筋肉の血合肉の割合

出所）小畠渥，部屋博文：血合肉含量の迅速測定法，日本水産学会誌，51(6)，1001-1004(1985)

(3) 出世魚

成長して魚体が大きくなるにつれて呼称(成長名)が変わる魚のことを出世魚という。関西では，体長約 40 cm のぶりのことをはまちと呼ぶが，関東では同じものをいなだといい，地方によって呼び名が異なる。代表的な出世魚の関東での呼び名を以下に示す。成長名は，一般に理解されるものである場合は，それらの名称を表示できる。

ぶ　り：わかし→いなだ(関西でははまち)→わらさ→ぶり
すずき：せいご→ふっこ→すずき
さわら：さごち→やなぎ→さわら
ぼ　ら：おぼこ→いな→ぼら→とど
さ　け：けいじ(母川に回帰する前の未成熟なもの)

(4) 成長名，季節名，地方名，ブランド名

① 季節名

季節に応じた名称(季節名)がある魚介類についても，成長名と同様に，一般に理解されるものである場合，表示できることになっている。たとえば，秋頃に産卵のために沿岸に回遊してきたさけは，あきさけ・あきあじ，春から初夏に沿岸に回遊してきたさけを，ときさけ・ときしらずという。

② 地方名

地域特有の名称(地方名)がある魚介類については，その地方名がその内容を表すものとして理解される地域において，その地方名を表示することができるが，地方名に標準和名を併記する場合が多く見られる(**表 3.3**)。

また，ブランド名(商品名)をもつものがある。たとえば，関さば(大分県，まさば)，越前がに(福井県，ずわいがに)，松葉がに(山陰地方，ずわいがに)，明石たこ(兵庫県，まだこ)などである。これらは，任意に商品に表示することは差し支えないとされるが，食品表示法に基づく魚介類の名称ではないため，魚介類の名称としては使用できないことになっている。

表 3.3　地方名

地方名(対象地域)	標準和名
はなだい(神奈川)	きだい
はなだい(小名浜，小湊)	ちだい
まいか(三陸，北海道)	するめいか
まいか(瀬戸内海)	こういか
はも(北海道・東北，山陰)	まあなご
ちぬ(西日本)	くろだい
しず・ぼうぜ(関西)	いぼだい

(5) 日本食品標準成分表での分類

日本は，他国に比べて利用されている魚介類やその加工品の

表 3.4　天然魚と養殖魚

	エネルギー	水分	たんぱく質	コレステロール	脂質	ビタミンA	ビタミンD	ビタミンE
	kcal	g		mg	g	μg		mg
あゆ　天然　生	93	77.7	18.3	83	2.4	35	1.0	1.2
あゆ　養殖　生	138	72.0	17.8	**110**	**7.9**	55	8.0	5.0
まだい　天然　生	129	72.2	20.6	65	5.8	8	5.0	1.0
まだい　養殖　皮つき　生	160	68.5	20.9	69	**9.4**	11	7.0	2.4
ひらめ　天然　生	96	76.8	20.0	55	2.0	12	3.0	0.6
ひらめ　養殖　皮つき　生	115	73.7	21.6	62	3.7	19	1.9	1.6
くろまぐろ　天然　赤身　生	115	70.4	26.4	50	1.4	83	5.0	0.8
くろまぐろ　養殖　赤身　生	153	68.8	24.8	53	7.6	**840**	4.0	1.5
かつお　春獲り　生	108	72.2	25.8	60	0.5	5	4.0	0.3
かつお　秋獲り　生	150	67.3	25.0	58	6.2	20	9.0	0.1

注 1）ビタミンA：レチノール活性当量，2）ビタミンE：α-トコフェロール
出所）文部科学省：日本食品標準成分表 2020 年版（八訂）より加工して筆者作成

種類が多い。日本食品標準成分表 2020 年版（八訂）の 18 食品群のうち，最も食品数が多いのは魚介類である。魚介類は，魚類，貝類，えび・かに類，いか・たこ類，その他，水産練り製品に分けられ，約 500 食品（2023 年増補）が収載されている。あゆ，まだい，まぐろ，ひらめは，**天然魚**と**養殖魚**に分けて収載されている。一般的に養殖魚は，天然魚に比べ脂溶性成分が多い（**表 3.4**）。また，同じ魚種でも，漁期によって成分が変動する。たとえば，かつおは，日本近海で春に索餌のため北上する群（通称：初がつお）と，秋に産卵のため南下する群（通称：戻りがつお）が漁獲される。「春獲り」と「秋獲り」では，「秋獲り」の方が，脂溶性成分の含量が高い。

3.2.2　魚介類の構造

(1) 魚の部位と可食部

魚は，頭部，胴部，尾部に分けられ，基本的には**図 3.11** に示すような魚体構造をしている。可食部は，主に胴部から尾部に存在する筋肉（骨格筋）であるが，魚種や調理・加工処理により，ヒレや骨なども食用とすることがある。

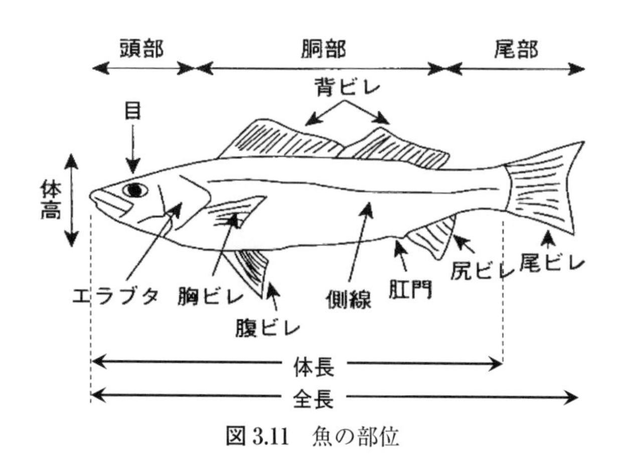

図 3.11　魚の部位

(2) 魚類の筋肉構造

1)　筋肉の基本構造

魚類の筋肉（骨格筋）は，基本的には畜肉と同じ**横紋筋**であり，無数の**筋線維**から構成されている。筋線維は，筋原線維と呼ばれる直径 1 ～ 2 μm，長さ 10 ～ 100 nm の細長い円筒状の線維からなる多核細胞である。光学顕微鏡で筋原線維を観察すると，明暗の紋様がみられる。光学的特性から，明るい部分を I 帯（明帯），暗い部分は A 帯（暗帯）と呼ばれている。I 帯には細いフィラメントのみがみられ，A 帯には細いフィラメントと太いフィラメントが重なり合って

いる。I帯の中央にはZ線がみられる。Z線とZ線の間は**サルコメア**と呼ばれ，筋原線維の構成単位である（図 3.12）。細いフィラメントは，**アクチン**が主体で，そのほかトロポミオシンやトロポニンを含む。一方，太いファイラメントは，**ミオシン**を主成分としている。筋肉の収縮運動は，2つのフィラメントが互いに滑り合うことで行われる。

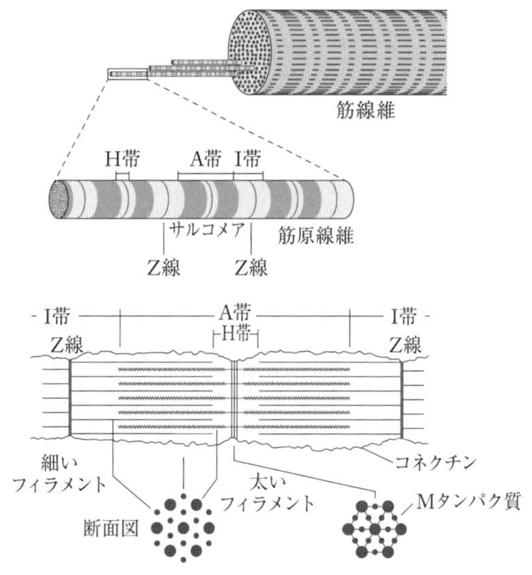

図 3.12　魚類の筋肉の構造

筋線維（筋細胞）が集まったものを**筋節**という（図 3.13）。魚体の両側の側筋には，筋節が体軸に並行して同心円状に配列している。筋節と筋節の間は，薄い結合組織である筋隔（コラーゲンやエラスチンで構成）によって接合されている。魚肉を加熱すると身がほぐれるのは，筋節が凝固するのに対し，筋隔は軟らかいゼラチンに変化して，筋節同士がはがれるためである。

2）普通筋と血合筋

魚類の筋肉は，**普通筋**（普通肉）と**血合筋**（血合肉）に分けられる。血合筋は，**側線**（図 3.11 参照）の直下に位置する魚類特有の赤褐色の筋肉組織である。血合筋には，脂質のほか，ミオグロビン，シトクロム，ビタミン類，酵素等の魚類の運動性に関与している成分が多い。たいやかれいなどの白身魚では，表層血合肉がわずかにあるだけだが，さばやいわしなどの活動量の多い回遊魚類は表層血合肉が発達している。かつおやまぐろなどの外洋性回遊魚類では，表層だけでなく深層部にも血合筋（**真正血合筋**）が発達している（図 3.13）。

（3）無脊椎動物の筋肉組織

いかやたこ等の軟体動物は，一見頭にみえる部分が胴にあたる。いかやたこの外套膜（がいとうまく）筋には，横紋筋と平滑筋の中間的な**斜紋筋**（サルコメアの位相がずれ

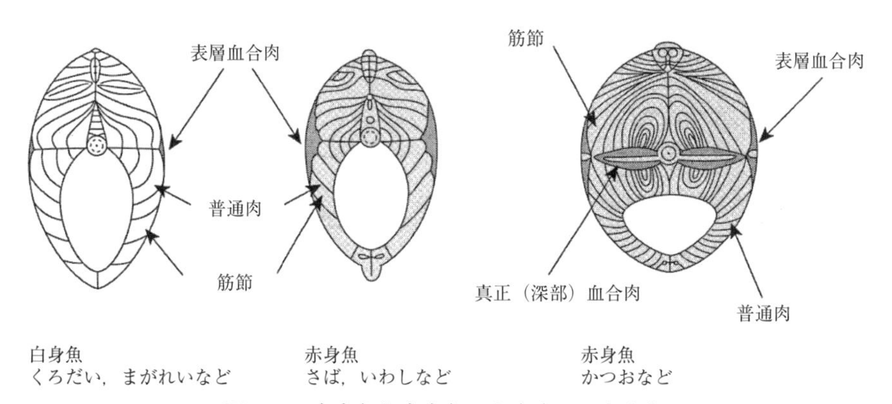

図 3.13　白身魚と赤身魚の血合肉のつきかた

横紋が斜めにみえる)が存在する。一方，えびやかに等の甲殻類の筋肉は，魚肉同様の横紋筋で構成されている。

3.2.3　魚介類の成分

(1) 水　分

魚介類の水分含量は，畜肉に比べて高く，種類別では，魚類が平均約 70 %に対し，魚類以外(貝類，えび・かに類，いか・たこ類)は約 80 %とさらに高値である。魚介類の体成分含量は，同一魚種であっても，漁場，漁期，魚体の大きさなどにより変動し，また個体差も大きい。特に，水分と脂質含量はともに変動が大きく，両者は互いに逆相関関係にある。たとえば，天然魚と養殖魚では，脂質の多い養殖魚は水分が少なく，逆に，脂質の少ない天然魚は水分が多い。同様に部位では，脂身より赤身の方が水分は多い(**図 3.14**)。

(2) たんぱく質

一般的な魚類のたんぱく質含量は約 20 %であり，畜肉に劣らないが，貝類のように水分が多いものは，たんぱく質含量が少ない(**図 3.14**，貝類平均：約 10 %)。たんぱく質は，魚介類の種類や部位による違いはあるものの，漁場や漁期による変動は少ない。動物の筋肉たんぱく質は，**筋形質(筋漿)たんぱく質**，**筋原線維たんぱく質**，**肉基質(筋基質)たんぱく質**に分類できる。それらの存在比率，溶解性と主なたんぱく質を**表 3.5** に示す。

動物の筋肉たんぱく質のうち，最も多いのは筋原線維たんぱく質(**アクチン・ミオシン**)であり，魚類では全筋肉たんぱく質の約 2/3 を占める。また，赤身魚より白身魚が筋原線維たんぱく質の比率は高い。魚肉に食塩を加えて擂潰(らいかい)

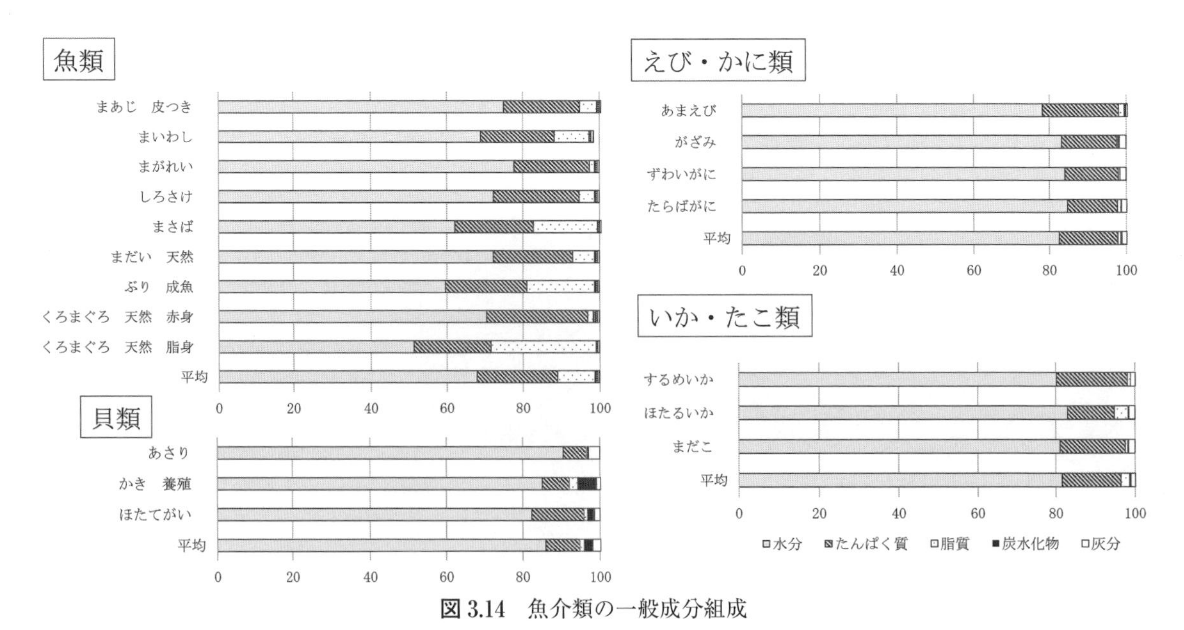

図 3.14　魚介類の一般成分組成

出所）表 3.4 に同じ

表 3.5　魚肉たんぱく質の分類と組成

分類	魚類（普通筋）	畜肉（骨格筋）	溶解性	主なたんぱく質
	組成（%）			
筋形質（筋漿）たんぱく質	20 ～ 40	20 ～ 25	水溶性	ミオグロビン，パルブアルブミン酵素（クレアチンキナーゼなど）
筋原線維たんぱく質	60 ～ 75	約 50	塩溶性（高イオン強度の中性緩衝液に可溶）	ミオシン，アクチン，トロポミオシン，トロポニン
肉基質（筋基質）たんぱく質	1 ～ 3	20 ～ 30	不溶性（高イオン強度の中性緩衝液に不溶）	コラーゲン，エラスチン

畜肉：仔うし，ぶた
出所）瀬口正晴，八田一編：食品学各論第 3 版，74，化学同人（2016）　表 4.2 の値をもとに作成

すると，アクチンとミオシンが抽出され，これらが結合して**アクトミオシン**が形成され，**ゾル**状の**塩ずり身**ができる。これを加熱すると**ゲル**化し，かまぼこなどの魚肉ねり製品ができる。筋原線維たんぱく質が多い魚ほど，弾力性“**足***（**あし**）”の強いかまぼこができるといわれる（197 ページ，7.2.6（1）3）参照）。

魚類は，畜肉に比べて肉基質たんぱく質（主にコラーゲン）が少ないため（畜肉の約 1/10），肉質がやわらかい。**コラーゲン**は水とともに加熱すると可溶化して**ゼラチン**となり，冷やすと固まって“**煮こごり**”となる。

筋形質たんぱく質は，赤身魚の方が多い傾向がある。かつおなどの赤身魚は，筋形質たんぱく質が多いため，加熱すると筋肉が硬くなって“節”となる。一方，この比率が少ないたらなどの白身魚は，加熱すると身がほぐれて“**でんぶ**（そぼろ）”となる。

一般的によく食べられている魚のアミノ酸価は 100 であり，畜肉同様，魚肉は良質のたんぱく質供給源である。魚類以外では，あさりとはまぐりは 81，いか・たこが 71，えび 84，かに 77（1973 年版の一般用）で，魚肉に比べてアミノ酸組成がやや劣っている。これらの**第一制限アミノ酸**はバリンである。

(3) 脂　　質

魚類の脂質含量は，上述のとおり，魚種（赤身魚か白身魚）や漁期によって大きく異なり，特に飼料による影響を受けやすい。脂質が最も多い時期はおいしく，“旬”よばれる。一般に，脂質含量は産卵期前に増加し，産卵後に低下する。また，部位では，背部よりも腹部の方が脂質含量は高く，魚体が大きくなるほど脂質の割合が増加する傾向がある。

魚介肉の脂質は，畜肉と同様，**蓄積脂質**と**組織脂質**に分けられる。魚種や季節変動が大きいのは蓄積脂質である。蓄積脂質は**トリグリセリド**（**トリアシルグリセロール**）からなり，総脂質の 80 ～ 90 %を占める。一方，総脂質の 10 ～ 20 %を占める組織脂質は，主にリン脂質と，コレステロールからなる。リン脂質の含量は，魚種に関係なくほぼ一定である。魚肉のリン脂質は，**ホスファチジルコリン**（**レシチン**），ホスファチジルエタノールアミン，ホスファ

* **かまぼこの足**　かまぼこの弾力に富んだテクスチャーのことを“足（あし）”という。魚肉の塩ずり身（主成分はアクトミオシン）は，ゲル化しやすく，室温に置いていても徐々に凝固してゼリー状になる。このような塩ずり身のゲル化現象を“坐り（すわり）”という。坐りの速度は，温度が高いほど促進されるが，低温に長時間放置しておいた方が坐りが強くなる。したがって，足の強いかまぼこをつくるには，塩ずり身の温度を 50℃くらいまでゆっくり上げて坐りを促進することが大切である。また，60 ～ 65℃の温度帯では，坐ったゲルの劣化現象（“火戻り”）が起きやすいので，50 ～ 70℃の温度帯を速く通過させて火戻りを防げば，足の強いゲル（かまぼこ）ができる。なお，アスコルビン酸ナトリウムは，SH 基を酸化して坐りを促進し，グルコースやスクロースなどの少糖類は坐りを抑制することが知られている。

チジルセリンとスフィンゴミエリンであるが，このうち最も存在量が多いのはレシチンである。また，さめやまだらの肝油や鯨油には，不飽和炭化水素の**スクワレン**（$C_{30}H_{50}$，ステロール前駆体）が多く含まれている。

魚介類の脂質を構成する主な脂肪酸は，パルミチン酸（$C_{16:0}$），パルミトレイン酸（$C_{16:1}$），ステアリン酸（$C_{18:0}$），オレイン酸（$C_{18:1}$），**イコサペンタエン酸**（**エイコサペンタエン酸**：EPA，$C_{20:5}$）と**ドコサヘキサエン酸**（DHA，$C_{22:6}$）である。魚介類の脂質の大きな特徴は，***n*-3 系**の**高度不飽和脂肪酸**である **EPA** と **DHA** が多いことである（魚類：総脂肪酸の 10 ～ 50 %，平均約 20 %）。これらは赤身魚に特に多く，さんま，ぶりおよびまぐろ（脂身）で高値である（**図 3.15**）。魚類以外では，ほたるいかのように脂質が多いものは EPA と DHA も多いが，もともと脂質含量が少ないため（**図 3.14**），*n*-3 系脂肪酸の含量も少ない。EPA と DHA は，血中コレステロール低下，血栓形成抑制，心疾患予防効果などさまざまな機能性が報告されており，保健機能食品などに利用されている。

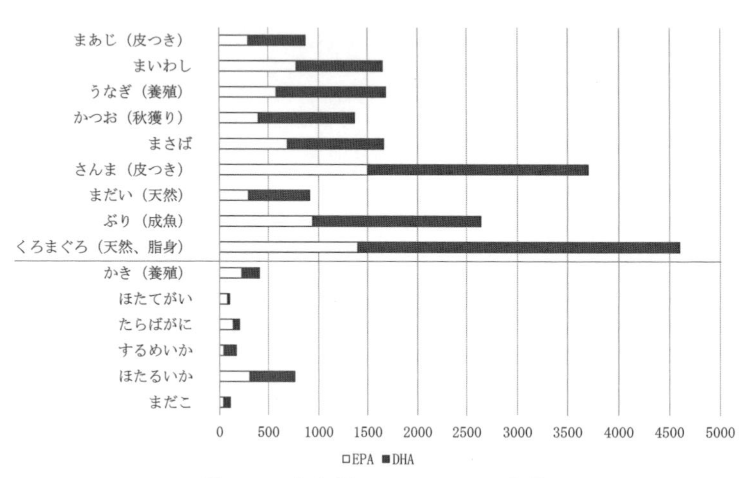

図 3.15　魚介類の EPA・DHA 含量

出所）表 3.4 に同じ

一般的な魚類の**コレステロール**の含量は，畜肉とほぼ同じ（50 ～ 100 mg/可食部 100 g）だが，魚類以外（特にいか・たこ類）は高値である（**図 3.16**）。また，魚卵は特に多く，鶏卵とほぼ同じ含量である（たらこ，かずのこ，イクラ：350 ～ 500 mg/可食部 100 g）。

さめやすけとうらだらの肝油などには，コレステロールの前駆体であるスクアレン（$C_{30}H_{50}$）などの不飽和炭化水素が含まれている。

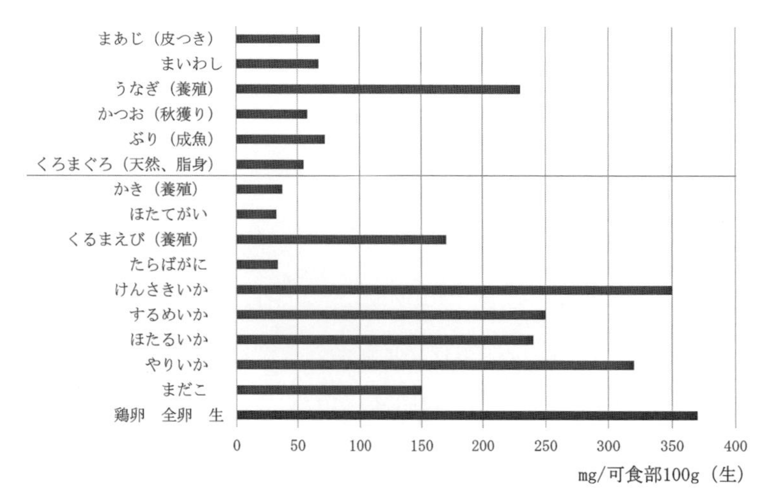

図 3.16　魚介類のコレステロール含量

出所）表 3.4 に同じ

(4) 炭水化物

魚類に含まれる炭水化物の大分部は，畜肉と同様，**グリコーゲン**として存在しており，その存在量は少ない（生，Tr

～0.6 %）。えび・かに類，いか・たこ類についても，炭水化物の含量は低い（0.1～0.2 %）。一方，貝類は，グリコーゲンを主なエネルギー貯蔵物質としているため，ほかの動物に比べて貝類のグリコーゲン含量は著しく高く，かき（養殖，生）では約5 %である（**図 3.14**）。

(5) 食物繊維

かにやえび等の甲殻類の殻は，不溶性食物繊維である**キチン**（***N*-アセチル-D-グルコサミン**がβ-1,4結合したムコ多糖）である。**キトサン**は，キチンを酸処理して部分的に脱アセチル化物したもので，血清のLDLコレステロール低下作用があることから，特定保健用食品や機能性表示食品としても利用されている。また，食品添加物（増粘安定剤）として使用が認められている。

(6) ミネラル

魚介類に多く含まれるミネラルの含有量を**表 3.6**に示す。しらす干しなど魚体全体を食べるものは，**カルシウム**とリンの存在比が1に近く，カルシウム吸収に関わるビタミンDの含量も高いため，カルシウムのよい供給源といえる。魚類に含まれる鉄は主に**ミオグロビン**に由来しているため，赤身魚には鉄が多い。一方，えび・かに類，いか・たこ類は，血色素が**ヘモシアニン**であるため，**銅**が多く含まれている。**亜鉛**は魚類より無脊椎動物に，**マンガン**は貝類に多く蓄積されている。また，魚類内臓（きも，卵巣など）では，鉄と亜鉛が特に高値である。

(7) ビタミン

一般に，魚介類のビタミン含量は畜肉よりも多く，回遊性の赤身魚に多い。また，魚卵などの内臓には，ビタミン類が蓄積されており，普通筋の10倍以上含むものがある（**表 3.7**）。

ビタミンA（**レチノール活性当量**）は，しらすなど魚体全体を可食部とするものや，まぐろの脂身のように，脂質含量が多いもので高い。また，うなぎ，やつめうなぎ，魚の肝臓（きも）では特に高い。魚類以外の無脊椎動物では，ほたるいかのようにビタミンAを多く含むものもあるが，基本的には少ない。

ビタミンD（D_3，**コレカルシフェロール**）は，畜肉にほとんど含まれていないため，魚介類はビタミンDの貴重な供給源である。ビタミンDが多いのは，まいわし，うなぎ，まがれい，しろさけ，さんま，まぐろ（脂身），魚類の内臓などで，無脊椎動物には少ない。

ビタミンEについては，海産魚類では**α-トコフェロール**が90 %以上を占めるが，淡水産魚類のこいなどはγ-トコフェロールの比率が高い。魚類では，まいわし，うなぎ，まだい，ぶり，やつめうなぎなど，いか・たこ類，魚類の内臓に多く含まれている。

水溶性ビタミンで魚介類に多いものは**ビタミンB_2**と**B_{12}**であり，貝類はビ

表 3.6　魚介類のミネラル含量

（可食部生 100 g 当たり）

食品の種類	カルシウム	マグネシウム	鉄	亜鉛	銅	マンガン	セレン
	mg						μg
まあじ(皮つき)	66	34	0.6	**1.1**	0.07	0.01	46
あゆ(天然)	**270**	24	0.9	0.8	0.06	**0.16**	14
まいわし	74	30	**2.1**	**1.6**	**0.2**	0.04	48
しらす	**210**	67	0.4	**1.1**	0.02	0.07	—
うなぎ(養殖)	**130**	20	0.5	**1.4**	0.04	0.04	50
かつお(春獲り)	11	42	**1.9**	0.8	**0.11**	0.01	43
かつお(秋獲り)	8	38	**1.9**	0.9	0.1	0.01	**100**
まさば	6	30	**1.2**	**1.1**	**0.12**	0.01	70
さんま(皮つき)	28	28	1.4	0.8	**0.12**	0.02	32
ぶり(成魚)	5	26	1.3	0.7	0.08	0.01	57
くろまぐろ(天然，赤身)	5	45	1.1	0.4	0.04	0.01	**110**
くろまぐろ(天然，脂身)	7	35	1.6	0.5	0.04	Tr	—
やつめうなぎ	7	15	**2**	**1.6**	**0.15**	0.03	—
あさり	66	**100**	**3.8**	1.0	0.06	0.10	38
しじみ	**240**	10	**8.3**	**2.3**	**0.41**	**2.78**	
かき(養殖)	84	65	**2.1**	**14.0**	**1.04**	**0.39**	46
あまえび	50	42	0.1	1.0	**0.44**	0.02	33
がざみ	**110**	60	0.3	**3.7**	**1.10**	0.06	—
たらばがに	51	41	0.3	**3.2**	**0.43**	0.03	25
するめいか	11	46	0.1	**1.5**	**0.29**	Tr	41
ほたるいか	14	39	0.8	**1.3**	**3.42**	0.05	—
まだこ	16	55	0.6	**1.6**	**0.30**	0.03	—
あんこう(きも)	6	9	**1.2**	**2.2**	**1**	—	200
イクラ(しろさけ)	94	95	**2**	**2.1**	**0.76**	0.06	—
うなぎ(きも)	19	15	**4.6**	**2.7**	**1.08**	0.08	—
かつお加工品(塩辛)	**180**	37	**5**	**12**	0.07	0.07	—
キャビア(塩蔵品)	8	30	**2.4**	**2.5**	0.07	0.12	—
かずのこ(にしん)	50	34	**1.2**	**2.3**	0.07	0.06	—
からすみ(ぼら)	9	23	**1.5**	**9.3**	**0.19**	0.04	—

太字：一般的な魚類平均値の 2 倍以上高値のもの
出所）表 3.4 に同じ

タミン B_{12} 含量が特に高い。なお，貝類，甲殻類，淡水魚には，ビタミン B_1 分解酵素である**チアミナーゼ**(アノイリナーゼ)が含まれる。また，ナイアシンとビタミン B_6 は，かつお，まさば，くろまぐろのような回遊性の赤身魚に多い。

(8) その他

1)　エキス成分

エキス成分は，水や熱水抽出物のうち，たんぱく質，色素，ビタミン類，多糖などを除く有機成分のことで，遊離アミノ酸，オリゴペプチド，核酸関連化合物，ベタイン類，グアニジノ化合物，トリメチルアミンオキシド，尿

表 3.7　魚介類のミネラル含量

（可食部生 100 g 当たり）

食品の種類	ビタミン A	ビタミン D	ビタミン E	ビタミン B_1	ビタミン B_2	ナイアシン	ビタミン B_6	ビタミン B_{12}	パントテン酸
	μg		mg					μg	mg
まあじ（皮つき）	7	8.9	0.6	0.13	0.13	5.5	0.30	**7.1**	0.41
あゆ（天然）	35	1.0	1.2	0.13	0.15	3.1	0.17	**10.0**	0.67
まいわし	8	**32.0**	**2.5**	0.03	**0.39**	7.2	**0.49**	**16.0**	**1.14**
しらす	110	**6.7**	0.9	0.02	0.07	3.7	0.17	4.2	0.51
うなぎ（養殖）	**2,400**	**18.0**	**7.4**	**0.37**	**0.48**	3.0	0.13	**3.5**	**2.17**
かつお（春獲り）	5	4.0	0.3	0.13	0.17	**19.0**	**0.76**	**8.4**	0.70
かつお（秋獲り）	20	**9.0**	0.1	0.10	0.16	**18.0**	**0.76**	**8.6**	0.61
まがれい	5	**13.0**	1.5	0.03	**0.35**	2.5	0.15	**3.1**	0.66
しろさけ	11	**32.0**	1.2	0.15	**0.21**	6.7	**0.64**	**5.9**	**1.27**
まさば	37	**5.1**	1.3	**0.21**	**0.31**	**12.0**	**0.59**	**13.0**	0.66
さんま（皮つき）	16	**16.0**	1.7	0.01	**0.28**	7.4	**0.54**	**16.0**	0.74
まだい（養殖，皮つき）	11	**7.0**	**2.4**	**0.32**	0.08	5.6	0.40	1.5	**1.34**
ぶり（成魚）	50	**8.0**	**2.0**	**0.23**	**0.36**	9.5	0.42	**3.8**	**1.01**
くろまぐろ（天然，赤身）	83	**5.0**	0.8	0.10	0.05	**14.0**	**0.85**	1.3	0.41
くろまぐろ（天然，脂身）	270	**18.0**	1.5	0.04	0.07	9.8	**0.82**	1.0	0.47
やつめうなぎ	**8,200**	3.0	**3.8**	**0.25**	**0.85**	3.0	0.20	**4.9**	**1.18**
あさり	4	0	0.4	0.02	0.16	1.4	0.04	**52.0**	0.39
しじみ	33	0.2	1.7	0.02	**0.44**	1.5	0.10	**68.0**	0.53
かき養殖	24	0.1	1.3	0.07	0.14	1.5	0.07	**23.0**	0.54
あまえび	3	(0)	3.4	0.02	0.03	1.1	0.04	2.4	0.21
がざみ	1	(0)	1.8	0.02	0.15	4.2	0.18	**4.7**	0.78
たらばがに	1	(0)	1.9	0.05	0.07	2.1	0.14	**5.8**	0.65
するめいか	13	0.3	**2.1**	0.07	0.05	4.0	0.21	**4.9**	0.34
ほたるいか	**1,500**	(0)	**4.3**	0.19	**0.27**	2.6	0.15	**14.0**	**1.09**
まだこ	5	(0)	1.9	0.03	0.09	2.2	0.07	1.3	0.24
あんこう（きも）	**8,300**	**110.0**	**14.0**	0.14	**0.35**	1.5	0.11	**39.0**	0.89
イクラ（しろさけ）	**330**	**44.0**	**9.1**	0.42	**0.55**	0.1	0.06	**47.0**	**2.36**
うなぎ（きも）	**4,400**	3.0	**3.9**	0.30	**0.75**	4.0	0.25	2.7	**2.95**
かつお加工品（塩辛）	90	**120.0**	0.7	0.10	**0.25**	1.7	0.05	**4.5**	0.43
キャビア（塩蔵品）	60	1.0	**9.3**	0.01	**1.31**	0.6	0.24	**19.0**	**2.38**
かずのこ（にしん）	15	**13.0**	**5.1**	0.15	**0.22**	1.4	0.26	**11.0**	**1.37**
からすみ（ぼら）	**350**	**33.0**	**9.7**	0.01	**0.93**	2.7	0.26	**28.0**	**5.17**
うし（ヒレ，赤肉）	1	0	0.4	0.09	**0.24**	4.3	0.37	1.6	**1.28**
ぶた（ヒレ，赤肉）	3	0.3	0.3	**1.32**	**0.25**	6.9	**0.54**	0.5	0.93

太字：一般的な魚類平均値の 2 倍以上高値のもの
出所）表 3.4 に同じ

素，糖，有機酸などである。エキス成分には，魚介類を利用する上で，呈味成分として重要なものと，加工上問題になる成分とがある。

① **遊離アミノ酸**

まあじ，かつお，まさば，まぐろなどの赤身魚には**ヒスチジン**が多く，まだい，ひらめ，まふぐなどの白身魚には**タウリン**が多く含まれる（**図 3.17**）。タウリンは，海産無脊椎動物に多く，魚類では，普通筋に比べ血合筋に多く

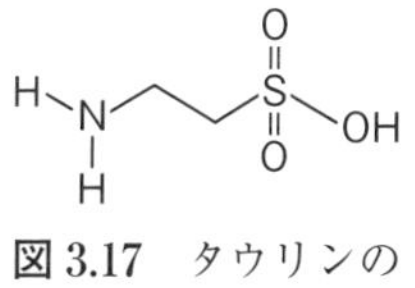

図 3.17　タウリンの構造式

含まれている。スルメや干しアワビの表面にみられる白色粉末は，主にタウリンである。赤身魚に特に多く含まれるヒスチジンは，微生物由来の脱炭酸酵素の作用によって**ヒスタミン**へと変化する。ヒスタミンの蓄積が，**アレルギー様食中毒**[*1]の原因になることがある。

無脊椎動物は，全体的に遊離アミノ酸が多いが，グリシン，アラニン，プロリン，アルギニンに富むものが多い。また，**オルニチン**[*2]が，シジミに比較的多く含まれる。

② オリゴペプチド

魚介類に特異的に多いペプチド類として，**カルノシン**，**アンセリン**，**バレニン**などがある。うなぎにはカルノシン，かつお・まぐろ類はアンセリン，鯨赤肉にはバレニンが多いことが知られている。これら**イミダゾールジペプチド**[*3]は，機能性表示食品（疲労感の軽減効果など）にも利用されている（**図3.18**）。また，いわしの筋肉のプロテアーゼ分解物に，**アンジオテンシン変換酵素（ACE）阻害ペプチド**があり，**“サーデンペプチド**（バリルチロシンとして）”の名称で，特定保健用食品の関与成分として許可されている。

③ 核酸関連物質

魚介類の休息筋中のヌクレオチドは，大部分が**ATP（アデノシン三リン酸）**として存在している。しかし，激しい運動後や，死後は，ATPは分解して，アデノシン二リン酸（ADP），5'-アデニル酸（AMP），5'-イノシン酸（IMP），イノシン（H_XR），ヒポキサンチン（H_X）へと変化する（**図3.19**）。ヌクレオチドの変化の速さは，魚種により異なり，するめいかやまだこは速い。

④ ベタイン類

ベタイン[*4]とは，狭義には**グリシンベタイン（トリメチルグリシン**，$(CH_3)_3N^+CH_2COO^-$）のことをいうが，種々の種類がある。ベタイン類は，貝類，いか・たこ類，えび・かになどの海産無脊椎動物や魚類の内臓に多く含まれ，甘みを呈する呈味成分である。魚類では，さめやえいなどの軟骨魚類に比較的多い。

⑤ グアニジノ化合物

グアニジノ基（$H_2N-(C=NH)-NH-$）をもつ化合物の総称で，アルギニン，ク

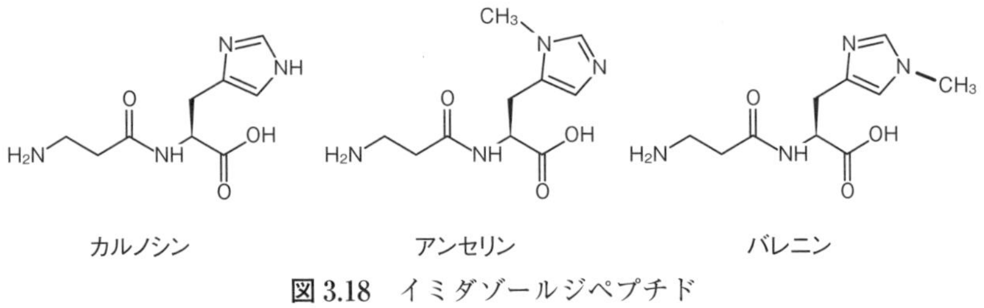

カルノシン　アンセリン　バレニン

図3.18　イミダゾールジペプチド

*1　**アレルギー様食中毒**　細菌が生成したヒスタミンなどを原因物質とする食中毒のことをいう。症状は，食後30分から1時間ほどで，顔面の紅潮，頭痛，じんましん，発熱などを呈する。ヒスタミンは，赤身魚肉中に多量に含まれる遊離ヒスチジンから，細菌のヒスチジン脱炭酸酵素により生成される。ヒスチジンを分解する酵素を有する微生物が存在しなければ，蓄積されて発症レベルに達する。最も強力なヒスタミン生成菌は，モルガン菌（*Morganella morganii*）とよばれる腸内細菌の一種で，土壌や下水などに広く分布している。

*2　**オルニチン**　オルニチンは，天然に広く存在する遊離アミノ酸のひとつで，食品ではシジミに比較的多く含まれる。たんぱく質中には通常存在しないが，生体内では L-アルギニンから生合成される。また，肝臓での尿素生成を行うオルニチン回路においてアルギニン代謝の中間体として重要である。

*3　**イミダゾールジペプチド**　β-アラニンとヒスチジンの誘導体がペプチド結合したジペプチドのことである。カルノシンは，β-アラニンにヒスチジンが結合したもの，アンセリンはβ-アラニンに1-メチルヒスチジンが結合したもの，バレニンはβ-アラニンに3-メチルヒスチジンが結合したものである。これらは，遊泳能力の高い魚種の普通筋に多く含まれることから，魚類の筋肉で急激な運動時のpH低下を抑制する緩衝物質として機能していると考えられている。

*4　**ベタイン（グリシンベタイン，トリメチルグリシン）**　ベタインは，魚介類（たこ，えび，貝類など）に含まれる甘味に関連するアミノ酸の *N*-トリアルキル置換体である。砂糖大根や麦芽，きのこ類，ワインなどにも含まれ，食品添加物（調味料）としても使用が認められている。生体内ではコリンの主な代謝産物として存在し，ホモシステインからメチオニンへの変換に関与する。

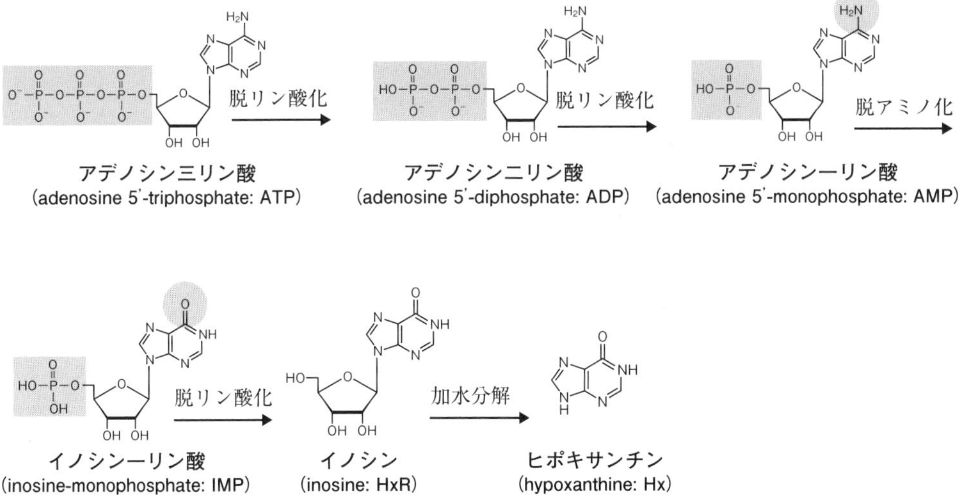

脱リン酸化　脱リン酸化　脱アミノ化

アデノシン三リン酸
(adenosine 5'-triphosphate: ATP)

アデノシン二リン酸
(adenosine 5'-diphosphate: ADP)

アデノシン一リン酸
(adenosine 5'-monophosphate: AMP)

脱リン酸化　加水分解

イノシン一リン酸
(inosine-monophosphate: IMP)

イノシン
(inosine: HxR)

ヒポキサンチン
(hypoxanthine: Hx)

図 3.19　ATP からヒポキサンチンへの分解経路

レアチン，クレアチニン，オクトピンなどである。休息筋中では，アルギニンとクレアチンの大部分はリン酸と結合した状態で存在し，高エネルギーリン酸の貯蔵と供給を行っている。

⑥ トリメチルアミンオキシド

トリメチルアミンオキシド(trimethylamine oxide, **TMAO**)は，海産魚介類の筋肉に多く含まれ，甘みを有する化合物である。TMAO は，魚介類の死後，主に細菌由来の酵素によって **TMA (トリメチルアミン)** に還元され，生臭さの原因となる。また，魚介類を高温で加熱すると，下記の化学反応式で示すように，TMAO はジメチルアミンとホルムアルデヒドに分解される。**ホルムアルデヒド**は，マグロの青肉発生の原因物質であり，食品加工上，しばしば問題となっている。

$$(CH_3)_3NO \rightarrow (CH_3)_2NH + HCHO$$

TMAO　　ジメチルアミン　ホルムアルデヒド

⑦ 尿　　素

さめやえいなどの軟骨魚類は，筋肉にきわめて多量の**尿素**(H_2NCONH_2)を蓄積している。さめやえい肉から強烈なアンモニア臭がするのは，細菌由来のウレアーゼが尿素を分解し，アンモニアが生成するためである。

⑧ 有機酸

魚介類の筋肉中には，種々の有機酸が検出されるが，その中で，解糖反応で蓄積される魚肉の**乳酸**，貝類の**コハク酸**は，呈味成分として重要である。

$$(CH_3)CH(OH)COOH \qquad HOOC(CH_2)_2COOH$$

乳酸　　コハク酸

2) 色素成分

魚類の筋肉の赤色は主に筋細胞内の**ミオグロビン***によるが，魚種や部位によってはヘモグロビン*も色調に影響を及ぼしている。

＊ミオグロビン・ヘモグロビン
どちらも色素部分のヘムと，たんぱく質のグロビンから構成される色素たんぱく質である。
ヘムは，プロトポルフィリンのⅡ価鉄錯塩で，酸素分子と可逆的に結合する。ミオグロビンは分子量が約 17,000 で，ヘモグロビンは基本的にミオグロビンを4分子会合した構成になっており，分子量は約 68,000 である。酸素が結合したミオグロビンはオキシミオグロビンといい，鮮紅色を呈する。一方，酸素が解離した状態のミオグロビンをデオキシミオグロビンといい，暗赤色を呈する。

貝類，えび・かに類，いか・たこ類は，青色の色素たんぱく質の**ヘモシアニン**をもっている。ヘモシアニンは，銅を含み，酸素と結合すると青色，酸素が結合していないと無色である。漁獲直後，いかやかにの体液は，酸素欠乏状態のため無色だが，空気中の酸素と徐々に結合し，しだいに青味を帯びてくる。

魚介類の体表には，種々のカロテノイドが存在し，体色発現に重要な役割を果たしている。代表的なものに，橙色の**β-カロテン**，その誘導体である赤色の**アスタキサンチン**，黄色の**ルテイン**と**ゼアキサンチン**がある(図 3.20)。まだいの体表には，アスタキサンチンのほか，黄色のカロテノイドが存在する。さけ・ますの筋肉色は，主にアスタキサンチンに由来する。一方，甲殻類の殻も赤色のアスタキサンチンが主成分だが，実際はさまざまな色(緑，青，紫など)を呈している。それは，アスタキサンチンの一部がたんぱく質と結合しているためである。えび・かに類をゆでると赤くなるのは，たんぱく質が変性し，本来のアスタキサンチンの色調が現れることによる。

メラニンは，生物界に広く存在する褐色ないし黒色の色素であり，チロシンを出発物質として生合成される。体表のメラニンは，過剰な光線を吸収する役割を果たしているとされる。したがって，元来比較的深いところに生息しているまだいを浅所で養殖すると，生体を守るために多量のメラニンが皮膚で生合成される。天然まだいに比べて養殖まだいが黒いのは，このためである。メラニンは，いか・たこ類の墨汁にも多く含まれる。また，いか・たこ類の皮膚には，メラニンによく似た赤褐色のオモクロムという色素がある。

β-カロテン
アスタキサンチン
ルテイン
ゼアキサンチン

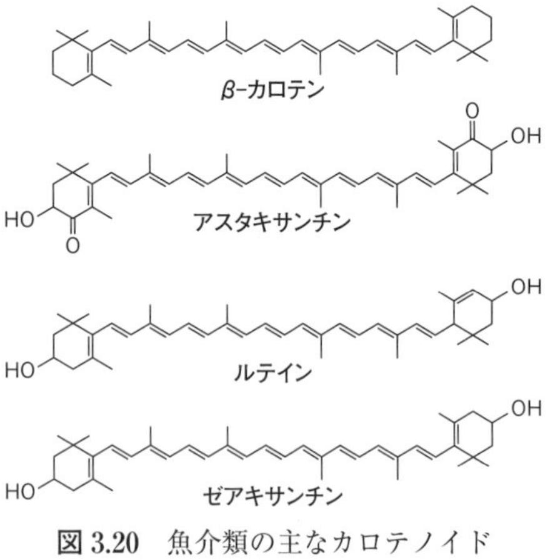

図 3.20　魚介類の主なカロテノイド

3) 臭気成分

海水産魚類は，漁獲後時間が経つにつれて強い臭気を発するようになる。これら臭気の主体はアミン類で，鮮度低下による生臭さは，**TMAO** から生成される TMA やジメチルアミン(DMA)によるところが大きい。また，さめやえいなどの軟骨魚類は，尿素や TMAO の含量が高いため，鮮度低下に伴い，強烈なアンモニア臭と TMA を発生しやすい。一方，淡水魚の生臭さは，環状アミンの**ピペリジン**による。

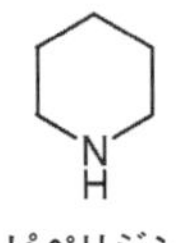

ピペリジン

あゆはエサの珪藻の匂いに似たキュウリやスイカ様の特異臭があり，その主体は，**ノナジエナール**(2-trans-6-cis-nonadienal)といわれる。

4) 毒性成分

魚の自然毒として最もよく知られているのは，ふぐ毒の**テトロドトキシン**である。これは，ふぐ毒中に見いだされた神経毒であり，ビブリオ科あるいはアルテロモナス科などの海洋細菌が産生する毒素である。神経や骨格筋のナトリウムチャンネルを閉塞し，活動電位を止めることが知られている。

サンゴ礁海域に生息する魚，あるいはそこでエサを食べる回遊魚が毒化して起こる食中毒を**シガテラ**という。主要毒素は**シガトキシン**であり，その起源は，海藻に付着生息する渦鞭毛藻である。

3.2.4 魚介類の死後変化と鮮度判定

(1) 死後変化

動物の死後，筋肉が硬直する現象を**死後硬直**という。筋肉が硬直に至るまでの時間は，魚の種類や，漁法など種々の条件により影響を受けるが，死後数分から数十時間で硬直し，その持続時間は5～22時間と，畜肉に比べて全体的に短い。

魚介類の死後，しばらの間は，筋肉中の**クレアチンリン酸**や**グリコーゲン**によってATP含量が維持されるが，やがてクレアチンリン酸やグリコーゲンが枯渇すると，ATP含量も著しく低下する。また，解糖系で生成した乳酸の蓄積などによる筋肉のpH低下，カルシウムイオンの筋小胞体からの漏(ろう)出により，アクチンとミオシンが結合して**アクトミオシン**となり，筋肉は収縮して硬直状態になる。ATPが消失する硬直完了期には，最も硬くなり，その後は時間の経過に伴って軟化する。この現象を**解硬**という。

新鮮な魚肉の切り身を冷水にさらすと，切り身が収縮して硬化する現象を“あらい”といい，日本料理の手法として知られている。これは，ATPとグリコーゲンの減少，筋肉の硬直化などがきわめて短時間で起こることによる。

(2) 鮮度判定法

魚介類の鮮度判定方法には，官能的方法，化学的方法，物理的方法，微生物学的方法がある。

1) 官能的方法

人間の感覚(視覚，味覚，嗅覚，聴覚，触覚の五感)によって性状を調べる方法である。検査項目によっては有用性がかなり高いが，正確な判断には，パネルの選定や評価基準の設定など十分な配慮が必要となる。

一般的な新鮮時の判定基準は，以下①～④などである。

① 体表にみずみずしい光沢があり，鱗がしっかりついている。

② 目に混濁がなく，血液の滲(しん)出が少ない。

③ エラが鮮やかな桃赤色をしている。

④ 腹部に腹切れがなく，内臓がしっかりしていて弾力がある。

2) 化学的方法

魚介類の筋肉では，生存時には存在しなかった種々の化学物質が生成され蓄積される。化学的方法は，これらの物質を指標とし，鮮度を判定する方法である。

① 揮発性塩基窒素量

鮮度低下に伴って生成される**揮発性塩基窒素**(volatile basic nitrogen，**VBN**)を定量し，鮮度判定を行う。魚肉では，一般的に5 ～ 10 mg/100 gはきわめて新鮮，30 ～ 40 mg%で初期腐敗，50 mg%以上が腐敗とされるが，さめ，えい類のように，元来筋肉中に多量の尿素やTMAOを含んでいるものは適用できない。海産魚の生臭さの主成分であるTMAは，生きている魚介類の筋肉にはほとんど存在せず，TMAOが細菌により還元されて生成される。

② K値

魚肉のATPは，鮮度低下に伴い，ATP→ADP→AMP→IMP→イノシン(HxR)→ヒポキサンチン(Hx)の経路で分解するが，これらATP関連化合物の総量はほぼ一定である。**K値**は，これらの総量に対する**HxR**と**Hx**の合計量の百分率として表される(**図3.19**参照)。K値では，魚肉の“生きのよさ”を数量的に表示することができる。K値が低いほど鮮度がよいとされ，魚種によって異なるが，即殺魚・活魚0 ～ 10 %，さしみは20 %以下が望ましいとされる。

$$\text{K値(\%)} = \frac{\text{HxR} + \text{Hx}}{\text{ATP} + \text{ADP} + \text{AMP} + \text{IMP} + \text{HxR} + \text{Hx}} \times 100$$

③ その他

一般に生きている魚の筋肉のpHは7.2 ～ 7.4であるが，魚の死後，解糖反応によりpHは低下し，最低値に達する。グリコーゲンが0.4 ～ 1.0 %と多い回遊性赤身魚では，最低pHが5.6 ～ 6.0と畜肉に近いが，底棲性白身魚はグリコーゲン含量が0.4 %と少ないため，最低pHも6.0 ～ 6.4の範囲であることが多い。魚肉のpHは，最低値に到達したのち，塩基性物質の生成により再び上昇する。

3) 物理的方法

物理学的な鮮度測定法には，魚体の硬さの測定，電気抵抗，魚肉圧搾液の粘度測定などがあるが，魚種による変動が大きく，これだけで鮮度を正確に判定することは難しい。

4）微生物学的方法

魚体表面やエラに付着している生菌数を測定することにより，食品の鮮度をある程度測定することができる。一般に，魚が初期腐敗した時の生菌数は，皮膚 1 cm^2 当たり 10^6 付近であり，10^7 ～ 10^8 になると腐敗臭を感じる。

3.2.5 主な魚介類とその加工品

(1) 海水産魚類

1）赤身魚

① いわし

図 3.21 まいわし

出所）国立研究開発法人水産研究・教育機構：広報誌 FRANEWS, vol.51（2017.7）

一般に，いわしとは，ニシン科の**まいわし**と**うるめいわし**，カタクチイワシ科の**かたくちいわし**のことをいう。まいわしは，体側に七つくらいの黒点が一列に並んでいるため，七つ星とも呼ばれる（**図 3.21**）。まいわしは，体長により，約 3 ～4 cm 以下をしらす，約 9 ～ 10 cm 以下を小羽，約 13 cm 以下を中羽，それ以上を大羽と分けて呼ぶことがある。

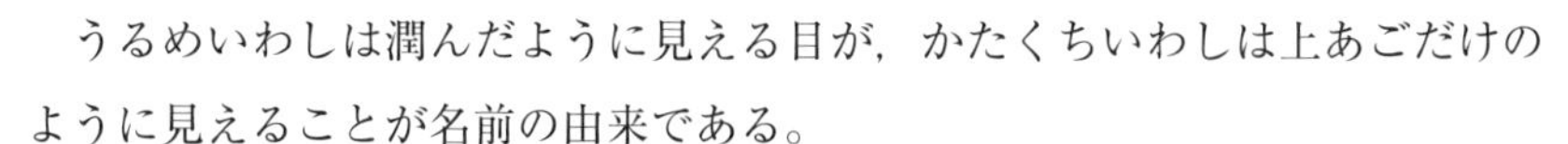

うるめいわしは潤んだように見える目が，かたくちいわしは上あごだけのように見えることが名前の由来である。

いわしを乾燥した加工品（丸干し，煮干し，田作り，めざし，たたみいわし[*1]）は多く，よく利用されている（204 ページ参照）。

また，いわしは，缶詰，油漬（オイルサーディン），かば焼きにも利用されている。

*1 **めざし** かたくちいわし（または小羽，中羽のまいわし）をそのまま食塩水に浸漬後，串か藁を片眼（または口）から下あごに通し，つり下げて乾燥したもの
たたみいわし かたくちいわし，まいわし等の小型の稚魚を簀（す）の上に四方形に漉（す）きあげ，そのまま乾燥したもの

② さ　ば

図 3.22 まさば

出所）農林水産省ホームページ：広報誌 aff "サバ缶" で食卓へ手軽に水産物を！（2020 年 8 月）

日本近海で漁獲されるのは**まさば**（図 3.22）と**ごまさば**（まるさば）である。秋になると脂がのって美味しいといわれているのはまさばで，ごまさばよりも脂質含量が多い。ごまさばは，腹部に多数のごまのような暗色点があるのが特徴である。また，近年は，北大西洋や地中海等に生息するたいせいようさば（ノルウェーさば）が輸入され，缶詰などの加工品として利用されている。

③ かつお

世界中の海に広く分布し，特に南方水域では一年中獲られている。腹側に濃青色のしまが入っているのが特徴である。かつおは用途が広く，刺身，タタキ，**節**[*2]，缶詰等に利用される。初がつお（春獲り）より，戻りがつお（秋獲り）の方が，脂溶性成分が多い。

*2 **節類** "なまり節" は，かつおを三枚下ろしにした片身または片身を背側と腹側に分けたもの（四つ割り）を煮熟したものである。"かつお節" は，なまり節を焙乾し（荒節），その表面を削って成形したもの（裸節）を乾燥し，かび付け，熟成させたものである。

④ まぐろ

大西洋，太平洋の主として北半球に生息している**くろまぐろ**（ほんまぐろ）は，まぐろ類の中でも最高級品とされる。**みなみまぐろ**（インドまぐろ）は，南半球

の高緯度海域を中心に分布しており，くろまぐろに次ぐ高級品とされる。**めばち**は，世界中の温帯から熱帯の海域に分布しており，目玉が大きくぱっちりしていることが名前の由来といわれる。これらは，主に刺身に利用されている。

きはだは，めばちとほぼ同じ海域に生息し。刺身と缶詰に利用されている。体色が黄色味がかっていることから黄肌まぐろと呼ばれる。また，**びんなが**は世界中の海に広く分布する小型のまぐろで，長い刀状の胸びれが特徴で油漬けの缶詰の原料になる。びんちょう，とんぼとも呼ばれる。

まぐろの「油漬」は，上記の砕肉を食塩と食用植物油とともに缶詰にしたものである。「ライト」はきはだを原料とし，「ホワイト」はびんながを原料とする。

⑤ ぶ　り

ぶりは，成長するに伴って呼称が変わる出世魚である(99ページ参照)。関東ではわかし，いなだ，わらさ，ぶり，関西ではつばす，はまち，めじろ，ぶりと変化する。食品成分表には，成魚のぶり(天然物)と，ぶりの若魚である“はまち”(養殖)に分けて収載されている(**図3.23**)。

2) 白身魚

① かれい・ひらめ

日本近海には20種ほどの食用となるかれい類が生息する。代表的な種は**まがれい**とまこがれいである。

ひらめは，九州以北の日本の大陸棚上に広く分布するヒラメ科の魚で，ひらめの口はかれい類に比べて大きく，全長80 cmになる。一般に「左ひらめ，右かれい」といわれるように，ひらめでは体の左側に目があるものが多く，かれい類では右側に目のあるものが多い(**図3.24**)。

② た　い

日本の近海には，タイ科の**まだい**[*]のほか，ちだい(はなだい)，きだい(れんこだい)，くろだい(ちぬ)の4種類が生息している。これらの中で，くろだい以外の3種は体表が赤く(アスタキサンチンによる)，素人では見分けにくい。一般に流通しているたいはほとんどがまだいだが，祝宴で供されるたいの尾頭つきの焼き物には約30 cmのサイズが適していることから，ちだいやきだいが使われ

＊**“たい”と名のつく魚**　タイ科ではないのにあまだい，いしだい，きんめだいのようにたいと名のつく魚はかなりの数にのぼるが，これはたいにあやかりたいということで命名されたものといわれている。まだいの養殖が盛んに行われているので，食品成分表には，天然魚と養殖魚が収載されている。まだいの旬は，花見の時期であり，この頃は表皮の赤色が増すことから，さくらだいとも呼ばれる。

図3.23　ぶり(成魚)

出所）国立研究開発法人水産研究・教育機構ホームページ：資源評価関連会議情報(2022年)

かれい

ひらめ

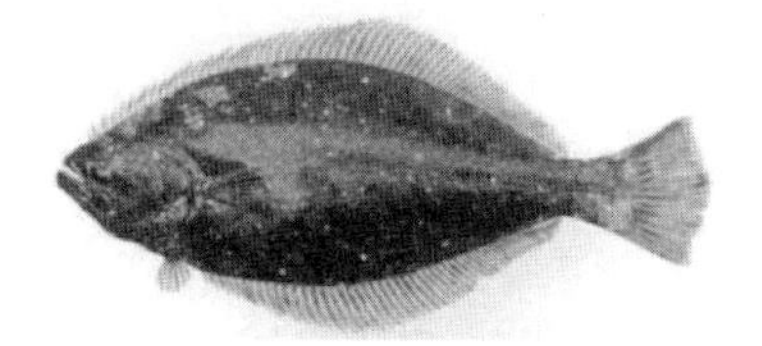

図3.24　かれいとひらめ

出所）図3.23と同じ

ることもある。

③ た　ら

すけとうだらと**まだら**がある。すけとうだらは，まだらに比べて小型で細長く，体長約 60 cm の魚である。冷凍すり身にして練り製品の原料になる。

“たらこ”は，すけとうだらの卵巣を食塩とともに漬け込んだもので，“からしめんたいこ”は，めんたいこ(すけそう卵)を唐辛子とともに熟成したものである。

まだらは，全長 1 m に達する大型魚である。“しらこ”は魚類の精巣を指す言葉であるが，まだらの“しらこ”は“きくこ”とも呼ばれる。“塩だら”は，まだらを下処理(内臓やえら等の除去)後，食塩とともに漬け込んだものである。“干しだら”は，まだらを下処理後に，そのまま乾燥したもので，“開きだら”ともいわれる。“でんぶ”は，ゆでたたらの身を，布巾で包み水でさらして絞り，鍋に入れて調味料を加え炒り上げたもので，“そぼろ”，“おぼろ”とも呼ばれる。

(2) 遡・降河魚類

1)　さけ・ます類

サケ科には，**しろさけ**，からふとます，ぎんざけ(ぎんます)，さくらます(ます)，にじます，べにざけ，**ますのすけ***(キングサーモン)，たいせいようさけ(**アトランティックサーモン**)などがある。一般にさけは，しろさけを指すことが多い。

＊**ますのすけ**　ますのすけは，サケ科の中では最も大型の魚種であり，キングサーモンとも呼ばれ，北米に多く分布し，日本には少数の迷込み遡上があるだけである。

べにざけは，北太平洋に分布するが，日本近海に回遊することはまれで，さけ・ます類の中で最も肉色が紅色になる。さけの体色は，たいと同じカロテノイドの**アスタキサンチン**による。

さけを 20 ℃で数時間くん煙したものが，スモークサーモンとして市販されている。また，イクラは，さけあるいはますの卵粒を網目を通して分離後，塩蔵したものである。卵粒を分離せずに卵膜のついたまま塩蔵したものが“すじこ”で，“めふん”は腎臓の塩辛である。にじます(サーモントラウト)は，人工孵(ふ)化が容易で広く養殖されている。

(3) 淡水産魚類

1)　あ　ゆ

あゆは，日本全国の河川に広く分布しており，岐阜県の長良川，滋賀県の琵琶湖，和歌山県の熊野川，紀ノ川，高知県の四万十川などは天然あゆの産地として知られている。あゆは，特有の芳香をもつことから**香魚**とも呼ばれる。この香りは，エサである珪(けい)藻類による。食品成分表には，河川で成長した天然ものと，人工飼料により養殖された養殖ものに分けて収載されている。**うるか**は，あゆの卵巣，精巣，内臓等の塩辛である。

2) うなぎ

にほんうなぎは，日本の河川や河口付近で生活しているが，産卵期になると，約2,000 km離れたマリアナ諸島付近の海域で産卵する。現在，日本で食べられているうなぎは，養殖ものが中心で，天然ものはごくわずかである。国内での流通の養殖ものは，ほとんどがにほんうなぎである。「白焼き」は，養殖うなぎを開きにし，たれを付けずにそのまま串焼きにしたものである。「かば焼き」は，白焼きにしょうゆ，砂糖等からなる調味液を塗布して焼き上げたものである。

(4) その他の魚介類

1) 貝　類

巻貝はあわび，さざえ，つぶなど，二枚貝にはあさり，いがい(ムール貝)，かき，しじみ，はまぐり，ほたてがいなどがある。貝類には，**グリコーゲン**，微量ミネラル(**鉄**，**銅**，**亜鉛**，マンガンなど)，**ビタミン** $\mathbf{B_{12}}$[*1]，**タウリン**[*2]が多い(**表3.6**，**表3.7**)。

日本で流通しているカキのほとんどは，**まがき**を養殖したものである。かきの旬は冬といわれるが，これは秋から春にかけてグリコーゲン含量が増えるためで，産卵は夏である。かきは亜鉛含量が特に多い(**表3.6**)。まがき養殖の採苗では，かきやほたてがいの貝殻が多く使われる。**しじみ**は，淡水または汽水産で，やまとしじみ等がある。昔からしじみには肝機能改善効果があるといわれているが，**オルニチン**やビタミン B_{12} が多いためと考えられる。また，ほたてがいは，北海道など北日本に生息し，発達した貝柱を可食部とする。生食，焼き，煮干し，水煮缶詰めなど用途は広い。

2) えび・かに類

甲殻類で，殻は主として不溶性食物繊維の**キチン**からなる。どちらも微量ミネラルの亜鉛と銅を多く含む(**表3.6**)。

えびには，あまえび，いせえび，くるまえび，さくらえび，しばえび，ばなめいえび，ブラックタイガーなどがある。

あまえびの標準和名はほっこくあかえびであり，近年，大量に市販されているものは北欧産のものである。さくらえびのほとんどは，素干し，煮干し品として流通している。バナメイエビは密殖に強いため，ブラックタイガー(うしえび)に代わり，東南アジアで養殖量が多くなっている。国内では主に無頭のものが冷凍で流通している。

かには，がざみ，毛がに，**ずわいがに**，**たらばがに**などがある。がざみは，わたりがにともいわれる。毛がには，生きたまま，あるいはゆでた状態のものが流通している。ずわいがには，松葉がに，越前がになどのブランド名(99ページ)もあり，近縁種にべにずわいがにがある。生のもののほか煮熟冷凍の

*1　**ビタミン B_{12}(シアノコバラミン)**　ビタミン B_{12} は，葉酸とともに造血において重要な役割を果たしている水溶性ビタミンの1つである。また，葉酸やビタミン B_6 とともに，動脈硬化の危険因子とされているホモシステインの血中濃度を正常に保つはたらきがある。

*2　**タウリン(2-アミノエタンスルホン酸)**　たんぱく質が分解される過程でできるアミノ酸に似た物質である。魚介類や軟体動物に多く含まれ，消化管内でコレステロールの吸収を抑えるはたらきなどをもつ。
人間には体重の0.1％のタウリンがあるといわれ，心臓・肺・肝臓・脳・骨髄などのさまざまな臓器や組織に広く含まれていることから，生命の維持に必要な成分と考えられている。タウリンは，胆汁酸と結びつくことでコレステロールを減らす作用がある。

ものが，広く出回っている。たらばがには，やどかり類に属する大型のかにで，近縁にはなさきがにがある（図 3.25）。

3） いか・たこ類

どちらも軟体動物であり，**コレステロール**，**タウリン**，**ベタイン**が多いことが特徴である。

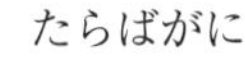

図 3.25 ずわいがにとたらばがに

出所）ずわいがに：国立研究開発法人水産研究・教育機構ホームページ：資源評価関連会議情報（2022 年）
たらばがに：社団法人日本水産資源保護協会：我が国の水産業かに

いか類には，けんさきいか，こういか，するめいか，ほたるいか，やりいかなどがある。“するめ”は，主としてするめいか，けんさきいか，やりいか等の内臓を除去した後，乾燥したものである。

たこ類には，いいだこ，まだこ，**みずだこ**などがある。いいだこは，小型のたこで，内臓を含むままで食用に供せられる。まだこは，国産のほか海外からの輸入品も大量に流通しており，近縁のみずだこも同様に利用されている。

（5）加工食品の種類

魚介類は，畜肉に比べ筋肉組織が脆弱で，高度不飽和脂肪酸が多いため，鮮度が低下しやすい。また，日本近海には多獲性の回遊魚類（いわし・さんま・さば・あじ）が多く生息しているため，古くから保存性の高い水産加工品開発が行われてきた。主な加工品の種類を以下に示す。

1） 乾燥品

魚介類を自然乾燥または熱風乾燥したもので，素干し（するめ，干しだら，たたみいわし，田作り，**ふかひれ**[*1]など），煮干し（しらす干し，煮干しいわし（いりこ），干しえび，干しあわび等），**塩干し**[*2]（塩いわし，めざし，**くさや**[*3]など），節類（かつお節，さば節など）などがある（204 ページ）。

2） 練り製品

水産練り製品は，かまぼこ（103，197 ページ参照），はんぺん，ちくわ，だて巻，つみれ，さつま揚げ，魚肉ハム，魚肉ソーセージがある。原料に**冷凍すり身**[*4]が使用される。

3） 塩蔵品

魚介類を塩漬けし，保存性を高めたものである。新巻（あらまき）さけ，塩さば，塩蔵かたくちいわし（アンチョビー），魚卵の塩蔵品等がある。

よく利用されている魚卵には，たらこ，イクラ・すじこ，**かずのこ**[*5]，**からすみ**[*6]，**キャビア**[*7]等がある（198 ページ参照）。

*1 **ふかひれ** ふかひれは，さめの胸びれ，背びれ，尾びれなどの素干し品である。

*2 **塩干し** 原料を適宜に調理し，塩漬けしてから乾燥させたものであり，原料に塩を直接ふりかける“撒（ま）き塩漬け”と，食塩水に漬け込む“立て塩漬け”がある。

*3 **くさや** あじ類のひとつであるむろあじなどを開いた魚体をくさや汁（魚体からしみ出たエキス分，油分とともに長年熟成させた塩水で，くり返し使用される）に浸漬した後，干したものである。

*4 **冷凍すり身** すけとうだらなどの魚肉のすり身に，冷凍変性防止剤（スクロースやソルビトールなど）を添加して冷凍耐性を高めたものである。

*5 **かずのこ** にしんの卵巣であり，流通量の大部分が輸入品である。

*6 **からすみ** ぼらの卵巣を塩漬けにした後，塩抜きして乾燥したものである。

*7 **キャビア** ちょうざめの卵を塩蔵したものである。

4） 発酵食品

① 塩　辛

塩辛は，魚介類の筋肉や内臓等に食塩を加えて腐敗を抑制しながら，自己消化酵素や微生物由来の酵素によって熟成させたものである。いかの塩辛，酒盗（かつお内臓の塩辛），うるか（あゆの卵巣，精巣，内臓の塩辛），うに（生殖腺）の塩辛，このわた（ナマコの腸の塩辛），さけ・ますの腎臓（めふん）の塩辛等がよく知られている。

② 魚醤油

魚介類を塩蔵し，長期間にわたって熟成されたもので，はたはた，まいわし，いかなご，かたくちいわし，さば，あみ，いか等である。食品成分表の調味料および香辛料類の魚しょうゆには，香川県の“いかなごしょうゆ”，石川県の“**いしる**（いしり）”，秋田県の“**しょっつる**”，タイの“**ナンプラー**”が収載されている。

③ すし・漬け物

塩蔵品を塩抜きして米ぬか，米飯，麹，酒かす等に漬けて発酵させ，特有の風味を付与したものである。ふな鮨，さばなれ鮨，はたはた鮨，ぬか漬け，かす漬け等がある。

5） くん製品

くん煙温度によって冷くん法，温くん法などに分けられる。さけ，ます，

コラム 8　変化する日本の魚食文化

1990年頃，魚介類で人気があったのは，いか，えび，まぐろだったが，最近は，切り身で売られることの多いさけ，まぐろおよびぶりが上位を占めるようになった。この背景には，冷蔵・流通技術の発達，調理しやすい形態で購入できる魚種の需要の高まり（簡便化志向），ノルウェーやチリでさけの海面養殖が盛んになり，生食用サーモン（さけ）の供給が増加したことなどが考えられる。

現在，日本人が好きな寿司ネタの第1位はサーモンで，そのほとんどはアトランティックサーモンなどの外来種の輸入品である。日本は周囲を海で囲まれた島国で，古くからさまざまな魚食文化が受け継がれてきた。日本の伝統的な魚食文化は，グローバル化により日本から海外へ発信され，その国の食文化と融合し，形に変えて世界中に広がっている。このサーモン寿司ネタもそのひとつであろう。

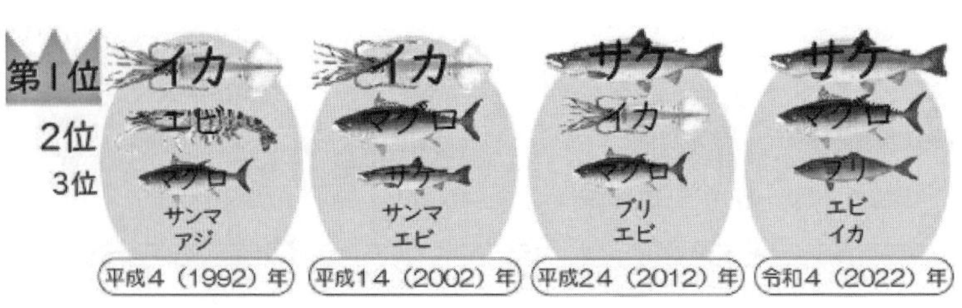

図　日本人がよく食べる生鮮魚介類の変化

資料：総務省「家計調査」に基づき水産庁で作成

にしん，たら，ほっけ，いか，たこ，ほたて貝柱等がよく利用される。

3.3　乳　　類

3.3.1　乳類の種類と乳の性状

乳は，哺乳動物の母体の乳腺から分泌され，その子どもの成長に必要なすべての栄養素を含んでいる。乳汁の成分組成は動物種により大きく異なり，それぞれの動物の子どもに成長に適した栄養素がバランスよく含んでいる。

日本で乳用種として飼育されている約 99 %が**ホルスタイン種**で，乳脂肪率は約 3.8 %前後である。次いで，淡い褐色で乳牛の中では小型なジャージー種で，ホルスタインに比べて乳量は少ないが，乳脂肪分（約 5 %）が高い。また，ブラウンスイス種はスイス原産であり，黒褐色で体は大型で，乳脂肪分は約 4 %でたんぱく質の含有量も高いため，バターやチーズの加工に適している。この章では，主にホルスタイン種について述べる。

3.3.2　乳類の成分と変化

牛乳の組成は，水分（86 ～ 88 %）と乳固形分（12 ～ 14 %）に分けられ，乳固形分は，**乳脂肪分**と**無脂乳固形分**に分けられる。乳脂肪分は脂質および脂溶性ビタミンで形成され，無脂乳固形分はたんぱく質や糖質，水溶性ビタミン，ミネラルなどで形成されている（**図 3.26**）。

人乳と牛乳を比較すると，人乳は乳糖やラクトースなどの炭水化物が多く，牛乳はたんぱく質や灰分やミネラルが多い。牛は短期間で生体になる必要があり，ヒトは体の成長速度に対して脳の発達速度が速いため，各々の乳の組成が異なる（**表 3.8**）。

(1)　たんぱく質

牛乳には 3 %のたんぱく質が含まれ，その約 80%が**カゼイン**で，それ以外のたんぱく質が**乳清**（**ホエー**：whey）である（**図 3.26**）。アレルゲンたんぱく質として代表的なものに，カゼインと乳清たんぱく質中の β-ラクトグロブリンがある。

1)　カゼイン

カゼインは，α_{S1}-，α_{S2}-，β-，κ（カッパ）-カゼインの 4 種類でサブミセルを形成し，さらにリン酸カルシウム複合体（リン酸カルシウムクラスター）と結合して，カゼインミセル（平均 100 ～ 200 nm）を形成している。α_S-，β-カゼインは疎水性アミノ残基が多く，κ-カゼインは疎水性のパラ-κ-カゼインと親水性のグリコマクロペプチドを含有する（**図 3.28**）。グリコマクロペプチドは，pH7 付近で負の電荷が多く，その電気的反発によりカゼインミセル同士の凝集や沈殿が抑制される。このようにカゼインミセルは，牛乳中でコロイド粒子として，脂肪球とともに分散している。牛乳が白いのは，コロイド粒子

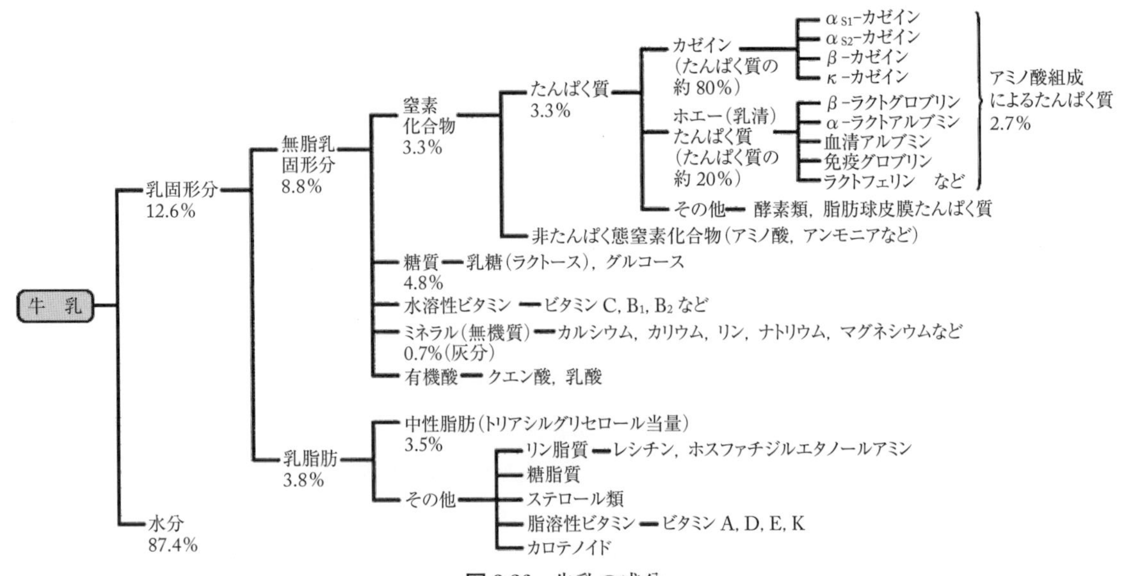

図 3.26　牛乳の成分

出所）松崎弘美：乳類，食べ物と健康　食品の科学（太田英明，白土英樹，古庄律編）（改訂第 3 版），266，南江堂（2022）より許諾を得て転載

表 3.8　牛の生乳および人乳，調製粉乳の栄養成分

（可食部 100 g あたり）

食品名	エネルギー		水　分	たんぱく質		脂　質			利用可能炭水化物（単糖当量）
				アミノ酸組成によるたんぱく質	たんぱく質	脂肪酸のトリアシルグリセロール当量	コレステロール	脂質	
	kJ	kcal	g	g	g	g	mg	g	g
生乳　ジャージー種	322	77	85.5	3.5	3.9	5.0	17	5.2	4.7
生乳　ホルスタイン種	263	63	87.7	2.8	3.2	3.8	12	3.7	4.7
人　乳	255	61	88.0	0.8	1.1	3.6	15	3.5	(6.7)
乳児用液体ミルク	278	66	87.6	—	1.5	—	11	3.6	—

食品名	灰分	ミネラル（無機質）						
		ナトリウム	カリウム	カルシウム	マグネシウム	リン	鉄	亜　鉛
		Na	K	Ca	Mg	P	Fe	Zn
	g	mg	mg	mg	mg	mg	mg	mg
生乳　ジャージー種	0.7	58	140	140	13	110	0.1	0.4
生乳　ホルスタイン種	0.7	40	140	110	10	91	Tr	0.4
人　乳	0.2	15	48	27	3	14	0.04	0.3
乳児用液体ミルク	0.3	—	81	45	5	29	0.6	0.4

Tr（トレース）：微量，（　）：推定値
出所）文部科学省科学技術・学術審議会資源調査分科会：日本食品標準成分表 2023 年版（八訂）増補を参考に筆者作成

が光に拡散反射されるからである。カゼインに含有されるアレルギー性を有するたんぱく質は，主にα_{-S1}カゼインであり，強いアレルゲン反応を引き起こす。

・**pH によるカゼインの変化**　牛乳の pH は 6.6 付近であり，その牛乳に乳酸菌を添加すると，乳酸菌が産生する乳酸により，pH が 4.6 まで低下する。pH 低下に伴って電荷が等しくなり(等電点)，カゼインミセルの凝集が起こりゲル化される。このゲル化の性質を利用してヨーグルトが製造される。

- **酵素処理によるカゼインの変化**　牛乳に凝乳酵素(レンネット，または**キモシン**[*1])を添加すると，カゼインミセルのκ-カゼインが，疎水性のパラ-κ-カゼインと親水性のペプチドに分解され，カゼインミセルを保つことができなくなり，カゼインが凝固(カード)される。この凝固性を利用してチーズが製造される。

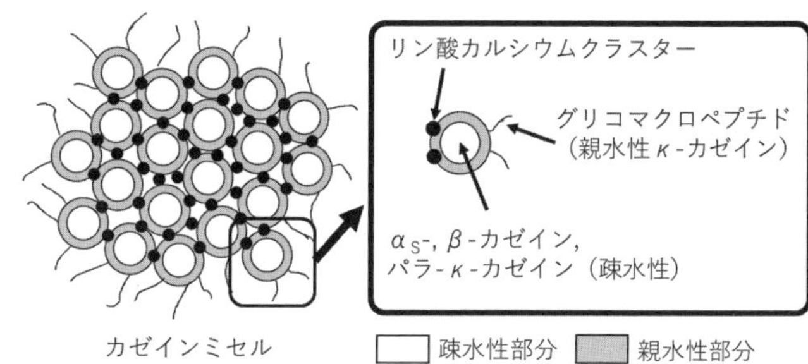

図 3.27　カゼインミセルの構造

出所）栢野新市，水品善之，小西洋太郎：食品学Ⅱ　食べ物と健康食品の分類と特性，加工を学ぶ(改訂第 2 版)，栄養科学イラストレイテッド，120，羊土社(2021)をもとに著者作成
太田英明，白土英樹，古庄律：食べ物と健康食品の科学(改訂第 3 版)，健康・栄養科学シリーズ，125，南江堂(2022)をもとに筆者作成

2)　乳清（ホエー）

乳清は牛乳たんぱく質の約 20 %を含有し，そのうち約 50 %が**β-ラクトグロブリン**であり，約 20 %がα-ラクトアルブミンである。そのほかに血清アルブミン，免疫グロブリン，ラクトフェリンなどが含まれる(**表 3.9-ab**)。β-ラクトグロブリンは，レチノールと強固に結合し，小腸のビタミン A の吸収に関与すると考えられている。また，人乳中には存在しないため，牛乳アレルギーのアレルゲンである。α-ラクトアルブミンは，ラクトースの合成に必須な成分である。ラクトフェリンは，鉄と結合する糖たんぱく質であり，鉄要求性細菌の生育を抑制するとともに，免疫調節作用を示す。

*1　**キモシンの作用機序**　キモシンは，κ-カゼインの 105 番目のフェニルアラニンと 106 番目のメチオニンとのペプチド結合を切断するため，親水性部分であるグリコマクロペプチドが遊離し，カルシウム反応性のパラ-κ-カゼインとなる。その結果，カゼインミセル全体が疎水結合およびカルシウムを介したイオン結合により凝固し，カードが生成される。

(2) 脂　　質

牛乳中に 3.8 %含有される脂質のうち，約 98 %がトリアシルグリセロールであり，また複合脂質(リン脂質，糖脂質)，コレステロール，脂溶性ビタミンを含有している。この脂質の約 95 %が脂肪球(milk fat globule : MFG 平均直径 3.4 μm)で存在し，リン脂質などで構成された脂肪球膜(milk fat globule membrane : MFGM)で覆われている。脂肪球は，**水中油滴型**[*2](O/W)エマルションとして乳汁に分散している。リン脂質は，**ホスファチジルコリン(レシチン)**や**ホスファチジルエタノール(ケファリン)**などで，脂肪球を包む膜や脂肪球皮膜に存在し，乳化剤としてエマルションの安定に寄与している。

*2　**水中油滴型(O/W)**　→ 128 ページ側注参照。

牛乳と人乳の脂質を構成する脂肪酸を**表 3.10，3.11** に示す。牛乳は，パルミチン酸，ステアリン酸，ミリスチン酸などの飽和脂肪酸が約 70 %であり，残り約 30 %はオレイン酸やリノール酸などの不飽和脂肪酸である。また酪酸やカプロン酸などの短鎖脂肪酸が含まれ，これらの脂肪酸は揮発性が高く，牛乳や乳製品などの風味に関与している。牛乳の脂肪酸組成は，品種や個体，

表 3.9-a　牛乳中に含まれる主要たんぱく質

たんぱく質	牛乳中(%)	分子量(× 10^3)	性　質
カゼイン	2.6 ～ 2.8		
α_{s1}-カゼイン	1.2 ～ 1.5	24	カルシウムの共存下で容易に沈殿する。199 個のアミノ酸からなり，8 個のセリンがリン酸化されている。
α_{s2}-カゼイン	0.3 ～ 0.4	25	207 個のアミノ酸からなる。カゼイン中，親水性が最も高い。
β-カゼイン	0.8 ～ 1.0	24	疎水性アミノ酸含量が多く，209 個のアミノ酸からなる。
β-カゼインファミリー	0.1 ～ 0.2		β-カゼインのプラスミン(血中に存在するエンドプロテアーゼ)分解物である。
κ-カゼイン	0.2 ～ 0.4	19	カゼインミセルの表面に存在。カゼイン中，唯一の糖たんぱく質である。
乳清たんぱく質	0.4 ～ 0.7		
α-ラクトアルブミン	0.06 ～ 0.17	14	分子内に 4 個のジスルフィド結合をもつ。ラクトース合成に不可欠である。
β-ラクトグロブリン	0.2 ～ 0.4	18	ビタミン A と強く結合する。人乳には存在しない。
牛血清アルブミン	0.01 ～ 0.04	66	血清中の主要たんぱく質である。
ラクトフェリン	0.002 ～ 0.02	78	鉄分子 2 個と結合している。
IgG_1	0.03 ～ 0.06	160	大部分は血液から移行する。
IgG_2	0.005 ～ 0.01	150	
IgA	0.005 ～ 0.015	900	
IgM	0.005 ～ 0.01	1,000	

出所）大谷元：乳，タンパク質の科学(鈴木敦士，渡部終五，中川弘毅編)，食品成分シリーズ，48，朝倉書店(1998)を一部改変の上筆者作成

表 3.9-b　牛乳および人乳の主要ホエー(乳清)たんぱく質の種類と乳中の含量(g/kg)

たんぱく質	牛　乳	人　乳
全ホエーたんぱく質	4 ～ 7	3 ～ 8
α-ラクトアルブミン	0.6 ～ 1.7	1.5
β-ラクトグロブリン	2 ～ 4	0
血清アルブミン	0.1 ～ 0.4	0.3 ～ 0.5
ラクトフェリン	0.02 ～ 0.2(初乳：1)	2 ～ 4(初乳：6 ～ 8)
免疫グロブリン		
IgG	0.72(初乳：32 ～ 212)	0.03 ～ 0.04(初乳：0.43)
IgG_1	0.6(初乳：20 ～ 200)	
IgG_2	0.12(初乳：12)	
sIgA	0.13(初乳：3.5)	1(初乳：17.35)
IgM	0.03 ～ 0.04(初乳：8.7)	0.1(初乳：1.59)

出所）大谷元：ホエータンパク質の種類と特性，動物資源利用学(伊藤敞敏，渡邊乾二，伊藤良編)，24，文永堂出版(1998)

飼料，季節などの影響を受けるため一定でない。一方，人乳には不飽和脂肪酸が約 57 %であり，短鎖脂肪酸を含まない。

(3) 炭水化物（糖質）

牛乳には 4.8 %の糖質が含まれ，その 99 %がラクトース(乳糖)である。またグルコースやガラクトースを含有している。ラクトース(D-グルコースと D-ガラクトースが β-1.4 グリコシド結合した二糖類)は，小腸の膜消化酵素であるラクターゼ(β-ガラクトシダーゼ)により加水分解され，体内に吸収される。ラクターゼ活性は乳幼児で高く，成長に伴い低下する。ラクターゼ活性が低いと，ラクトースが消化管下部に停滞し，腹痛や下痢など**乳糖不耐症**(低ラクターゼ症)を起こす。日本人の成人の約 2 割が乳糖不耐症であり，牛乳中のラクトースをラクターゼ処理して分解した乳糖分解乳(低乳糖牛乳)が市販されている。

(4) ミネラル・ビタミン

牛乳にはミネラル(灰分相当量)が 0.7 %含有され，カルシウムやリン，カリ

ウム，ナトリウム，マグネシウムなどが多く含まれるが，鉄は微量である。牛乳中のカルシウムの約 30 %(可溶性)が遊離もしくはリン酸などと結合し，約 70 %(不溶性)がカゼインミセルとして存在している。カルシウムとリンの割合が 1：1 の場合，カルシウムの体内利用率が高い。牛乳(普通牛乳) 100 g 中には，カルシウム 110 mg，リン 93 mg 含有されており，バランスのとれた食品である。牛乳カルシウムの吸収率がよいのは，カゼイン分解物である**カゼインホスホペプチド**[*1](CPP)が，カルシウムと他のイオンとの結合を抑え，吸収を助ける働きをするためである。

(5) ビタミン

牛乳中の脂溶性ビタミン(A，E，D，K)は脂肪球に，水溶性ビタミンは乳清に存在しており，特にビタミン A と B_2 が多く含まれる。牛乳の加熱殺菌により，熱に弱いビタミンは分解もしくは減少する。そのため，ビタミン C などは，市販牛乳にほとんど残存していない。

表 3.10　生乳と人乳の脂肪酸の比較

(脂肪酸総量 100 g あたり)

脂肪酸	生乳* ホルスタイン種	人　乳
飽和脂肪酸	66.1	38.2
一価不飽和脂肪酸	29.7	44.1
多価不飽和脂肪酸	4.2	17.8
n-3 系多価不飽和脂肪酸	0.5	2.7
n-6 系多価不飽和脂肪酸	3.7	15.1

＊ホルスタイン種の生乳

出所）文部科学省科学技術・学術審議会資源調査分科会：日本食品標準成分表 2023 年版(八訂)増補脂肪酸成分表編をもとに筆者作成

表 3.11　生乳と人乳の各種脂肪酸の比較

(脂肪酸総量 100 g あたり)

脂肪酸	記　号	生乳* ホルスタイン種	人　乳
酪酸	4:0	2.0	0
ヘキサン酸	6:0	1.3	0
オクタン酸	8:0	0.8	0.1
デカン酸	10:0	1.7	1.1
ラウリン酸	12:0	2.1	4.8
ミリスチン酸	14:0	9.1	5.2
ペンタデカン酸	15:0	1.1	0
パルミチン酸	16:0	32.6	21.2
ヘプタデカン酸	17:0	0.7	0
ステアリン酸	18:0	13.2	5.4
パルミトレイン酸	16:1	1.6	2.3
オレイン酸	18:1(*n*-9)	26.7	40.9
リノール酸	18:2(*n*-6)	3.2	14.1
アラキドン酸	20:4(*n*-6)	0.2	0.4
イコサペンタエン酸	20:5(*n*-3)	Tr	0.2
ドコサペンタエン酸	22:5(*n*-3)	0.1	0.2
ドコサヘキサエン酸	22:6(*n*-3)	0	0.9

＊ホルスタイン種の生乳

出所）表 3.10 に同じ

3.3.3　牛乳・乳製品

牛乳(生乳)から作製される種々の乳製品(**図 3.28**)は，「乳及び乳製品の成分規格等に関する命令(**乳等命令**[*2])」により，その種類，成分，製造法および保存法などの基準が定められている。

(1) 飲用乳

乳等命令において「乳」とは，「生乳，牛乳，特別牛乳，生山羊乳，殺菌山羊乳，生めん羊乳，生水牛乳，成分調整牛乳，低脂肪牛乳，無脂肪牛乳及び加工乳をいう。」と定義されている。飲用乳として牛乳，特別牛乳，成分調整牛乳，低脂肪牛乳，無脂肪牛乳，加工乳および乳飲料の 7 種類について，成分規格を**表 3.12** に示す。

1) 牛乳 (milk)

牛乳は搾乳して成分無調整で，生乳または脂肪球の**均質化**(**ホモジナイズ**)してから加熱殺菌し，容器に充填したものである。成分の調整が行われないが，無乳固形分 8.0 %，乳脂肪分 3.0 %以上含有するもので，また加熱殺菌については，「保持式により 63 ℃，30 分以上加熱殺菌するか，またこれと同等以上の殺菌効果を有する方法で加熱殺菌すること」と**乳等命令**で定められて

＊1　**カゼインホスホペプチド (CPP)**　カゼインの分解物で，リン残基を多く含むペプチドであるため，Ca と相互作用しやすく，不溶性塩の形成を防ぎ，Ca の吸収性を高める機能がある。

＊2　**乳等命令(乳等省令)**　2024(令和 6)年 4 月 1 日より，食品衛生基準行政に係る権限が厚生労働大臣から内閣総理大臣(消費者庁)に移管され，規定の整備の一環として，「乳及び乳製品の成分規格等に関する省令」が「乳及び乳製品の成分規格等に関する命令」になり，乳等省令は乳等命令に変更された。

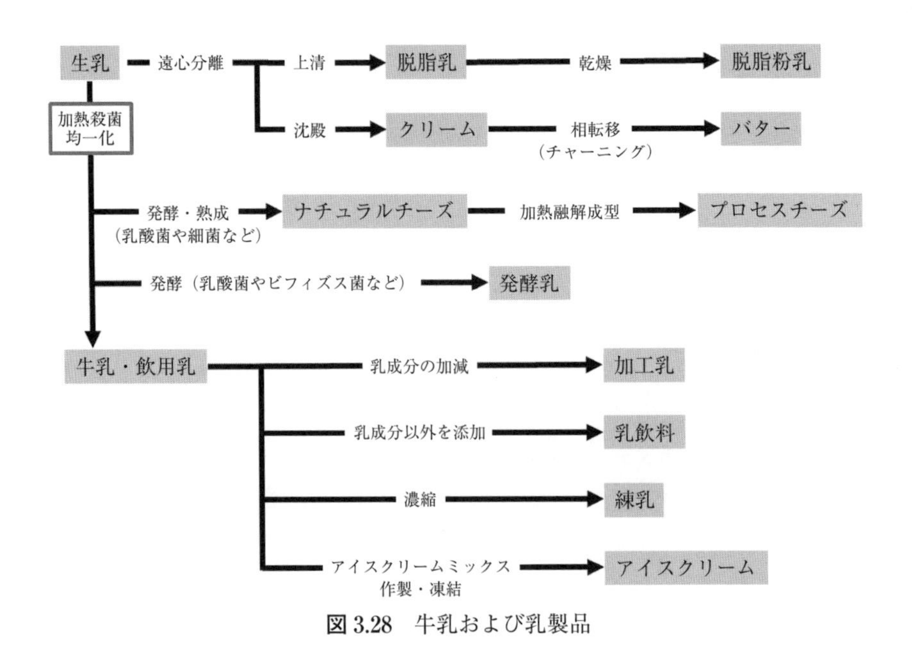

図 3.28 牛乳および乳製品

表 3.12 飲用乳(牛乳・乳製品)の成分規格

飲用乳	乳脂肪分	無脂乳固形分	比重(1.5 ℃)	酸 度	細菌数(/mL)	大腸菌	備 考
牛乳	3.0 %以上	8.0 %以上	1.028 以上	0.18%以下*1 0.20%以下*2	5 万以下	陰性	
特別牛乳	3.3 %以上	8.5 %以上	1.028 以上	0.17%以下*1 0.19%以下*2	3 万以下		
成分調整牛乳	—	8.0 %以上	—	0.21%以下	5 万以下		
低脂肪牛乳	0.5 %以上 1.5 %以下		1.030 以上				
無脂肪牛乳	0.5 %未満		1.032 以上				
加工乳	—		—	0.18%以下			
乳飲料	—	—	—	—	3 万以下		乳固形分:3.0 %以上*3

*1 ジャージー種の牛の乳のみを原料とするもの以外のもの
*2 ジャージー種の牛の乳のみを原料とするもの
*3 全国飲用牛乳の校正取引協議会「飲用乳の表示に関する公正競争規約及び同施行規則(令和 2 年 3 月 6 日施行)」
出所) 厚生労働省:乳等命令 乳及び乳製品の成分規格等に関する省令の一部改正について(令和 6 年 4 月 1 日施行)をもとに筆者作成

いる。殺菌方法は，**表 3.13** に示す。最近では，**ロングライフ牛乳**(**LL 牛乳**:Long life milk)が一般化されてきている。LL 牛乳とは，**超高温瞬間滅菌**(**UHT**)の後，**無菌充填***されるため，常温で長期間(2 か月程度)の保存が可能な牛乳である。加熱殺菌の基準は，**表 3.13** に示す。

***無菌充填** 空気中のホコリやチリが基準以下になっており，無菌状態でパック詰めする方法。

2) 特別牛乳 (specialized milk)

特別牛乳取得処理業の許可を受け，搾乳した生乳で無殺菌あるいは加熱殺菌されたものが特別牛乳である。無脂乳固形分 8.5 %以上，乳脂肪分 3.3 %以上で，無殺菌で販売することができる(215 ページ，**表 7.12** 参照)。

3) 成分調整牛乳 (constituents-modified milk)

成分調整牛乳は，生乳から一部の水分や乳脂肪分，ミネラルを除去して成分を調整し，無脂乳固形分 8.0 %以上の殺菌した牛乳である。

4) 低脂肪牛乳（low fat milk）

低脂肪牛乳は，乳脂肪分を除去し，無脂乳固形分 8.0 %以上，乳脂肪分 0.5 %以上 1.5 %以下の牛乳である。

5) 無脂肪牛乳（non-fat milk）

無脂肪牛乳は，乳脂肪分を除去し，無脂乳固形分 8.0 %以上，乳脂肪分 0.5 %未満の牛乳である。

表 3.13　飲用乳の殺菌方法

殺菌方法	
低温保持殺菌(LTLT)	生乳を保持式で 63 ～ 65℃で 30 分間，加熱殺菌する。
連続式低温殺菌(LTLT)	生乳を連続的に 65 ～ 68℃で 30 分以上，加熱殺菌する。
高温保持殺菌(HTLT)	生乳を保持式で 75℃以上で 15 分以上，加熱殺菌する。
高温短時間殺菌(HTST)	生乳を 72℃以上で連続的に 15 秒以上，加熱殺菌する。
超高温瞬間殺菌(UHT)	生乳を 120 ～ 150℃で 2 ～ 3 秒間，加熱殺菌する。

LTLT：Low Temperature Long Time
HTLT：High Temperature Long Time
HTST：High Temperature Short Time
UHT：Ultra High Temperature
保持式：タンクの中で生乳を撹拌(かくはん)しながら，一定の温度を保持して加熱殺菌する。
連続式：加熱されたプレートの間を生乳が通過しながら，一定の温度を保持して加熱殺菌する。
出所）(一社)日本乳牛協会：乳と乳製品の Q&A「牛乳はどのように殺菌されているのですか？」
(一社) J ミルク：牛乳の殺菌方法と栄養素の変化

6) 加工乳（processed milk）

乳等命令で「生乳，牛乳，特別牛乳もしくは生水牛乳またはこれらを原料として製造した食品を加工したものの(成分調整牛乳，低脂肪牛乳，無脂肪牛乳，発酵乳及び乳酸菌飲料を除く。)」と定義されている。加工乳は，乳製品(粉乳やバター，クリームなど)を用いて加工したもので，低脂肪乳や濃厚乳などがある。

7) 乳飲料（milk beverage）

乳飲料について，乳等命令では定められていないが，全国飲用牛乳公正取引協議会では，「飲用乳の表示に関する公正競争規約及び同施行規則」により，その成分規格は乳固形分のみ 3.0 %以上と定められている。生乳，牛乳，特別牛乳，成分調整牛乳，低脂肪牛乳，無脂肪牛乳，乳製品のいずれかを原料とし，カルシウム，ビタミン，鉄，食物繊維などを添加し，見た目の白いものを白物乳飲料と呼び，果汁やコーヒーなどを添加し，白以外の見た目のものが色物乳飲料である。日本乳業協会では目的別に分類されている(**表 3.14**)。

(2) 発酵乳・乳酸菌飲料

発酵乳(ヨーグルト)は，「乳またはこれと同等以上の無脂乳固形分を含む乳等を乳酸菌または酵母で発酵させ，糊状または液状にしたものまたはこれらを凍結したもの」と乳等命令で定められている(**表 3.15**)。

ヨーグルトの製造方法の分類として，プレーンヨーグルトは，乳または乳製品を発酵したヨーグルトの基

表 3.14　乳飲料：目的別に分類(日本乳業協会)

タイプ	加工処理の方法
栄養強化	カルシウム，鉄，ビタミン D，ビタミン E，葉酸，食物繊維，オリゴ糖など，牛乳に含有されない成分，または微量成分の栄養を強化したもの。
嗜好性強化	コーヒー，果汁，甘味などを加えたもの。
ラクトース分解物	牛乳に含有されるラクトースをラクターゼ処理したもの。

出所）一般社団法人日本乳牛協会：種類別飲用乳とはどんなものですか？をもとに筆者作成

表 3.15　発酵乳・乳酸菌飲料の成分規格

基準	飲用乳	無脂乳固形分	乳酸菌数又は酵母数(/mL)	大腸菌
乳製品	発酵乳	8.0 %以上	1,000 万以上*	陰性
	乳酸菌飲料	3.0 %以上		
乳等を主要原料とする食品	乳酸菌飲料	3.0 %未満	100 万以上	

＊発酵後において，75℃以上で 15 分間加熱するか，またはこれと同等以上の殺菌効果を有する方法で加熱殺菌したものは，この限りでない。
出所）表 3.12 に同じ

本形である。ハードタイプは，ゲル化剤(寒天やゼラチンなど)で固められたものである。ソフトタイプは，ゲル化剤を使用しておらず，フルーツの果実や果汁が加えられることがある。ドリンクタイプは液状で，フローズンタイプは凍結したものである。

乳酸菌飲料は，乳等に乳酸菌や酵母などを添加し，発酵させたものを加工もしくは主要原料とした飲料である。乳製品乳酸菌飲料(無脂乳固形分 3.0 %以上)は，生菌タイプと殺菌タイプがある。乳等を主要原料とする食品の乳酸菌飲料は，無脂乳固形分が 3.0 %未満である。

(3) 粉　乳

粉乳は，乳等命令では，脱脂粉乳，加糖粉乳，調製粉乳などがある。全粉乳は生乳，牛乳，特別牛乳または生水牛乳を殺菌して濃縮後，噴霧乾燥を行い，粉末化したものである。脱脂粉乳は水分と乳脂肪分を除去したものである。加糖粉乳は，製造時にスクロースを加えて乾燥したものと，全粉乳にスクロースを加えたものがある。調製粉乳は乳幼児に必要な栄養素を加えて粉末状にしたものである。

粉乳は乳等命令で，全粉乳，脱脂粉乳，クリームパウダー，ホエイパウダー，たんぱく質濃縮ホエイパウダー，バターミルクパウダー，加糖粉乳，調製粉乳に分類されている(**表 3.16**)。

(4) 濃縮乳・練乳

濃縮乳は，生乳，牛乳，特別牛乳または生水牛乳を濃縮したものであり，脱脂濃縮乳は乳脂肪分を除去し濃縮したものである。濃縮乳は乳固形分 25.5 %以上，乳脂肪分 7.0 %以上，脱脂濃縮乳は乳固形分 18.5 %以上である。

表 3.16　粉乳の成分規格

飲用乳	乳固形分	乳脂肪分	水　分	細菌数(/g)	大腸菌	備考
全粉乳	95.0 %以上	25.0 %以上	5.0 %以下	5 万以下	陰性	生乳，牛乳，特別牛乳または生水牛乳を殺菌して濃縮後，噴霧乾燥を行い，粉末化したもの
脱脂粉乳	95.0 %以上	—				水分と乳脂肪分を除去したもの
クリームパウダー	95.0 %以上	50.0 %以上				乳脂肪分を粉末にしたもの
ホエイパウダー	95.0 %以上	—				乳に乳酸菌で発酵，または酵素もしくは酸を加えて乳清を採取し，得た乳清を粉末にしたもの
						乳清から乳糖を除去し，粉末にしたもの
たんぱく質濃縮ホエイパウダー	95.0 %以上	—				乳たんぱく量(乾燥状態において)：15.0 %以上 80.0 %以下
バターミルクパウダー	95.0 %以上	—				バターミルクを粉末にしたもの
						製造時にスクロースを加えて乾燥したものと，全粉乳にスクロースを加えたもの
加糖粉乳	70.0 %以上	18.0 %以上				糖分(乳糖を除く)：25.0 %以上
調製粉乳	50.0 %以上	—				乳幼児に必要な栄養素を加えて粉末状にしたもの

出所）表 3.12 に同じ

表 3.17　練乳の成分規格

飲用乳	乳固形分	乳脂肪分	水　分	糖分 （乳糖を含む）	細菌数（/g）	大腸菌	備　考
無糖練乳	25.0 %以上	7.5 %以上	—		0	陰性	
無糖脱脂練乳	—	—	—		0		無脂乳固形分：18.5 %以上
加糖練乳	28.0 %以上	8.0 %以上	27.0 %以下	58.0 %以下	5 万以下		
加糖脱脂練乳	25.0 %以上	—	29.0 %以下				

出所）表 3.12 に同じ

どちらも，残存細菌数 10 万/g 以下と規定されており，加工食品の原料であるため濃縮後は 10 ℃以下の冷蔵で保存および流通が義務づけられている。

練乳は乳等命令で，無糖練乳，無糖脱脂練乳，加糖練乳，加糖脱脂練乳に分類される（**表 3.17**）。無糖練乳（エバミルク）は，生乳，牛乳，特別牛乳または生水牛乳を濃縮と殺菌をしたもので，直接飲用する目的で販売するものである。加糖練乳（コンデンスミルク）は，スクロースを加えて濃縮したものである。

(5) クリーム

クリームは，「生乳，牛乳，特別牛乳又は生水牛乳から乳脂肪分以外の成分を除去したもの」と乳等命令で定められ，乳脂肪分 18.0％以上，酸度 0.2 ％以下である。植物性油脂性の製品は，クリームに含まれない。

(6) アイスクリーム類

アイスクリーム類は，アイスクリーム，アイスミルクは，ラクトアイスに分類される（**表 3.18**）。牛乳や乳製品に糖類，香料，乳化剤，安定剤などの**アイスクリームミックス***を混合して殺菌後，冷蔵（エージング），攪拌しながら凍結（フリージング）して製造する。攪拌することで，空気が混合され体積が増大し，**空気混入率（オーバーラン）**が高くなる。オーバーラン率が高いとなめらかな食感であり，低いとコクのある重みの味わいになる。

＊アイスクリームミックス　牛乳や乳製品に糖類，香料，乳化剤，安定剤などのアイスクリームの原料を混ぜ合わせたもの

$$\text{オーバーラン率} = \frac{〔(\text{アイスクリームの容積}) - (\text{ミックスの容積})〕}{\text{ミックスの容積}} \times 100$$

(7) バター

バターは，「生乳，牛乳，特別牛乳又は生水牛乳から得られた脂肪粒を練圧したもの」と定められ（乳等命令），乳脂肪分 80.0 ％以上，水分 17.0 ％以下である。クリームを激しく攪拌（かくはん）（チャーニング）して，脂肪球を凝集させて，練り上げて（ワーキング）成形する。水中油滴型（O/W）エマ

表 3.18　アイスクリーム類の成分規格

飲用乳	乳固形分	乳脂肪分	細菌数（/g）	大腸菌
アイスクリーム	15.0 %以上	8.0 %以上	10 万以下*1	陰性
アイスミルク	10.0 %以上	3.0 %以上	5 万以下*2	
ラクトアイス	3.0 %以上	—	5 万以下*2	

＊1：発酵乳または乳酸菌飲料を原料として使用したものは，乳酸菌または酵母以外の細菌の数が 10 万以下であること。
＊2：発酵乳または乳酸菌飲料を原料として使用したものは，乳酸菌または酵母以外の細菌の数が 5 万以下であること。
出所）表 3.12 に同じ

＊油中水滴型エマルション（水中油滴型エマルション）　水と油を一緒に容れても混じり合わないが，それぞれに親和性をもつ乳化剤を入れておくとエマルションを形成する。水の中に油が分散する水中油滴型（O/W: oil in water）エマルションとなり，ドレッシングやマヨネーズである。油の中に水が分散しているバターやマーガリンは，油中水滴型（W/O: water in oil）エマルションである。

ルションのクリームをチャーニングにより，**油中水滴型（W/O）エマルション**＊へ転相する（図3.29）。原料となるクリームを乳酸発酵させて製造したものが発酵バターであり，食塩の添加の有無により，有塩バターまたは食塩不使用バターと分類される。

(8) チーズ

チーズは，ナチュラルチーズおよびプロセスチーズに分類される（乳等命令）（195 ページ）。

1) ナチュラルチーズ

ナチュラルチーズは，乳やクリームなどの単一または混合した原料に，乳酸菌と**凝乳酵素**（**キモシン**：「酵素処理によるカゼインの変化」で前述）を添加し，カゼインを凝固（カード）させ，乳清と分離したものである。カードに食塩の添加，もしくは塩水に浸漬させ，微生物や酵素を利用して熟成させる。熟成することで，たんぱく質がアミノ酸に分解され，うま味や風味が増加する。微生物は生存しているため，長期間保存することができない。乳原料，熟成方法，微生物の種類，硬さなどの分類（表3.19）を示す。

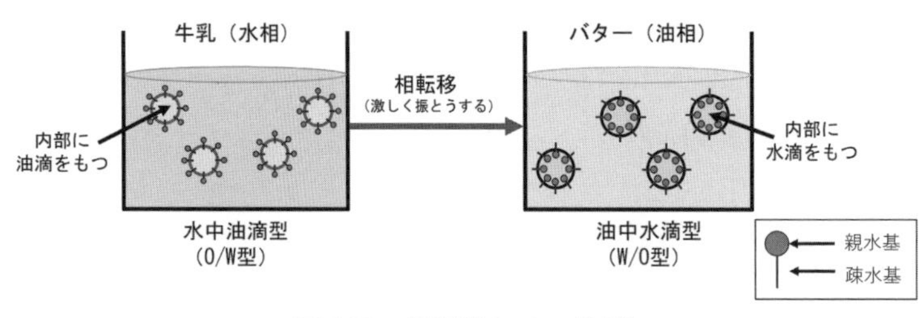

図3.29　相転移（バター作製）

ナチュラルチーズの分類は，コーデックスのナチュラルチーズの一般規格にいう識別語の定義を満たすものと示されている。

表3.19　ナチュラルチーズの種類

種　類	製造方法	代表的なもの	特　徴
フレッシュ	酸凝固し，補助的にキモシンを使用し，カードを得る。	カッテージ，モッツアレラ，クワルク，クリームなど	水分含量が高く，熟成しない。柔らかく，風味にくせがない。
ウォッシュ	カード表面に塩水もしくは酒などを浸け，リネンス菌などを付着させて熟成する。	ポン・レヴェック，リヴァロなど	強烈なにおいがするが，芳醇な味がする。
白カビ	カード表面に白カビを繁殖させて熟成する。カビのもつたんぱく質分解酵素の働きで表面から内部にむけて熟成が進む。	カマンベール，ブリーなど	コクのある味わい。過熟成になるとアンモニア臭が出てくる。
青カビ	カードに青かびを混合して熟成するため，カード内部に酵素を浸透させてカビを繁殖させる。	ロックフォール，ゴルゴンゾーラ，スティルトンなど	強いにおいをするものがあるが，味は濃厚である。
セミハード	硬く，保水性に優れる。プロセスチーズの原料に使用されことが多い。	ゴーダ，コンテ，ラクレットなど	風味が穏やかである。
ハード	カードを強く圧搾し，水分含量を下げ，長期間（約1年以上）熟成する硬いチースである。	エメンタール，チェダー，パルミジャーノ，レッジャーノなど	熟成によりカゼインペプチドがアミノ酸に分解されるため，芳醇な風味をもつ。粉チーズとして使用されている。
シェーブル	ヤギの乳から製造される。	サント・モール・ド・トゥーレ，ヴァランセなど	ヤギ乳はα_{S1}-カゼインが少ないため，カードが柔らかい。フレッシュタイプや熟成タイプ（白カビや浮遊微生物など）がある。

出所）堂迫俊一：牛乳・乳製品の知識，137，幸書房（2017）を改変

コラム9　レンネット（キモシン）のバイオ技術

レンネット（キモシン）とは，凝乳酵素（乳を固める作用をもつ）である。κ-カゼインに作用し，カードが生成され，チーズの原料となる。チーズの熟成時には，たんぱく質を分解し，味や風味よくするはたらきをする。

微生物性レンネット[*1]や**植物性レンネット**[*2]の加工技術の発展により，種々の風味のチーズの作製が行われている。それ以前は，子羊や子山羊，子牛などの反芻（はんすう）動物の胃袋から乳を固める成分を抽出した動物性レンネットにより，チーズ作製が行われていた。仔牛の消化液には，キモシン（約 90 %），ペプシン（約 10 %）が含まれるが，乳離れするとキモシン分解量が急激に減少し，成長するとペプシンのみになる。ペプシンはたんぱく分解酵素のため，凝乳はしない。

遺伝子組換え技術により，微生物の体内でキモシンを生成させる**発酵生産キモシン**[*3]が生産され，現在，世界のチーズ生産の，約 60 %が発酵生産キモシン，約 30 %が微生物性および植物性レンネットである。

脂肪以外のチーズ重量中の水分含量（%）（MFFB：percentage Moisture on a Fat-Free Basis）により，ソフト（67 %を上回るもの），ファーム / セミハード（54 ～ 69 %のもの），ハード（49 ～ 56 %），エキストラハード（51 %を下回るもの）に分類されている。MFFB の計算については下記に示す。ソフトおよびセミハードのみに，リステリア菌 100/g 以下と基準が定められている（乳等命令）。

$$\text{MFFB (percentage Moisture on a Fat-Free Basis)} = \frac{\text{チーズの水分重量}}{(\text{チーズの重量} - \text{チーズの脂肪重量})} \times 100$$

2)　プロセスチーズ

プロセスチーズは，1 種類～数種類のナチユラルチーズを粉砕し，調味料や保存料などを加え，加熱溶融して成形する。ナチュラルチーズの微生物は死滅し，酵素は失活していることから，長期間保存することができる。

3.4　卵　　類

日本食品成分表には，あひる卵，烏骨鶏卵，うずら卵，鶏卵などが掲載されている。わが国では鶏卵が好まれ，国民 1 人あたりの年間消費量は約 330 個である。2022（令和 4）年度の鶏卵生産量は 259.7 万トン（前年比 2 万トン増加）で，自給率は 97 %である。当節では，主に鶏卵について述べる。

3.4.1　卵類の種類と特徴

鶏にはいろいろな品種があるが，卵重は約 50-60 g 程度である。うずら卵は斑（まだら）模様で 10 g 程度と小さく，卵殻膜が厚いため保存性がよい。あひる卵は約 75 g 程度と鶏卵より大きく，中華料理の皮蛋（ピータン）に加工される。

3.4.2　卵の産卵生理と構造

鶏の卵巣で成長した卵胞（卵黄）は，長さ約 70-75 cm の卵管に排卵され，通

＊1　**微生物性レンネット（バイオキモシン）**　原料の子牛の胃が不足したことから，代替物としてカビ属のリゾムコール・ミィハイ（*Rhizomucor miehei*），リゾムコール・プシルス（*Rhizomucor pusillus*）が主に用いられている。微生物性レンネットは，タンク培養で大量生産が可能なため安価ですが，たんぱく分解活性が強く，子牛のレンネットより強い苦味がある。

＊2　**植物性レンネット**　フィシン（イチジク），パパイン（パパイヤ），ブロメラィン（パイナップル）などのたんぱく質分解酵素には凝乳作用がある。宗教上，牛の胃由来のキモシンで生産されたチーズを摂取することができない人向けに，植物性レンネットにて生産されている。風味は淡白であるが強い苦味をもつ。

＊3　**発酵生産キモシン（バイオキモシン）**　子牛のキモシンの遺伝子を，微生物（大腸菌，酵母，カビなど）に組み込んでキモシンを生産する方法である。チーズの品質改良や収量増加が期待され，バイオキモシンや遺伝子組換えキモシン，リコンビナントキモシンとも呼ばれている。動物性キモシンで生産されたように，風味や味がとてもよい。

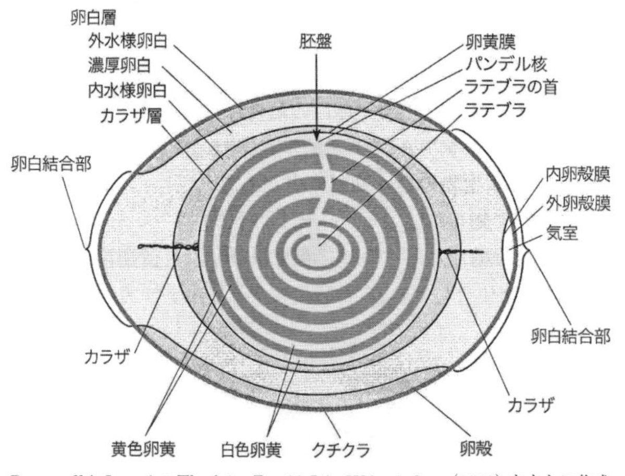

Romanoff A. L. et al.：*The Avian Egg*, 11, John Wiley & Sons (1963) をもとに作成

図 3.30　卵の構造

出所）木村宏和：卵類，食べ物と健康 食品の科学(太田英明，白土英樹，古庄律編)(改訂第 3 版)，健康・栄養科学シリーズ, 273, 南江堂 (2022) より許諾を得て転載

過するとともに，卵黄膜外層と卵黄の周囲に卵白が分泌され，卵殻膜が形成される。子宮部にて水およびイオンが卵白へ移行し，卵殻が形成された後，鶏の産卵準備が整うと放卵される。卵の構造は，卵殻，卵白，卵黄となり，その重量比は 1：6：3 である(**図 3.30**)。

(1) 卵　　殻

① クチクラ（cuticle）

クチクラは，卵殻の表面にある被膜物質で，主に糖たんぱく質で構成され，微生物の侵入を防ぐ役割をする。クチクラが付着して間もない新鮮卵は，光沢がなく，ザラザラとしており，水洗いや手でこすることで剥離される。

② 卵殻（egg shell）

卵殻は，卵の内部と外部環境を遮断している。主にカルシウムとリンとマグネシウムで構成されている。

③ 卵殻膜（shell membrane）

外卵殻膜と内卵殻膜の 2 層となり，網目状の繊維状たんぱく質で構成される。鈍端部では，この 2 層の膜の間に気室が存在する。放卵後，卵の水分が蒸発するため，卵が古くなるほど，気室の容積が大きくなる。

(2) 卵白（egg white）

卵白は水分とたんぱく質で構成され，粘度の低い水様卵白と，高い濃厚卵白に分類される。卵黄を囲う**内水様卵白**(内層)，**濃厚卵白**(中層)，**外水様卵白**(外層)の 3 層で存在する。**カラザ**は主にオボムチンで構成され，卵黄膜の両端より白いひも状のゲル物質で，卵黄が卵の中心部になるよう濃厚卵白に固定されている。

(3) 卵黄（egg tolk）

卵黄は水分と脂質，たんぱく質で構成され，黄色が濃い部分の黄色卵黄と，薄い部分の白色卵黄が，交互に層を形成する。中心にはラテブラと呼ばれ，ラテブラから頭頂部の胚までの細い管状の組織を「ラテブラの首」と呼び，卵黄の栄養を胚に送るはたらきをしている。卵黄膜は卵黄と卵白を隔てる膜であり，卵の劣化により，卵白から卵黄に水分が移行し，卵黄膜の強度が低下し，卵黄が崩れやすくなる。

3.4.3　卵類の成分

卵の栄養素は，卵白と卵黄で異なり，卵白では脂質と脂溶性ビタミンがほとんど含まれない。またミネラルや水溶性ビタミンは，卵白と卵黄で含有量

表 3.20　卵の成分

食品名	エネルギー		水分	たんぱく質		脂質			利用可能炭水化物(単糖当量)	灰分	ミネラル(無機質)				
				アミノ酸組成によるたんぱく質	たんぱく質	脂肪酸のトリアシルグリセロール当量	コレステロール	脂質			カリウム K	カルシウム Ca	リン P	鉄 Fe	亜鉛 Zn
	kJ	kcal	g	g	g	g	mg	g	g	g	mg	mg	mg	mg	mg
鶏卵　全卵　生	594	142	75.0	11.3	12.2	9.3	370	10.2	0.3	1.0	130	46	170	1.5	1.1
鶏卵　卵黄　生	1392	336	49.6	13.8	16.5	28.2	1200	34.3	0.2	1.7	100	140	540	4.8	3.6
鶏卵　卵白　生	188	44	88.3	9.5	10.1	0	1	Tr	0.4	0.7	140	5	11	Tr	0

食品名	ミネラル(無機質)		脂溶性ビタミン					水溶性ビタミン							
	銅 Cu	ヨウ素 I	A βカロテン当量	A レチノール活性当量	D	E α-トコフェロール	K	B_1	B_2	B_6	B_{12}	葉酸	パントテン酸	ビオチン	C
	mg	μg	μg	μg	μg	mg	μg	mg	mg	mg	μg	μg	mg	μg	mg
鶏卵　全卵　生	0.05	33	7	210	3.8	1.3	12	0.06	0.37	0.09	1.1	49	1.16	24.0	0
鶏卵　卵黄　生	0.13	110	24	690	12.0	4.5	39	0.21	0.45	0.31	3.5	150	3.60	65.0	0
鶏卵　卵白　生	0.02	2	0	0	0	0	1	0	0.35	0	Tr	0	0.13	6.7	0

Tr（トレース）：微量，（ ）：推定値
出所）文部科学省：日本食品標準成分表（八訂）増補 2023 年をもとに筆者作成

に大きな違いがみられる。ビタミン C に至っては，卵白・卵黄には含まれない（**表 3.20**）。

(1) たんぱく質

鶏卵のたんぱく質は，アミノ酸組成バランスがよく，アミノ酸価は 100 である。

1)　卵白たんぱく質

卵白は卵黄を保護する機能をもつため，構成するたんぱく質には微生物の生育を阻止する生理活性を示すものがある。卵白が含有するたんぱく質は，繊維状で不溶性のオボムチン以外は，水溶性で球状を形成し，糖と結合した状態で存在している。鶏卵のアレルゲン性を有するたんぱく質は，主に卵白に含まれている。アレルゲンたんぱく質として代表的なものに，オボムコイド，オボアルブミン，オボトランスフェリン，リゾチームがある。各たんぱく質については，**表 3.21** に示した。

2)　卵黄たんぱく質

卵黄中のたんぱく質は，低密度リポたんぱく質（LDL）と高密度リポたんぱく質（HDL）であり，脂質と結合しているリポたんぱく質である。また，水可溶性のリベチンと，2 価イオン結合性のホスビチン，その他 5 %が存在する。各たんぱく質については，**表 3.22** に示した。

(2) 脂　　質

卵白はほとんど脂質を含まない。卵黄の脂質は，トリアシルグリセロール

表 3.21　卵白たんぱく質

たんぱく質	組成(%)	等電点(pH)	分子量	糖含量	生物学的性質	調理特性と性質
オボアルブミン	54	4.5 ～ 4.8	45,000	3	胚の分化，成長を制御する。	熱凝固，起泡性に関与する。アレルゲンの 1 種である。
オボトランスフェリン(コンアルブミン)	12 ～ 13	6	78,000 ～ 80,000	2	金属イオンと結合し，金属要求性細菌の増殖を阻害する[*1]	熱凝固温度が低く(53 ～ 55 ℃)熱に不安定である。アレルゲンの 1 種である。
オボムコイド	11	4.8	21,000	22	トリプシンインヒビター[*2]作用をもつ[*3]，抗微生物作用をもつ。	熱安定性が高い。アレルゲンの 1 種である。
オボムチン	2 ～ 4	4.5 ～ 5.0	α：25.4 万 β：40 ～ 70 万	α：9 β：60	ウイルス[*4]による赤血球の凝集を防止する。卵白と卵黄のゲル状構造を保持する。カラザは主にオボムチンで構成されている。	繊維状のたんぱく質で，可溶性と不溶性の 2 種で存在している。不溶性はゲル状組織を形成し，濃厚卵白は水様卵白の 4 倍を含有する。起泡性や泡沫安定性に関与している。
リゾチーム	3.5	10 ～ 11	14,300	6	グラム陽性菌の細胞壁(ムコ多糖類)を溶解する。	食品添加物や医薬品として利用されている。アレルゲンの 1 種である。
オボインヒビター	0.1 ～ 1.5	5.1 ～ 5.2	48,000	6	トリプシンインヒビター[*2]，キモトリプシンインヒビター[*2]作用をもつ。	
フラボプロテイン	0.8	3.9	32,000	14	リボフラビンと結合しており，非結合のアポプロテインが存在する。アポプロテインはリボフラビンと結合し，リボフラビン要求性微生物の増殖を阻害する[*5]。	
アビジン	0.05	10.5	67,000	8	ビオチンと結合し，ビオチン要求性微生物の増殖を阻害する[*5]。	4 つのサブユニットで，4 分子のビオチンと結合する。生卵白の大量摂取は，アビジン-ビオチン複合体により，腸管で吸収されず，ビオチン欠乏を引き起こす。

＊1　卵殻にひびが入ると，微生物は卵の栄養素を利用するために侵入するが，オボトランスフェリンが金属と結合し，金属要求性の微生物は利用できなくなり，増殖できなくなる。
＊2　阻害物質・因子などのこと。
＊3　ヒトのトリプシンに阻害活性を示さない。
＊4　インフルエンザ，ロタウイルスなど。
＊5　卵殻にひびが入ると，微生物は卵の栄養素を利用するために侵入するが，リボフラビンおよびビオチン要求性の微生物は利用できなくなるため増殖できなくなる。
出所）渡邊乾二：食卵の科学と機能―発展的利用とその課題，43，アイ・ケイコーポレーション(2008)を筆者改変
澤野勉原編，高橋幸資編：新編 標準食品学　各論〔食品学Ⅱ〕(第 2 版)，171，医歯薬出版(2023)を筆者改変

表 3.22　卵黄たんぱく質

たんぱく質	組成(%)	性質
低密度リポたんぱく質(LDL)	65.0	卵黄たんぱく質に 65 %を含有し，脂質含有量が高く(約 90 %)，密度が小さい。卵黄の乳化性や凍結によるゲル化に関与する。
高密度たんぱく質(HDL)	16.0	α-リポビテリン，β-リポビテリンとよばれるリポたんぱく質からなる。HDL は LDL に比較して，脂質含量が少ない。ホスビチンと複合体を形成している。
リベチン	10.0	親鶏の血清たんぱく質が卵黄に移行したもので，血清アルブミンおよびγ-グロブリン(IgY)と同定されている。
ホスビチン	4.0	HDL の中にあるα-，β-リポビテリンとともに存在するリンたんぱく質，2 価の金属イオンと結合する。卵黄の鉄貯蔵たんぱく質と呼ばれている。
その他	5.0	リボフラビンおよびビオチン，B_{12}，レチノールなどのビタミンと結合するたんぱく質が存在する。

出所）小西洋太郎ほか編，古澤直人：食べ物と健康，食品と衛生　食品学各論(第 4 版)，栄養科学シリーズ NEXT，93，講談社(2021)を筆者改変
玖村朗人，若松純一，八田一編：乳肉卵の機能と利用　新版，282，アイ・ケイコーポレーション(2018)を筆者改変

が 65 %，リン脂質が 28.3 %，コレステロールが 5.2 %であり，そのほか微量のカロテノイドが含まれる。リン脂質の約 80 %が**ホスファチジルコリン**(**レシチン**)で乳化性に関与する。脂肪酸組成は，オレイン酸：42.4 %，パルミチン酸：25.3 %，リノール酸：15.9 %で，不飽和脂肪酸が多い。

(3) 炭水化物

遊離型とたんぱく質結合型に分類される。遊離型は，ほとんどがグルコースである。

(4) ミネラル

卵のミネラルのうち，94 %が卵殻部にあり，そのほとんどがカルシウムである。また卵白より卵黄にミネラルは多く，主にリン，鉄，亜鉛が含まれる。

(5) ビタミン

卵白には脂質が含有されないため，脂溶性ビタミンはほとんど存在しない。一方，卵黄には，脂溶性および水溶性ビタミンが豊富に含有される。しかしながら，ビタミン C は卵白および卵黄のどちらにも含まれない。

(6) 色　　素

卵黄の色素は，脂溶性色素のカロテノイド(ルテイン，ゼアキサンチン，クリプトキサンチン)である。カロテノイドは動物体内で合成されないため，飼料により由来する。

3.4.4 卵の調理特性

(1) 凝固性

卵白と卵黄で，含まれるたんぱく質の違いにより凝固温度が異なる。卵白は 60 ℃前後より固まりはじめ，80 ℃以上で凝固(ゲル化)する。一方，卵黄は 65 ℃前後より固まりはじめ，70 ℃以上で完全にゲル化する。このように卵白と卵黄の熱凝固特性の違いにより，65 ℃で卵を 20 分ほど加熱することで温泉卵となる。卵白の熱凝固性は，温度や濃度のほかに，共存する塩や糖および pH により影響を受け変化する。また，卵は酸・アルカリにより凝固し，pH12 以上のアルカリ性および 2.2 以下の酸性の状態でゲル化する。中国料理のピータンはアルカリ凝固性を利用した食品である。

(2) 泡立ち性（起泡性と泡沫安定性）

泡の形成には起泡性と，できた泡を維持する泡沫安定性という両方の特性がある。泡を立てるには撹拌，振とう，送気などが一般的な方法である。

卵白の起泡性には，オボアルブミン，オボトランスフェリンが，泡沫安定性にはオボムチンが関与している。卵白を低温殺菌処理すると，オボトランスフェリンが加熱変性されて凝集されるため，起泡性が低下する。起泡性(メレンゲ)を利用した食品には，カステラやスポンジケーキ，マシュマロなどがあげられる。

(3) 乳化性

卵白より卵黄の方が乳化安定性は高く，関与する成分はレシチンと低密度リポたんぱく質(LDL)である。LDL は乳化容量が高く，脂質に対する親和性が高いため乳化しやすい。卵黄の乳化を用いる加工食品は，マヨネーズやアイスクリームなどがある。

3.4.5 卵の品質と判定

卵は保存中に気孔を通して，卵内の水分を蒸散しており，気室の容積が増加することで，卵の重量や比重が低下する。比重は新鮮卵で 1.08 ～ 1.09 程度であるが，古い卵で 1.02 まで低下する。pH は新鮮卵で 7.6 であるが，古い卵で 9.0-9.4 と上昇する。卵白の pH の上昇に伴い，**濃厚卵白の水溶化現象***が起こりやすくなる。品質検査には，非割卵検査(卵を割らない)と割卵検査法がある。

＊**濃厚卵白の水溶化現象**　濃厚卵白の不溶性型オボムチンのゲル構造が破壊されて水溶性の卵白たんぱく質が増加すると，卵白の粘度が低下する現象のことである。

(1) 非割卵検査

1) 外観検査

卵の重さや形，卵殻の亀裂の有無，光沢などを目視で検査する。

2) 透視検査

殻付き卵の片側に光を当て，気室の大きさ，卵黄の輪郭，卵黄の位置などの内部を見て評価する。

3) 比重法

6 %(比重 1.044)，8 %(1.059)，10 %(1.073)の食塩水に卵を入れて判断する方法で，新鮮卵は横向きに沈み，古い卵は気室の容積が増加するため浮く。

(2) 割卵検査

1) 卵黄係数

平板上に割卵し，卵黄の高さを卵黄の直径で割って算出する。新鮮卵で 0.36～0.44，古い卵は数値が低下する。

2) 卵白係数

平板上に割卵し，濃厚卵白の広がりの直径(最長経と最短経の平均)から平均直径を求める。濃厚卵白の高さを平均直径で割って算出する。新鮮卵で 0.14 ～ 0.17，古い卵は数値が低下する。

3) ハウ・ユニット (HU)

卵の鮮度を表す際に，最も使われる検査方法であり，割卵した卵の効能卵白の高さ(Hmm)と殻付きの重量(Wg)から計算する。新鮮卵で，80 ～ 90 であるが古い卵は数値が低下する。

$$HU = 100 \times \log(H - 1.7W^{0.37} + 7.6)$$

4) 濃厚卵白百分率

全卵白をふるいに通し，濃厚卵白と水溶性卵白を分け，全卵白に対する濃

コラム10　卵黄コリンと脳機能

神経伝達物質であるアセチルコリンが減少することにより，記憶や学習機能が低下し，認知症のリスクが上昇することが知られている。アセチルコリンの材料となるコリンは，卵やだいずに豊富に含まれており，卵にはホスファチジルコリンで存在している。フィンランドの研究では卵の摂取が多い人は認知症発症のリスクが低いと報告されている。しかしながら，認知症が進行してからコリンを摂取しても改善効果はみられず，神経細胞が破壊されるまえからの摂取が望ましく，さらにビタミン B_{12} と併用して摂取することで，記憶や学習機能が上昇する。このようなことにより，米国人の食事摂取基準（Dietary Guidelines for Americans）の諮問委員会は，2020年に「卵を乳幼児と妊婦，授乳婦に重要な食品，および乳幼児が最初に摂取する食品」と推奨している。

厚卵白の重量を百分率で算出する方法である。新鮮卵で約60％(40～60%）であるが，古い卵は卵白の水様化により数値が低下する。

【演習問題】

問1　食肉(生)の部位に関する記述である。最も適当なのはどれか。1つ選べ。

（2020年国家試験）

(1) 鶏肉において，「むね」は「ささ身」より脂質の割合が低い。
(2) 鶏肉において，「もも」は「むね」より脂質の割合が高い。
(3) 豚肉において，「ばら」は「ヒレ」より脂質の割合が低い。
(4) 牛肉において，「ヒレ」は「肩ロース」より脂質の割合が高い。
(5) 牛肉において，「サーロイン」は「ヒレ」より脂質の割合が低い。

解答（2)

問2　肉類の調理に関する記述である。正しいのはどれか。1つ選べ。

（2013年国家試験）

(1) 肉を長時間加水加熱すると，筋原線維たんぱく質がゼラチンとなる。
(2) 豚脂は，牛脂よりも融けはじめる温度が高い。
(3) 豚ロース肉のエネルギー減少量は，ゆでがフライパン焼きより小さい。
(4) ヒレ肉は，短時間の加熱料理より長時間の煮込み料理に適する。
(5) 肉をしょうが汁に浸漬すると，プロテアーゼの作用により軟化する。

解答（5)

問3　食肉とその加工についての記述である。正しいのはどれか。

（2004年国家試験）

(1) 食肉は，熟成により硬直が解除され軟化する。
(2) 豚肉の熟成期間は，牛肉より長い。
(3) 食肉の赤色は，主にヘモグロビンによる。
(4) 亜硫酸塩は，ハムの製造時に発色剤として用いられる。
(5) ドメスチックソーセージは，ドライソーセージに比べて，保存期間が長い。

解答（1)

問 4　魚介類に関する記述である。誤っているのはどれか。1 つ選べ。

（2022 年国家試験改変）

(1) まぐろの普通肉は，その血合肉よりミオグロビン含量が少ない。
(2) 春獲りのかつおは，秋獲りのかつおより脂質含量が少ない。
(3) かきは，はまちよりグリコーゲン含量が多い。
(4) カニの殻の赤色は，β-クリプトキサンチンである。
(5) 春獲りのかつおは，秋獲りのかつおより脂質含量が少ない。

解答（4）

問 5　魚介類に関する記述である。誤っているのはどれか。1 つ選べ。

（2023 年国家試験改変）

(1) はまちの成魚は，ブリである。
(2) 魚肉は畜肉に比べ，肉基質たんぱく質含量が多い。
(3) 魚類は畜肉に比べ，筋原繊維たんぱく質含量が多い。
(4) キャビアは，チョウザメの卵巣の塩蔵品である。
(5) からすみは，ボラの卵巣の塩蔵品である。

解答（2）

問 6　牛乳の成分に関する記述である。最も適当なのはどれか。1 つ選べ。

（2023 年国家試験改変）

(1) 乳糖は，全糖質の約 10 %を占める。
(2) β-ラクトグロブリンは，乳清に含まれる。
(3) カゼインは，全たんぱく質の約 20 %を占める。
(4) カゼインホスホペプチドは，糖の吸収を促進する。
(5) 脂肪酸組成では，飽和脂肪酸より不飽和脂肪酸が多い。

解答（2）

問 7　牛乳に関する記述である。最も適当なのはどれか。1 つ選べ。

（2021 年国家試験改変）

(1) 市販の牛乳は，生乳に水で希釈して製造する。
(2) 炭水化物の大部分は，スクロースである。
(3) β-ラクトグロブリンは，カゼインに含まれている。
(4) カゼインは，pH4.6 に調整すると凝集沈殿する。
(5) 脂質中のトリグリセリドの割合は，約 15 %である。

解答（4）

問 8　鶏卵に関する記述である。最も適当なのはどれか。1 つ選べ。

（2023 年国家試験改変）

（1）オボトランスフェリンは，乳化性に優れる。
（2）ホスビチンは，たんぱく質分解酵素である。
（3）脂溶性ビタミンは，卵黄より卵白に多く含まれる。
（4）卵白は古くなると，pH が低下する。
（5）アビジンは，ビオチンと強く結合する。

解答（5）

問 9　鶏卵に関する記述である。最も適当なものはどれか。1 つ選べ。

（2024 年国家試験改変）

（1）卵白係数は，濃厚卵白の高さと殻付き卵の質量から複雑な式で計算する。
（2）ハウユニットは，濃厚卵白の高さを直径で除して算出する。
（3）卵白は，ビタミン C を多く含む。
（4）卵黄のたんぱく質の大部分は，糖質と結合した糖たんぱく質である。
（5）オボトランスフェリンは，鉄結合性のたんぱく質である。

解答（5）

引用参考文献・参考資料

和泉秀彦，熊澤茂則編：食品学Ⅱ　改訂第 4 版　食品の分類と利用法，南江堂（2022）
伊藤敞敏，渡邊乾二，伊藤良編：動物資源利用学，文永堂出版（1998）
上野川修一編：乳の科学（第 2 版），食品と健康の科学シリーズ，朝倉書店（2018）
太田英明，白土英樹，古庄律編：健康・食べ物と健康　食品の科学（改訂第 3 版）栄養科学シリーズ，南江堂（2022）
沖谷明紘編：肉の科学，シリーズ食品の科学，朝倉書店（1996）
小畠渥，部屋博文：血合肉含量の迅速測定法，日本水産学会誌，51（6），日本水産学会（1985）
栢野新市，水品善之，小西洋太郎編：食品学Ⅱ（改訂第 2 版），食べ物と健康　食品の分類と特性，加工を学ぶ，栄養科学イラストレイテッド，羊土社（2021）
（株）キューピー：キューピー通信 KEWPIE PRESS，肝機能との見逃せない関係「卵黄コリン」ってなんだ⁉　2022 年 12 月（2022）
玖村朗人，若松純一，八田一編：乳肉卵の機能と利用　新版，アイ・ケイコーポレーション（2018）
厚生労働省：乳等省令　乳及び乳製品の成分規格等に関する省令の一部改正について　令和 2 年 6 月 1 日（令和 2 年 12 月 4 日施行）
国立研究開発法人水産研究・教育機構：広報誌 FRANEWS
https://www.fra.go.jp/home/kenkyushokai/book/franews.html/（2024.12.02）
国立健康・栄養研究所：素材情報データベース
https://www.nibiohn.go.jp/eiken/info/pdf/k204.pdf　2023 年 3 月公表（2024.03.08）
小西洋太郎，辻英明，渡邊浩幸，細谷圭助編：食べ物と健康，食品と衛生　食品学各論（第 4 版），栄養科学シリーズ NEXT，講談社（2021）
澤野勉原編，高橋幸資編：新編 標準食品学 各論［食品学Ⅱ］（第 2 版），医歯薬出版（2023）
（一社）J ミルク：齋藤忠夫監修，牛乳乳製品の知識 改訂版（2017）

（一社）J ミルク：牛乳の殺菌方法と栄養素の変化
https://www.j-milk.jp/findnew/chapter2/0202.html（2024.12.11）
消費者庁：機能性表示食品の届出検索
https://www.fld.caa.go.jp/caaks/cssc01/（2024.02.24）
消費者庁：魚介類の名称のガイドライン
https://www.caa.go.jp/policies/policy/food_labeling/food_labeling_act/assets/food_labeling_cms201_220615_11.pdf　2022 年 6 月 9 日作成（2024.02.14）
消費者庁：特定保健用食品について，特定保健用食品許可品目一覧（令和 5 年 12 月）
https://www.caa.go.jp/policies/policy/food_labeling/foods_for_specified_health_uses/（2024.02.14）
食品安全委員会：アレルゲンを含む食品（総論，牛乳，小麦）のファクトシート，令和 6(2024)年 7 月 23 日
https://www.fsc.go.jp/foodsafetyinfo_map/allergen.html（2024.11.09）
食品安全委員会：食品健康影響評価結果（評価書）アレルゲンを含む食品（卵），令和 3 年 6 月 8 日
https://www.fsc.go.jp/foodsafetyinfo_map/allergen.html（2024.11.09）
水産庁：海の中の状況，水産資源について
https://www.jfa.maff.go.jp/j/kikaku/wpaper/R4/LP/2.html　2022 年公表（2024.02.27）
水産庁：水産政策の改革について
https://www.jfa.maff.go.jp/j/kikaku/kaikaku/suisankaikaku.html　2024 年 1 月公表（2024.02.27）
水産庁：図で見る日本の水産（令和 5 年）
https://www.jfa.maff.go.jp/j/koho/pr/pamph/（2023.12.05）
水産庁：令和 2 年度以降の我が国水産の動向
https://www.jfa.maff.go.jp/j/kikaku/wpaper/R3/attach/pdf/220603-3.pdf　2022 年 6 月 3 日公表（2024.03.08）
鈴木敦士，渡部終五，中川弘毅編：タンパク質の科学，食品成分シリーズ，朝倉書店（1998）
須山三千三，鴻巣章二編：水産食品学，48-63，51，201，恒星社厚生閣（1999）
瀬口正晴，八田一編：食品学各論 第 3 版，71，化学同人（2016）
高橋幸資，澤野勉原編著：新編　標準食品学　各論　食品学Ⅱ，医歯薬出版（2023）
津田謹輔，伏木亨，本田佳子監修，土居幸雄編，食べ物と健康Ⅱ　食品学各論，Visual 栄養学テキストシリーズ，79-80，中山書店（2018）
堂迫俊一：牛乳・乳製品の知識，幸書房（2017）
内閣府食品安全委員会：食品健康影響評価の結果，アレルゲンを含む食品（卵），令和 3 年 6 月 3 日
長澤治子編：食べ物と健康 食品学・食品機能学・食品加工学（第 3 版），218-221，医歯薬出版（2017）
（公財）日本食肉消費総合センター：部位別調理
http://www.jmi.or.jp/recipe/apart/cooking_apart1.html（2024.02.14）
（公社）日本水産資源保護協会
https://www.fish-jfrca.jp（2024.12.02）
（一社）日本乳業協会：種類別飲用乳とはどんなものですか？
https://nyukyou.jp/dairyqa/2107_135_461/（2024.01.31）

（一社）日本乳牛協会：乳と乳製品の Q&A「牛乳はどのように殺菌されているのですか？」
https://nyukyou.jp/dairyqa/2107_012_463/（2024.12.11）
（一社）日本養鶏協会編：鶏卵の需給見通し 2022 年 9 月
https://www.jpa.or.jp/stability/pdf/keiran202209_01.pdf（2023.12.25）
農林水産省：食料需給表
https://www.maff.go.jp/j/zyukyu/fbs/ （2024.02.27）
農林水産省：特集 1 とり，aff［あふ］，47(12)，4-13（2016）
農林水産省：報道・広報 aff“サバ缶”で食卓へ手軽に水産物を！
https://www.maff.go.jp/j/pr/aff/bcnm2020.html（2024.12.02）
農林水産省：令和 5 年度　日本の食料自給率
https://www.maff.go.jp/j/zyukyu/zikyu_ritu/012.html （2024.08.07）
松石昌典：食肉用語の解説　食肉の熟成，日本食肉学会ホームページ
https://jmeatsci.org/column/（2024.02.14）
文部科学省：日本食品標準成分表（八訂）増補 2023 年（2023）
山口迪夫：新しいアミノ酸スコアをめぐる問題，栄養学雑誌，45(2)，85-90（1987）
吉田勉監修，佐藤隆一郎，加藤久典編：食物と栄養学基礎シリーズ　食べ物と健康，60，学文社（2012）
渡邊乾二：食卵の科学と機能―発展的利用とその課題，アイ・ケイコーポレーション（2008）
渡部終五：魚介類筋肉タンパク質機能の多様性と分子機構，日本水産学会誌，72(3)，357-365（2006）

4　油脂類の分類と成分

4.1　食用油脂の種類と特徴

4.1.1　種　　類

食用油脂の原料は天然物であり，化学合成品はない。食用油脂は，原料の種類，**物理化学的性質**(① 融点や凝固点，② 比重，③ 屈折率，④ 発煙点，⑤ 引火点，⑥ 発火点)ならびに**化学的性質**により分類される。また，食用油脂は，植物性と動物性にも分類できる。その他には，常温で液状もしくは固体といった分類があり，常温で液状のものを**油**，固体のものを**脂**と呼ぶ。油脂の分類を図4.1に示すが，食用油脂は，さまざまな種類の**脂肪酸**によって構成されており，この脂肪酸の種類や割合によって油脂の栄養生理機能を始めとした性質は異なってくる。たとえば，食品中の脂肪酸の**二重結合**(**不飽和結合**)は，ほとんどが**シス**(***cis***)**型**であり，同じ炭素鎖数の脂肪酸であっても，不飽和度が高いほど融点は低くなる(**表4.1**)。しかしながら，二重結合の幾何異性体として反芻動物および部分水素添加植物油(**マーガリン**など)中の**トランス**(***trans***)**型**の不飽和脂肪酸(**トランス脂肪酸**＊)は，同じ植物油を原料としていても融点は高くなる。

＊**シス-トランス異性体(幾何異性体)**　炭化水素基の二重結合を軸にして，同じ原子(原子団)が同じ側に位置する異性体のことをシス型，異なる側に位置するものをトランス型という。

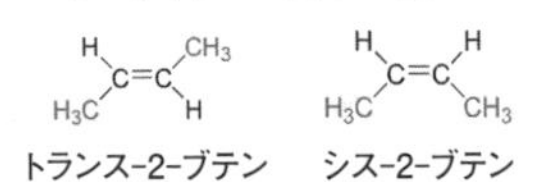

トランス-2-ブテン　シス-2-ブテン

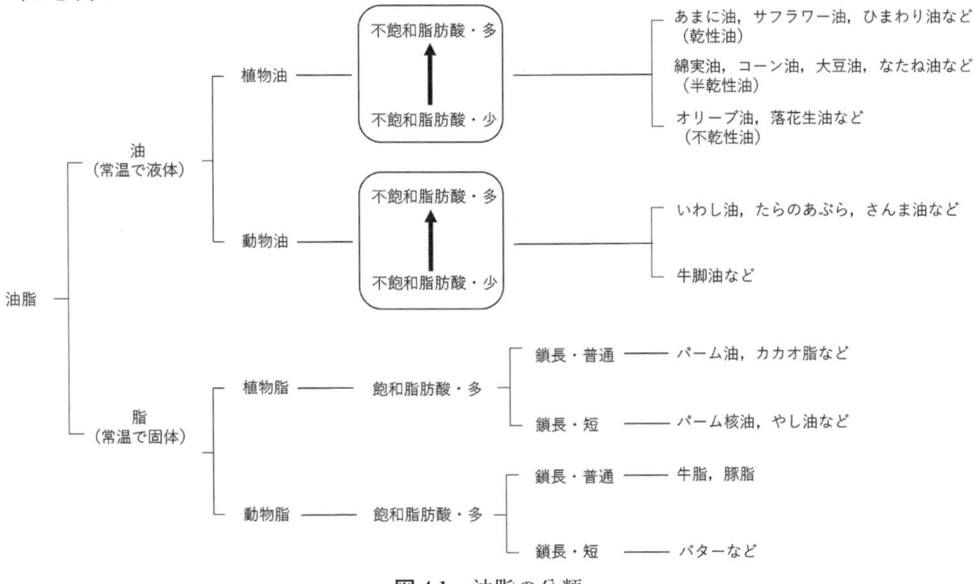

- 油脂
  - 油(常温で液体)
    - 植物油 ―― 不飽和脂肪酸・多 ↑ 不飽和脂肪酸・少
      - あまに油，サフラワー油，ひまわり油など(乾性油)
      - 綿実油，コーン油，大豆油，なたね油など(半乾性油)
      - オリーブ油，落花生油など(不乾性油)
    - 動物油 ―― 不飽和脂肪酸・多 ↑ 不飽和脂肪酸・少
      - いわし油，たらのあぶら，さんま油など
      - 牛脚油など
  - 脂(常温で固体)
    - 植物脂 ―― 飽和脂肪酸・多
      - 鎖長・普通 ―― パーム油，カカオ脂など
      - 鎖長・短 ―― パーム核油，やし油など
    - 動物脂 ―― 飽和脂肪酸・多
      - 鎖長・普通 ―― 牛脂，豚脂
      - 鎖長・短 ―― バターなど

図4.1　油脂の分類

出所）農林水産省食品産業課編：我が国と世界の油脂をめぐる動向2009年10月，農林水産省(2009)

表 4.1　食品中に含まれる主な脂肪酸の種類と性質

	炭素数：二重結合数	融点(℃)	主な存在
飽和脂肪酸			
短鎖脂肪酸			
酪酸	4:0	−7.9	やし油，乳脂
中鎖脂肪酸			
ヘキサン酸	6:0	−3.4	やし油，乳脂
カプリル酸	8:0	16.7	やし油，パーム核油，乳脂
カプリン酸	10:0	31.3	やし油，パーム核油，乳脂
長鎖脂肪酸			
ラウリン酸	12:0	43.5	やし油，パーム核油
ミリスチン酸	14:0	54.4	やし油，パーム核油，動物性脂肪
パルミチン酸	16:0	62.9	パーム油，動物性脂肪，牛乳脂肪
ステアリン酸	18:0	69.6	動物性脂肪
アラキジン酸	20:0	75.4	落花生脂
一価不飽和脂肪酸			
パルミトレイン酸	16:1 *n*−7	0.5	マカダミアナッツ油，魚油
オレイン酸	18:1 *n*−9	13.4	動植物油脂
エライジン酸	9*t*−18:1(トランス)	51	部分水素添加植物油
バクセン酸	11*t*−18:1(トランス)	44	反芻動物乳脂肪・体脂肪
エルシン酸(エルカ酸)	22:1 *n*−9	33.5	なたね油
多価不飽和脂肪酸			
***n*−6(オメガ 6)系**			
リノール酸	18:2	−5.2	植物油
γ−リノレン酸	18:3	−6	月見草油，ボラージ油
アラキドン酸	20:4	−49.5	卵黄，肝臓，魚油
***n*−3(オメガ 3)系**			
α−リノレン酸	18:3	−11	植物油(あまに油，なたね油，大豆油)
エイコサペンタエン酸	20:5	−53	魚油
ドコサヘキサエン酸	22:6	−75	魚種
共役脂肪酸　共役リノール酸	9*c*, 11*t*−18:2	—	反芻動物乳脂肪・体脂肪

出所）菅野道廣：脂質栄養学「日本人の健康と脂質」の理解を求めて，4，幸書房(2016)

4.1.2　特　　徴

油脂の主成分はグリセロール(グリセリン)1分子に脂肪酸3分子がエステル結合した**トリグリセリド**(トリアシルグリセロール，中性脂肪)である。油脂は生体内で代謝されると，1 g から 9 kcal のエネルギー(熱量)が生じる。また，油脂にはトリグリセリド(単純脂質)以外にも健康と深い関わりがある多種多様な成分があり，**ステロール類**(誘導脂質)，**リン脂質**(複合脂質)，その他に脂溶性ビタミンである**カロテノイド類**，**トコフェロール**，**トコトリエノール**などがある。

食用油脂は，調理加工する際の原材料となる。油脂には，揚げ物，炒め物の際に食材に熱を伝える働きがあるだけでなく，調味・風味油として料理に美味しさを加える。さらに，食用油脂と一緒に食べることによって，小腸か

＊1　酸化(AV：Acid Value)　油脂1gの中に含まれる遊離脂肪酸を中和するために必要な水酸化カリウム(KOH)のmg数。油脂の精製度や鮮度の指標になる。精製油のAVは0.1以下である。

＊2　けん化価(SV：Saponification Value)　油脂1gをけん化(アルカリによる加水分解)するのに要する水酸化カリウム(KOH)のmg数。構成油脂酸の分子星が小さいほどけん化価は大きくなる。

＊3　ヨウ素価(IV：Iodine Value)　油脂100gに反応するヨウ素(I_2)のg数。構成脂肪酸の二重結合が多いほどヨウ素価は大きくなる。

＊4　過酸化物価(POV：Peroxide Value)　油脂1kgに含まれる過酸化物のミリ当量数。自動酸化初期の程度を示す指標である。

＊5　カルボニル価(COV：Carbonyl Value)　油脂1kgに含まれるカルボニル化合物のミリ当最数。過酸化物の分解により生じる二次生成物であるカルボニル化合物を測定するため，油の酸敗の指標となる。

＊6　チオバルビツール酸(TBA)　油脂の酸化が進むと，過酸化物が分解して，マロンジアルデヒド等が生成する。これがTBAと反応して赤色の生成物を生じる。これを比色定量し，油脂1g当たりの吸光度で示したものであり，油脂の酸敗の指標になる。

＊7　日本農林規格(JAS規格)　農林物資(飲食料品・農産物・林産物・畜産物・水産物)についての品質の基準と品質に関する表示の基準を内容とする全国統一の規格(Standard)である。これを定めているのが，「日本農林規格等に関する法律」であり，通称「JAS法」とよばれる。

らの脂溶性ビタミンの吸収効率をあげるなど間接的な生理機能ももっている。

その他にも，油脂の化学的性質を示す特数として，**酸価**[＊1]，**けん化価**[＊2]，**ヨウ素価**[＊3]，**過酸化物価**[＊4]ならびに**カルボニル価**[＊5]，**チオバルビツール酸価**[＊6]などがある(食品学Ⅰを参照)。

4.2　植物油脂

植物油脂とは，植物性の原料から採取された油脂であり，日本においては**日本農林規格**[＊7](**JAS規格**)によって，全18種類の食用植物油脂が規格化されている。一般に広く利用されている油脂(16種類)やそれらの油脂を調合した食用調合油，油脂に味付けした香味食用油については，**等級**(精製度合い)，**油種**(各油種が有する特徴，比重，屈折率，けん化価，ヨウ素価など)，**品質**(色，水分，酸価など)の確認の3項目が規格化されている(**表4.2**)。

植物油脂は，**ハイリノール**，**ハイオレイック**，**ミッドオレイック**にも分類することができる。なお，ハイオレイックのオレイン酸の割合は日本農林規格で定められている(増補2023より)。食用植物油脂の脂肪酸組成と脂肪酸総量の一部を**図4.2**にまとめている。植物油脂は，**不飽和脂肪酸**を多く含んでいる。そのため，常温で液体のものが多い。ただし，やし油やカカオ脂のように**飽和脂肪酸**を大量に含む油脂もある。不飽和脂肪酸の一部(リノール酸，リノレン酸)

表4.2　食用植物油脂の特性値

	比重	屈折率	けん化価	ヨウ素価
あまに油	0.930～0.933	1.4780～1.4810	187～197	175以上
えごま油	0.927～0.933	1.4835～1.4851	187～197	162～208
オリーブ油	0.907～0.913	1.466～1.469	184～196	75～94
カカオ脂	0.945～0.998	1.456～1.458	199～202	29～38
ごま油	0.914～0.922	1.470～1.474	186～195	104～118
サフラワー油　ハイオレイック	0.910～0.916	1.466～1.470	186～194	80～100
サフラワー油　ハイリノレック	0.919～0.924	1.473～1.476	186～194	136～148
大豆油	0.916～0.922	1.472～1.475	189～195	124～139
とうもろこし油	0.915～0.921	1.471～1.474	187～195	103～130
なたね油(キャノーラ油)	0907～0.919	1.469～1.474	169～193	94～126
パーム核油	0.900～0.913	1.449～1.452	240～254	14～22
パーム油	0.900～0.908	1.457～1.460	190～209	50～55
ひまわり油　ハイオレイック	0.909～0.915	1.467～1.471	182～194	78～90
ひまわり油　ハイリノール	0.915～0.921	1.471～1.474	188～194	120～141
ぶどう油	0.918～0.923	1.473～1.477	188～194	128～150
綿実油	0.916～0.922	1.469～1.472	190～197	102～120
やし油	0.909～0.917	1.448～1.450	248～264	7～11
落花生油	0.910～0.916	1.468～1.471	188～196	86～103
いわし油	0.930～0.935	1.477～1.481	188～205	163～195
たら肝油	0.924～0.942	1.474～1.487	175～191	143～205

出所）農林水産省：食品表示基準に伴う食用植物油脂の日本農林規格改正(平成28年2月24日)

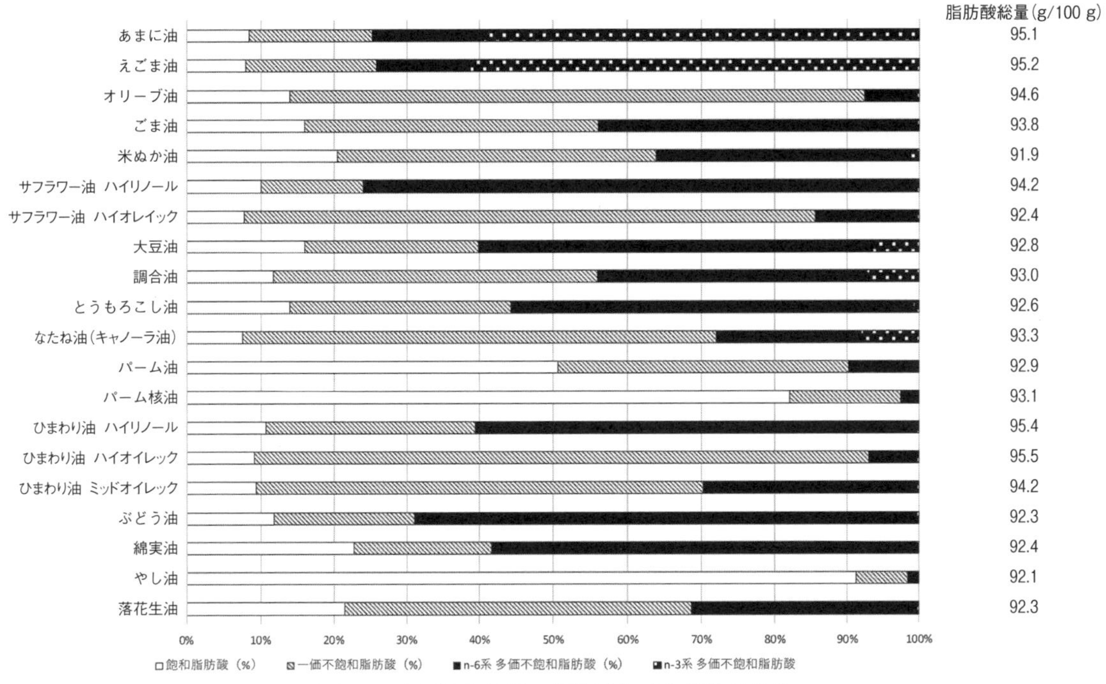

図 4.2　食用植物油脂の脂肪酸組成と脂肪酸総量

は，生体で合成できないため，必須脂肪酸と呼ばれており，食物から摂取する必要がある。

4.2.1　植物油脂の製造法

(1) 前処理

採油にあたり，原料から夾雑物などを除去する工程を**精選**という。精選後は，水分を調整しながら加熱することで，油の採油率が高まる。

(2) 圧搾・圧抽法

圧搾では，物理的に高圧をかけることによって油を搾りだす。一般的には，連続圧搾機(エキスペラー)を用いて原料がもつ油分を 1/2 ～ 1/3 を搾り取る。また，圧搾では残油が 10 ～ 20 %あるため，この残りを回収するためには**圧抽法**を行う。

(3) 抽　出

抽出は，油分の少ない原料(大豆など)の場合に用いられる。この方法は，扁平に押しつぶして表面積を拡大し，溶剤ヘキサン(食品添加物)を用いて油分を溶かし出す方法である。

(4) 精製工程

製造直後の油は特有の臭さの他に，リン脂質，遊離脂肪酸，微量金属，色素など含んでおり，そのままでは食用には適していない。したがって，**トコ**

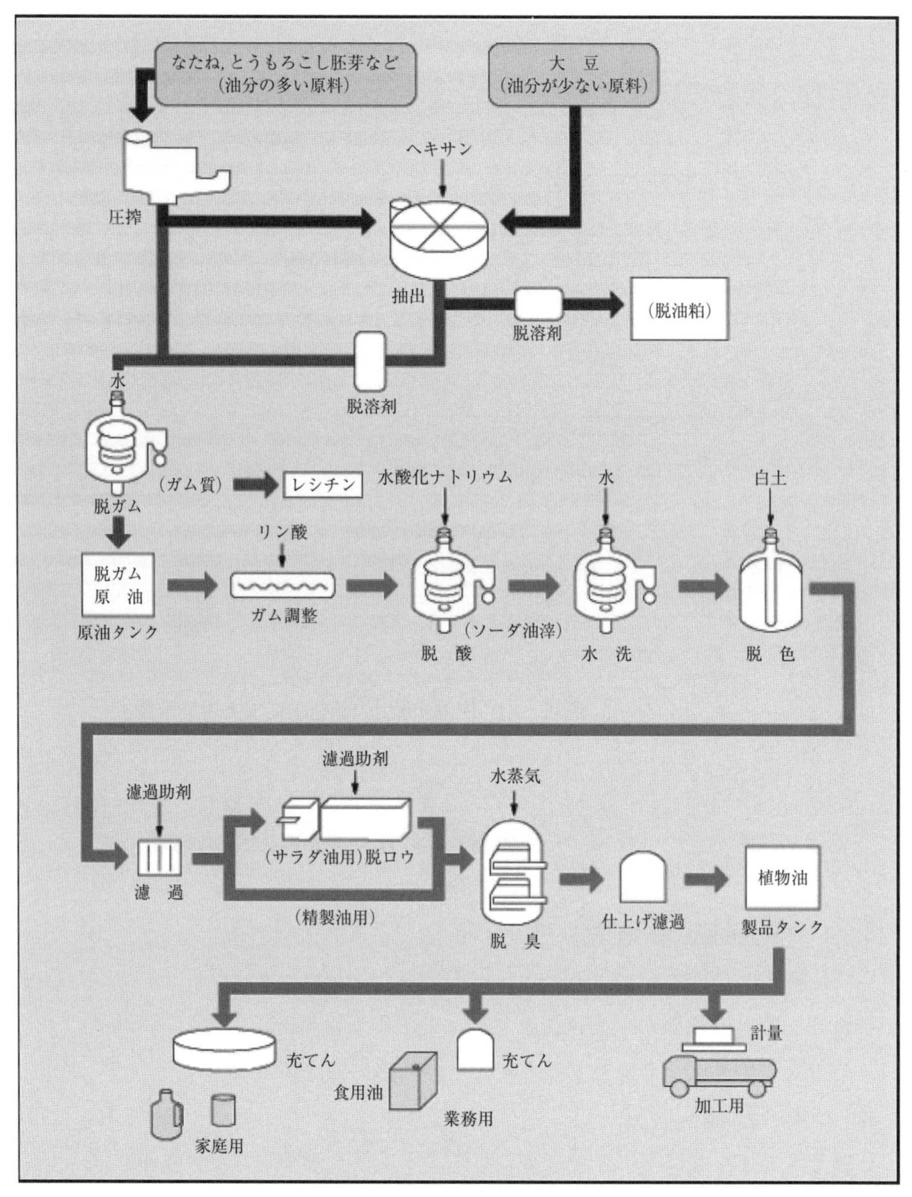

図 4.3　植物油脂の製造法

出所）日本植物油協会ホームページ

＊1　**トコフェノール**　ビタミンEの一種。

＊2　**乳化**　互いに溶け合わない2種の液体の一方が，微細なミセルを形成して他方の中にコロイド状に分散する現象。分散した系を乳化液またはエマルション（emulsion），エマルジョン乳濁液ともいう。

＊3　**レシチン**　リン脂質の一種。

フェロール[*1]（ビタミンE）などの有用成分を極力残しつつ，これらの不要な成分を除くのが**精製**である。

1)　脱ガム

油に含まれるもののうち，リン脂質には有用な用途（**乳化性**[*2]）があるが，**リン脂質**が残存している状態で加熱すると，着色や泡立ちが観察される。そのため，リン脂質を除去し，別途リン脂質から**レシチン**[*3]を回収する。この工程を**脱ガム**という。脱ガムは，油に温湯または水蒸気を加えてリン脂質を水和させ，遠心分離機によってガム質と油を分離させる。通常，脱ガムした油は**原油**といわれ，いったん原油タンクに貯蔵される。

2）脱　酸

脱酸は，原油中に含まれている**遊離脂肪酸**を除去する工程である。通常少量のリン酸でガム質を分離しやすく調整した後，水酸化ナトリウム水溶液などのアルカリを加えて遊離脂肪酸を石けんの形で分離する。この分離物を**ソーダ油滓**（あぶらかす）（**アルカリフーツ**）と呼ぶ。さらに水洗・乾燥を行うと，一連の工程で，脱ガム工程では完全に除去できなかったガム質，微量金属，色素の一部も除去される。

3）脱　色

脱色は，油に酸性白土や活性炭などを加えて，クロロフィルなどの色素や，脱酸工程から残存してきた石けんを吸着させて除去する工程である。通常，加温した油に白土を加え，攪（かく）拌後，ろ過によって廃白土と分離して**脱色油**を得る。

4）脱　臭

脱色油は，さまざまな有臭成分，その他の揮発性成分を含んでいるため，食用には不十分である。**脱臭**は，脱色油を真空下で240℃以上の高い温度に保ち，水蒸気を吹き込んで，有臭成分などを水蒸気とともに蒸発させることである。油の酸化安定性を増すためには，油の中の天然抗酸化成分の**トコフェロール**を極力残しつつ，さらに，その作用を高めるためにクエン酸を少量加える。また，加熱安定性ならびに消泡性を与えるため，業務用の油には，**シリコーン樹脂**（ケイ素）を加えることもある。

5）脱ロウ（ウインタリング）

脱ロウは，油を徐々に冷却し，低温で固まる成分を十分析出させた後，ろ過によって取り除く工程である。サラダ油を製造する場合，脱色後，脱臭前に本工程を実施する。現在では，サラダ油以外の家庭用の植物油脂でも，寒冷時に油が濁るため，それを防ぐために行われるようになっている。

コラム11　リン脂質の生理機能

リン脂質は，分子内にリン原子を含む複合脂質で，コレステロールとともに生体膜，血中リポたんぱく質（VLDLなど）の主要な構成成分である。食品産業では，リン脂質の乳化性によってマヨネーズを作っている。一方，近年，リン脂質の生理作用にも注目が集まっており，食事として摂取したリン脂質は，肝機能の正常化を中心とした脂質代謝異常の改善効果がヒトを対象とした研究においても報告されている。その機序のひとつとして，実験動物（ラット）ではあるが，卵黄由来のリン脂質の摂取は，肝臓からのVLDLの分泌を促進することで脂肪肝を改善することが明らかになっている。

4.2.2　植物油脂の種類と特徴

(1) あまに油

あまに油[*1]は，圧搾あるいは圧抽法によって得られる。油は特有の臭いをもち，**乾性油**[*2]である。

主な脂肪酸組成は，パルミチン酸 6.1 ～ 6.6 %，オレイン酸 14.5 ～ 16.9 %，リノール酸 15.4 ～ 16.1 %，**α-リノレン酸** 58.0 ～ 60.6 %である。栽培地によって脂肪酸組成に差があるが，α-リノレン酸が最も多い。熱を加えないサラダのドレッシングなどの料理に利用される。

(2) オリーブ油

オリーブ油は，気温の高いところに適する常緑の喬木(きょうぼく)で，地中海沿岸地域とカリフォルニア等で栽培される。果実の含油量は 40 ～ 60 %で，採油は圧搾を行う。圧搾で得られた油は，黄緑色を帯びた特有の香りを有する油で，精製していないものを**バージンオリーブオイル**と呼び，高級なオリーブオイルとして利用される。

主な脂肪酸組成は，パルミチン酸 7.5 ～ 20 %，パルミトオレイン酸 0.3 ～ 3.5 %，ステアリン酸 0.5 ～ 5.0 %，**オレイン酸** 55.0 ～ 83.0 %，リノール酸 3.5 ～ 21 %である。大部分が**オレイン酸**のため，安定性の高い**不乾性油**[*3]である。

主に食用(炒め油，フライ油など)，化粧品用，薬用として用いられている。その他として，溶剤抽出された低品質の油は，石けんの原料やオレイン酸の原料として使用される。また，圧搾粕(かす)はさらに溶剤抽出される。その油は，スクアレンやトリテルペノイド酸などを含む不けん化物の多い低品質の油である。このため，溶剤抽出された油は，一般的な精製を施して，**精製オリーブ油**となる。

(3) カカオ脂

カカオ脂は，熱帯の植物カカオの種子から圧搾法により得られる**固体脂**である。種子の含油量は 48 ～ 57 %で，得られたカカオ脂の特有の芳香はチョコレートなどの食品に利用されるので，精製，脱臭などの処理を行わずにチョコレート製造に用いられる。圧搾粕は，残油分 20 %程度であるが，ココアの製造に使用される。

＊1　**あまに油**　酸化されやすいため，食用としては，ロシアなどの寒冷地のごく限られた地域でしか見られなかった。ほとんどは乾燥性を利用して，アルキド樹脂塗料，ペイント，印刷インク，油布などに用いられてきた。また，あまに油から得られる純度 95 %のα-リノレン酸は，保護被膜，ゴムや合成樹脂の抗オゾン可塑剤，環状脂肪酸として融点の非常に低い(－40 ℃)潤滑剤，農業における昆虫誘引物質の製造など広い用途がある。

＊2　**乾性油**　乾燥性に富んだ脂肪油で，薄膜にして空気中に放置すると，比較的短時間に固化乾燥する。ヨウ素価 130 以上，のものが乾性油に分類される。

＊3　**不乾性油**　乾燥しにくい脂肪油。ヨウ素価 100 以下のもの。

＊4　**可塑性**(かそ)　固体に力を加えて弾性限界を越える変形を与えたとき，力を取り去っても歪みがそのまま残る性質

コラム 12　チョコレートの口溶けのよさ

チョコレートの風味は，味や香りだけでなく，口溶けのよさが重要である。チョコレートの脂肪分であるココアバターは，30 ～ 32 ℃で溶け始め，32 ～ 35 ℃でほとんど融解する。この理由は，ココアバターに含まれる脂肪分の融点が体温または口腔内の温度に近似しているからである。また，**可塑性**[*4]の範囲が非常に狭いことも影響している。これらの性質が，チョコレートを口に含んだ時に一気に溶ける口溶けのよさにつながっている。

主な脂肪酸組成は，**パルミチン酸** 26.4 %，**ステアリン酸** 33.9 %，**オレイン酸** 35.9 %，リノール酸 3.0 %である。

用途はチョコレートの主成分として利用されている。その他として，製菓用，薬用ならびに化粧用に用いられている。

(4) ごま油

ごまの種子から圧搾法または圧抽法で得られる。含油量は 44 ～ 54 %である。生の種子から搾油した冷圧油(ごまサラダ油)は，淡黄色でほとんど香味を有しないが，種子をあらかじめ炒った後，圧搾して得た油(焙煎ごま油)は黄褐色で特有の香りと味がある。**ごま油**[*1]は不けん化物が多く，他の油脂にみられない**リグナン**類を含有する。製造条件によって異なるが，**セサモール**と**セサミン**を含むため，ごま油特有の呈色と旋光性を示す。セサモールは，フェノール性抗酸化剤であることから，ごま油や水添油は安定性が大きい。また，**トコフェロール**や**セサミノール**なども含むため，酸化安定性が高いことが特徴である。

主な脂肪酸組成は，パルミチン酸 7.9 ～ 12.0 %，ステアリン酸 4.8 ～ 6.7 %，**オレイン酸** 35.9 ～ 43.0 %，**リノール酸** 39.1 ～ 47.9 %である。

用途は食用油であるが，薬用，石けん製造にも用いられている。欧米ではマーガリン，ショートニングの添加剤としても用いられている。

(5) 米ぬか油

米ぬかの含油量は 15 ～ 21 %であるが，米ぬか中には，**リパーゼ**[*2]が含まれているため，リパーゼを失活させて保存する必要がある。

主な脂肪酸組成は，パルミチン酸 17.4 %，ステアリン酸 1.9 %，**オレイン酸** 42.4 %，**リノール酸** 34.8 %である。

ビタミン E が米ぬか油には含まれていることから加熱に強く，食用油として用いられている。主な用途として，てんぷら用，ポテトチップスやスナック菓子のフライ用などがある。また，米ぬか油を精製する際に副生される脂肪酸は，粉せっけん等の材料となる。

(6) サフラワー油

べにばなの種子から主として圧抽法によって得られ，殻を除いてから採油すると油の性質が著しく改善されるので，近年は，採油に先立って脱穀工程を付け加える試みもなされている。**サフラワー油**には，ハイリノールとハイオレイック(オレイン酸 70%以上)がある。

ハイリノールの主な脂肪酸組成は，パルミチン酸 5.3 ～ 8.0 %，ステアリン酸 1.9 ～ 2.9 %，オレイン酸 8.4 ～ 21.3 %，**リノール酸** 67.8 ～ 83.2 %である。ハイリノール型は，大部分が**リノール酸**であるので乾燥性がよく，精製すれば容易に淡色になる。また，リノレン酸含有量が少ないので，乾燥皮膜

*1 **ごま油**　ごま油はそれ自身では殺虫効果はないが，ピレトリン(除虫菊の成分)の効力を著しく増大することが知られている。

*2 **リパーゼ**　脂質を構成するエステル結合を加水分解する酵素群

が変色しないという長所をもっている。

ハイオレイックは，品種改良されたハイオレイックあるいは高オレイン酸種の種子から採取したものである。主な脂肪酸組成は，パルミチン酸 3.6 ～ 6.0 %，ステアリン酸 1.5 ～2.4 %，**オレイン酸** 70.0 ～ 83.7 %，リノール酸 9.0 ～ 19.9 %，リノレン酸 0 ～ 1.2 %である。リノール酸に代わってオレイン酸含量が高くなっていることから，酸化しにくく熱安定性に優れている。

用途として，フライ油やてんぷら油など加熱用とドレッシングやマヨネーズなどの生食用がある。特に，高オレイン型は，酸化安定性や乳化性が高いことから，利用頻度も高い。

(7) 大豆油

種子の含油量は 16 ～ 22 %であり，大豆油は大豆から抽出法によって得られる**半乾性油**[*1]である。日本における油脂供給量では，なたね油に次ぐ供給量である。

主な脂肪酸組成は，パルミチン酸 8.0 ～ 13.5 %，ステアリン酸 2.0 ～ 5.4 %，オレイン酸 17.0 ～ 30.0 %，**リノール酸** 48.0 ～ 59.0 %，リノレン酸 4.5 ～ 11.0 %で，リノール酸が多い。また，リノレン酸が他の油脂類よりも比較的多く含まれているため，酸化安定性が低く，**戻り臭**[*2]が生じやすい。一方，リン脂質も含有しており，大豆レシチンの原料となる。さらに，不けん化物として，シトステロール，カンペステロールなどの植物ステロールやトコフェノールなどが多く含まれていることも特徴のひとつである。

用途は，フライ油，サラダ油など食用にされているだけでなく，硬化してマーガリンやショートニングの原料となる。

(8) とうもろこし油

胚芽から圧抽法で得られる半乾性油で，胚芽の含油量は 40 ～ 55 %である。原油は甘みのあるにおいがあり，色が濃く，他の植物油脂と同様に精製しても淡色になりにくい特徴がある。また，精製工程で**脱ロウ**処理を行う必要がある。

主な脂肪酸組成は，パルミチン酸 8.6 ～ 16.5 %，ステアリン酸 0 ～ 3.3 %，オレイン酸 20.0 ～ 42.2 %，**リノール酸** 34.0 ～ 65.6 %，リノレン酸 0 ～ 2.0 %である。リノール酸が多いが，安定性がよいことが特徴である。また，クリプトキサンチンを含み，淡黄色で特有の香味があることも特徴のひとつである。

用途は，サラダ油として，マヨネーズやドレッシングなどの食用として使用される。その他として，硬化油の原料にもなっている。

(9) なたね油（キャノーラ油）

なたね油は，圧抽または圧搾法によって採油され，脱酸，脱色，脱臭の通常の精製工程を経てから食用とされる。日本における油脂供給量が最も高い

＊1 **半乾性油**　乾性油と不乾性油との中間程度の乾燥性をもつ脂肪油。ヨウ素価 100 ～ 130 のもの。

＊2 **戻り臭**　初期に豆のようなにおい，次いで草のようなにおい，そして生臭くなる。自動酸化の初期に生成し，過酸化物の蓄積がほとんどみられない段階で生じるため，酸敗臭とは異なる。

食用油脂である。種子の含油量は，38 ～ 45 %である。

在位種のなたね油には，**エルカ酸**[*1]が 40 ～ 50 %含まれていたが，エルカ酸は心臓機能に悪影響を及ぼすことが指摘されていたことから，輸入なたねを品種改良し，現在では，エルカ酸含量が 1 %以下になり，オレイン酸が 60 %程度に増加したものが流通している。また，近年では，オレイン酸量をさらに高めたハイオレイックやリノレン酸を低減させた低リノレン酸型も生産されるようになっている。

＊1　**エルカ酸（エルシン酸）**　炭素数 22 の一価不飽和脂肪酸。

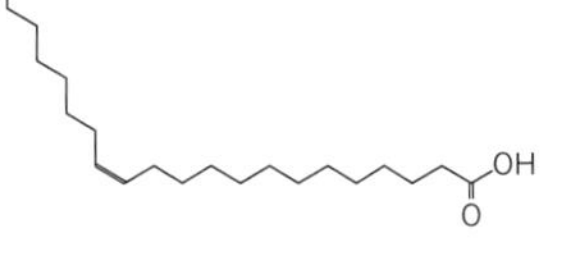

主な脂肪酸組成は，パルミチン酸 2.5 ～ 7.0 %，ステアリン酸 0.8 ～ 3.0 %，**オレイン酸** 51.0 ～ 70.0 %，リノール酸 15.0 ～ 30.0 %，リノレン酸 5.0 ～ 14.0 %，エルカ酸 0.0 ～ 2.0 %である。

なたね油は，てんぷら油，**サラダ油**[*2]として単独あるいは，大豆油と調合して用いられている。風味が淡白で，酸化安定性がよいことから，調理加工食品，製菓，製パン，フライ用としても用いられており，用途の幅が広い。

＊2　**サラダ油**　「高度精製湯油」を指す JAS 規格で定められた日本独自の名称→ 154 ページ参照

(10) パーム油

油やオイルパームの果肉部分から得られる油で，油脂含有量は 45 ～ 50 %で，圧搾法によって採油される。果肉は，収穫後採油までの間に，**リパーゼ**の作用を受けて油脂が加水分解する。それゆえ，収穫後時間が経つと**遊離脂肪酸**が多くなるので，現地で採油され，消費国へは，すべてパーム油として輸出される。パーム油は**カロテン**[*3]を多量（0.05 % ～ 0.2 %）に含むためオレンジ色を呈し，特有の芳香がある。なお，精製パーム油を分別したものにパーム・オレイン（液体状の油），パーム・ステアリン（固形状の油）がある。

＊3　**カロテン**　カロテノイドの一種。動物の体内ではビタミン A に代謝されることもある。

主な脂肪酸組成は，ミリスチン酸 0.5 ～ 2.0 %，**パルミチン酸** 39.3 ～ 47.5 %，ステアリン酸 3.5 ～ 6.0 %，**オレイン酸** 36.0 ～ 44.0 %，リノール酸 9.0 ～12.0 %である。

用途としては，わが国では約 8 割が食用（マーガリン，ショートニング，フライ用，製菓用油等）であり，残りが工業用（鉄鋼の圧延用，石けん，ローソク製造など）に用いられている。

(11) パーム核油

油やし（オイルパーム）の種子から圧搾法によって得られる油である。やし油とよく似た性状をもつ。

主な脂肪酸組成は，カプリル酸 2.4 ～ 6.2 %，カプリン酸 2.6 ～ 5.0 %，**ラウリン酸** 45.0 ～ 55.0 %，ミリスチン酸 14.0 ～ 18.0 %，パルミチン酸 6.5 ～ 10.0 %，ステアリン酸 1.0 ～ 3.0 %，オレイン酸 12.0 ～ 9.0 %，リノール酸 1.0 ～ 3.5 %である。炭素数 8 のカプリル酸，10 のカプリン酸の量が少ない他は，やし油とよく似ている。

やし油と同様の用途に使われるが，わが国ではほとんどが食用として用いられている。

(12) ひまわり油

ひまわり油はひまわりの種子から得られる乾性油である。採油する際は，そのまま，もしくは採油に先立ち，脱穀して顆肉とした後に圧抽法で採取される。原油は色が淡く，精製が極めて容易なため，精製損失が少ない特徴がある。ごく少量であるがロウ分を含んでいるため，**脱ロウ**が必要である。ひまわり油には，ハイオレイック（オレイン酸 75 %以上），ハイリノール，ミッドオレイックがある。

ハイオレイックの脂肪酸組成は，パルミチン酸 2.6 ～ 5.0 %，ステアリン酸 2.9 ～ 6.2 %，**オレイン酸** 75.0 ～ 90.7 %，リノール酸 2.1 ～ 17.0 %で，酸化安定性に優れている。ハイリノールの脂肪酸組成は，パルミチン酸 5.0 ～ 7.6 %，ステアリン酸 2.7 ～ 6.5 %，オレイン酸 14.0 ～ 39.4 %，**リノール酸** 48.3 ～ 74.0 %である。ミッドオレイックは，パルミチン酸 4.4 %，ステアリン酸 3.6 %，**オレイン酸** 60.5 %，リノール酸 29.7 %である。

用途として，サラダ油や調理用油として利用される。その他として，水素添加してマーガリンやショートニングにも用いられている。

(13) ぶどう油（ぶどう種子油，グレープシードオイル）

ぶどうの種子から圧抽法によって得られる乾性油である。種核中の平均含油量は 10 %（7 ～ 21 %）で，新鮮なぶどう種子から得られた油は食用に供されている。

主な脂肪酸組成は，パルミチン酸 5.5 ～ 11.0 %，ステアリン酸 3.0 ～ 6.5 %，オレイン酸 12.0 ～ 28.0 %，**リノール酸** 58.0 ～ 78.0 %であり，大豆油と同様にリノール酸含量が高い。

用途として，サラダ油や調理用油として利用される。

(14) 綿実油

綿実油は，綿の種子を原料としており，圧抽法により採油される半乾性油である。綿実から搾油された原油は，**不けん化物***を取り除くために**精製**を行う必要がある。

* **不けん化物**　油脂をけん化した後に残った物質の量。けん化物を基準として百分率で表す。油脂製品の良否の指標，油種の特定に利用される。

主な脂肪酸組成は，パルミチン酸 21.4 ～ 26.4 %，ステアリン酸 2.1 ～ 3.3 %，オレイン酸 14.7 ～ 21.7 %，**リノール酸** 46.7 ～ 58.2 %である。

綿実油は，風味がよく，酸化安定性もよいので，主としてサラダ油として使用される。しかしながら，脱ロウによって固体脂を除去する必要がある。脱ロウによって得られた固体脂は，綿実ステアリンと呼ばれ，マーガリンやショートニングの原料になる。

(15) やし油

やし油はコプラ（ココヤシの果実から得られる乾燥した胚乳）から圧搾または圧抽

法によって採油される油で，パーム核油とともに**ラウリン酸***が多く含まれる油脂である。

主な脂肪酸組成は，カプリル酸 4.6 ～ 10.0 %，カプリン酸 5.0 ～ 8.0 %，ラウリン酸 45.1 ～ 53.2 %，ミリスチン酸 16.8 ～ 21.0 %，パルミチン酸 7.5 ～ 10.2 %，ステアリン酸 2.0 ～ 4.0 %，オレイン酸 5.0 ～ 10.0 %，リノール酸 1.0 ～ 2.5 %である。

用途として，マーガリン，ショートニング，製菓用油脂として食用に用いられる。その他，石けんならびに高級アルコール原料として工業的にも重要である。

＊ラウリン酸　炭素数 12 の飽和脂肪酸

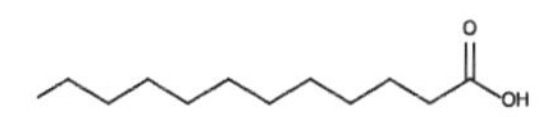

ラウリン酸は，アルキド樹脂塗料，か塑剤，安定剤，化粧品など化学工業原料に広く使われている。パーム核油，やし油に多い。

(16) 落花生油（ピーナッツオイル）

落花生の実から圧搾法または圧抽法によって得られる不乾性油である。落花生油は，品質が安定しており，芳香もあることが特徴である。

主な脂肪酸組成は，パルミチン酸 9.9 ～ 12.0 %，ステアリン酸 2.1 ～ 4.2 %，**オレイン酸** 37.3 ～ 49.3 %，**リノール酸** 31.6 ～ 41.7 %，リノレン酸 1.0 ～ 1.8 %である。

用途として，酸化安定性があり，風味もよいことから，食用(調理用，フライ用，マーガリン，ショートニング)の原料となっている。

(17) 調合油

1) サラダ油

サラダ油は，指定された 9 種類の原料を精製し，1 種もしくは 2 種類以上を調合し，低温下においても濁る，もしくは固化することにないように製造した精製度が高いものをいう。サラダ油は，サラダ用としてドレッシングなどにして生で食べるのが本来の目的であるため，新鮮な風味が安定に保たれていることが重要である。製造直後は油臭くないが，空気中の酸素による酸化を受けて経時的変化によって風味劣化がおこる。原料，種類，製造技術，あるいは製造後の保管条件等により風味安定に違いがおきる。原料によっては，製造後気温の低下によって，濁りが発生し，商品価値を低下させるため，脱ロウ処理して，前もって白濁，固化する成分を除いておく必要がある。

2) 精製油

精製油は揚げ物，すなわち 180 ℃程度に加熱して使用される油ゆえに，まず加熱安定性のよいことが求められる。このため，不飽和度の大きい油の使用は避けることが重要である。加熱安定性を顕著に改善するものには，食品添加物のシリコーン樹脂がある。わずか 2 ppm 以下の添加によって，加熱に伴って起きる発煙，着色，粘度上昇，特に泡立ちなどの熱酸化変質が大幅に抑えられる。

4.3　動物油脂

動物性の原料から製造される主な油脂は**牛脂**(**ヘット**)，**豚脂**(**ラード**)ならびに**魚油**である。食用動物油脂の脂肪酸組成と脂肪酸総量の一部を**図 4.4** にまとめている。

4.3.1　動物油脂の製造方法

陸産動物では，解体後，脂肉，骨，筋などの非肉食部から水蒸気などによる**高温融出法**で採油する。部位により脂肪酸組成が異なるため，目的により原料を区分けする必要がある。魚鯨油でも同様に高温による煮採りが主である。精製工程は植物油脂の場合と基本的に同じである。

4.3.2　動物油脂の種類と特徴

(1) 牛脂（ヘット）

牛の脂肉から高温融出法で採油される。融点付近の温度で圧搾して得られる脂は，オレオマーガリンまたはオレオ油と呼ばれる。一方，硬い固形脂肪は，牛脂ステアリンと呼ばれる。前者は主としてオレイン酸グリセリド，後者はパルミチン酸およびステアリン酸グリセリドで構成されている。

主な脂肪酸組成は，ミリスチン酸 2 ～ 6 %，**パルミチン酸** 20 ～ 30 %，**ステアリン酸** 15 ～ 30 %，**オレイン酸** 30 ～ 45 %，リノール酸 1 ～ 6 %である。

上等品は食用脂に使用されるほか，他の油脂との配合後，マーガリンやショートニングに加工して用いられる。工業用としては石けん原料に使われる。ステアリン酸はろうそく，化粧品などに用いられ，オレイン酸は工業用石けん，紡毛油などとして用いられる。

(2) 豚脂（ラード）

豚の各部から融出法で採油され，日本で利用される豚脂は大部分が国産である。日本では，原料豚油を精製したものはラードと呼ばれているが，豚の脂肪組織から溶出した脂肪のうち，上質でそのまま食用に供し得るものを欧米ではラードと称している。JAS 規格では，ラードを精製ラード，純性ラードと調製ラードに区別している。精製ラードは，豚脂または精製した豚脂を主原料としたとしたものを急冷練り合わせ，また急冷練り合わせしないで製造した固状または流状のもの，そして，それに香料など(乳化剤を除く)を加えたものとしている，純性ラードは，100 %豚脂であり，調製ラードは主原料

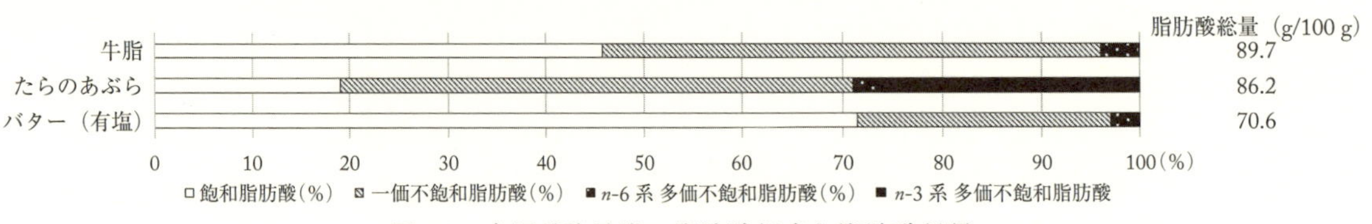

図 4.4　食用動物油脂の脂肪酸組成と脂肪酸総量

を豚脂として牛脂やパーム油など他の食用油脂を一部混合したものである。

主な脂肪酸組成は，ミリスチン酸 1.0 ～ 2.5 %，**パルミチン酸** 20 ～ 30 %，**ステアリン酸** 8 ～ 22 %，**オレイン酸** 35 ～ 55 %，リノール酸 4 ～ 12 %である。

ラードは，独特の風味があり，また**ショートニング性**[*1]にも優れているので，製菓用，調理用や即席ラーメンのフライ用に多く使用されている。用途は，優良品の場合，食用，薬用，化粧品，芳香油に用いられており，劣等品は石けんなどに用いられている。

(3) いわし油

まいわしから搾油したものである。魚油は，***n*-3 系**多価不飽和脂肪酸の**エイコサペンタエン酸**(**EPA**)や**ドコサヘキサエン酸**(**DHA**[*2])の含有量が高く，酸化されやすい特徴がある。

主な脂肪酸組成は，ミリスチン酸 3.7 ～ 8.6 %，パルミチン酸 16.3 ～ 19.1%，**パルミトレイン酸**[*3] 2.6 ～ 3.9 %，ステアリン酸 3.2 ～ 4.4 %，オレイン酸 7.7 ～ 11.2 %，EPA 7.8 ～ 9.8 %，DHA 15.3 ～ 34.4 %である。

いわし油は不飽和度が高いが，乾燥膜があまに油に比べて弱い。近年，日本では，まいわし漁獲量が減少して国内需給がひっ迫したことから，いわし油に代わってペルー，チリ等からの輸入魚油が増加している。

用途は大部分が硬化油であるが，養魚用飼料油脂としても多く使われる。

(4) たらの油

たらの肝臓から搾油したものである。主な脂肪酸としては約 15 %の飽和脂肪酸，約 85 %の不飽和脂肪酸(パルミトレイン酸，オレイン酸，EPA など)からなる。かつては，**ビタミン A** の貴重な原料とされていたが，近年は大部分が魚油と同様に**硬化油**として利用される。

*1 **ショートニング性** マーガリンやファットスプレッドと同様に水素添加により製造される硬化油である。油脂の純度が高く，マーガリンやファットスプレッドに比べ水分がきわめて少ないため，水分活性もきわめて低く酸化されやすい。酸化防止を目的に，10 ～ 20 %の窒素ガスが充てんされている。

*2 **EPA・DHA** 魚類の総脂肪酸の 10 ～ 50 %を占める。血中コレステロール低下作用などさまざまな機能性が報告されている。→ 104 ページ，3.2.3(3)参照

*3 **パルミトレイン酸** 炭素数 16 の一価不飽和脂肪酸。特にたら肝油，いわし油，にしん油などの海産動物油脂に多い。動物では，肝臓でパルミチン酸から生成される。

4.4 加工油脂

4.4.1 加工油脂の製造方法

水素添加(**硬化**)は，液体油(植物油，魚油)を構成する不飽和脂肪酸の二重結合部分に水素を結合させ飽和化することである。これを**硬化油**[*4]という。触媒にニッケルを用いて水素を加え，加温，攪拌しながら反応を進める。この際，圧力，温度，時間をコントロールすることによって，求める硬さの油脂を得ることができる。また，不飽和脂肪酸を飽和脂肪酸に変えることにより，酸化安定性が向上する。水素添加により，特有の香りが付与され，酸化や加熱安定性が向上するため，フライ油などにも用いられている。水素添加の副反応により，一部の不飽和脂肪酸は，トランス型の二重結合をもった**トランス脂肪酸**[*5]へ変換される。トランス脂肪酸は，過剰に摂取すると動脈硬化症(冠動脈心疾患)のリスクが増加することが指摘されている。

*4 **硬化油** 液体油に水素を添加して飽和化した油。

*5 **トランス脂肪酸** → 140 ページ参照

4.4.2　加工油脂の種類と特徴

(1) バター

バターの製造では，牛乳(含油量 3.4 ～ 4.3 %)を約 60 ℃に熱し，殺菌後クリームを生成させ，遠心分離機にかけ，脂肪分の比重が低いことを利用して脱脂乳と脂肪に富んだクリームに分離する。このクリームをバター製造機に入れ，かき回す(**チャーニング**)と油脂は凝集して分離する。バターミルクを取り除き，洗浄，錬圧し，余分の水を除いてから良質の微粒食塩を混合したものが加塩バターである。この他に食塩を加えない無塩バター，クリーム殺菌後に乳酸スターターを加えて一定時間発酵させたものが発酵バターである。バターは酪酸，カプロン酸，カプリル酸など**短鎖脂肪酸**や**中鎖脂肪酸**が含まれていることが他の食用油脂とは異なる点である。

主な脂肪酸組成は，**酪酸** 3.0 ～ 3.5 %，カプロン酸 2.3 ～ 2.6 %，カプリル酸 1.2 ～ 2.4 %，カプリン酸 2.5 ～ 3.1 %，ラウリン酸 2.7 ～ 3.6 %，ミリスチン酸 9.7 ～ 11.8 %，**パルミチン酸***25.9 ～ 31.3 %，ステアリン酸 9.1 ～ 12.2 %，オレイン酸 21.8 ～ 30.0 %，リノール酸 0.4 ～ 1.5 %である。普通のバターは，水を含みバター脂含量 82 ～ 87 %である。

＊**酪酸・パルミチン酸**　バターに特徴的な脂肪酸。

(2) マーガリン

マーガリンは，種々の食用油脂を配合したものに水などを加えて乳化したものをいい，急性練り合わせした可塑性のものであるが，マーガリンの中には可塑性をもたない流動状のものもある。原料油脂には，主として大豆油，パーム油，なたね油などの植物油脂に，それらの硬化油または魚油硬化油，牛脂，豚脂などの固体脂をブレンドしたものが用いられている。ただし，家庭用のものはほとんどが植物油脂からなっている。

マーガリンの油脂以外の副原料には，乳および乳成分，食塩，カゼインおよび植物性たんぱく質，砂糖類，香辛料，添加物などが使用されている。JAS 規格では，マーガリン類を油分および水分により，**マーガリン**を**油分 80 %以上**，**ファットスプレッド**を**油分 80 %未満**の 2 つに区分している。家庭用では，マーガリンよりファットスプレッドが多く市販されて主体となっている。

マーガリン用油脂に求められる特性は，その油脂の硬さである。家庭用では，冷蔵庫から取り出して直ぐにパンにぬることができるように伸びのよい柔らかさ(伸展性)をもち，テーブルにしばらく置いても形が崩れない(保形性)，口中で適度な速さですっきりと溶けること(口溶け性)が求められている。ファットスプレッドやソフトタイプのマーガリンは，伸展性と口溶け性が重視されている。一方，業務用のマーガリンは，製菓や製パンに用いられる。

マーガリンの品質劣化は，常温に長く置かれた場合，部分的に溶けてエマルションの崩れや可塑性を失うことである。なお，マーガリンやファットスプレッドは，酸化による品質の劣化は起きないことが特徴である。

(3) ショートニング

ショートニングは，JAS 規格では食用油脂を原料として製造した固状または流動状のものであって，可塑性，乳化性等の加工性を付与したもの（精製ラードを除く）としている。つまり，マーガリンと違い水分や乳成分を含まず，油脂のみからなる製品である。JAS 規格では水分 0.5 %以下，酸価 0.2 以下（ただし，レシチンおよびグリセリン脂肪酸エステルを使用したものは 2.0 以下），ガス量 20 mL/100 g 以下と規定されている。原料油脂の種類は，業務用のマーガリンと同じであり，動植物油混合のものと植物油のみの 2 種類がある。動植物油混合における動物脂肪としては，牛脂，豚脂および魚油が用いられている。日本では，業務用が主であり，家庭用の生産量はわずかである。

ショートニングの用途として，ビスケットやクッキー用では，さくさくと脆く口の中で崩れる**ショートニング性**である。その他として，砂糖やシロップを混ぜ込む際に空気を抱き込む**クリーミング性**や，パン生地等に練りこむ際の作業性の面から十分な柔らかさを保つことも重要視されている。ショートニングは，マーガリンと違い，酸化安定性に優れている。用途は，主として製菓，製パン，フライ，スプレー用である。

【演習問題】

問 1　油脂の製造法に関する記述である。正しいのはどれか。2 つ選べ。

（2014 年国家試験）

(1) ごま油は，融出法による。
(2) 大豆油は，抽出法による。
(3) ラードは，圧搾法による。
(4) 硬化油は，酸素を添加する。
(5) サラダ油は，脱蝋（ろう）処理をする。

解答 (2)，(5)

問 2　食用油脂に関する記述である。正しいのはどれか。2 つ選べ。

（2017 年国家試験）

(1) 不飽和脂肪酸から製造された硬化油は，融点が低くなる。
(2) 硬化油の製造時に，トランス脂肪酸が生成する。
(3) ショートニングは，酸素を吹き込みながら製造される。
(4) ごま油に含まれる抗酸化物質には，セサミノールがある。
(5) 牛脂の多価不飽和脂肪酸の割合は，豚脂よりも多い。

解答 (2)，(4)

問3　食品の脂質に関する記述である。最も適当なのはどれか。1つ選べ。

（2020年国家試験）

(1) 大豆油のけん化価は，やし油より高い。
(2) パーム油のヨウ素価は，いわし油より高い。
(3) オレイン酸に含まれる炭素原子の数は，16である。
(4) 必須脂肪酸の炭化水素鎖の二重結合は，シス型である。
(5) ドコサヘキサエン酸は，炭化水素鎖に二重結合を8つ含む。

解答 (4)

問4　油脂類に関する記述である。最も適当なのはどれか。1つ選べ。

（2022年国家試験改編）

(1) 豚脂の融点は，牛脂より高い。
(2) やし油の飽和脂肪酸の割合は，なたね油より高い。
(3) ファットスプレッドの油脂含量は，マーガリンより多い。
(4) サラダ油の製造では，キュアリング処理を行う。
(5) 硬化油の製造では，不飽和脂肪酸の割合を高める処理を行う。

解答 (2)

引用参考文献・参考資料

太田英明，白土英樹，古庄律編：食べ物と健康食品の科学（改訂第3版），健康・栄養科学シリーズ，南江堂（2022）

香川明夫監修：八訂　食品成分表2021，女子栄養大学出版部（2021）

栢野新市，水品善之，小西洋太郎編：食品学Ⅱ，食べ物と健康食品の分類と特性，加工を学ぶ（改訂第2版），栄養科学イラストレイテッド，羊土社（2021）

川上美智子，西川陽子編：食品の科学各論，理工図書（2016）

小西洋太郎，辻英明，渡邊浩幸，細谷圭助編：食べ物と健康，食品と衛生食品学各論（第4版），栄養科学シリーズNEXT，講談社（2021）

菅野道廣：脂質栄養学「日本人の健康と脂質」の理解を求めて，幸書房（2016）

杉田浩一，平松和，田島眞，安井明美編：日本食品大事典，医歯薬出版（2017）

中河原俊治編：食べ物と健康Ⅱ　食品の機能（第3版），三共出版（2023）

日本植物油協会：植物油脂の製造法
https://www.oil.or.jp/kiso/seisan/seisan06_01.html（2024.01.18）

農林水産省：食品表示に伴う食用油脂の日本農林規格改正
https://www.maff.go.jp/j/jas/jas_kikaku/pdf/kikaku_01_syokyu_160224.pdf（2024.12.02）

農林水産省：我が国と世界の油脂をめぐる動向
https://www.maff.go.jp/j/zyukyu/jki/j_rep/monthly/attach/pdf/r4index-96.pdf（2024.02.20）

農林水産省：我が国の油脂事情2009年10月
https://www.library-archive.maff.go.jp/index/200369015_0001?p=1（2024.02.20）

水品善之，菊﨑泰枝，小西洋太郎編：食品学Ⅰ　食べ物と健康食品の成分と機能を学ぶ，（改訂第2版），栄養科学イラストレイテッド，羊土社（2021）

Erami, K., Tanaka, Y., Kawamura, S., et al.: Dietary egg yolk supplementation improves low-protein-diet-induced fatty liver in rats, *J. Nutr. Sci. Vitaminol.* 62, 240-248（2016）

5 調味料および香辛料，嗜好飲料類
＊微生物利用食品以外

5.1 調味料

5.1.1 調味料の種類と分類

調味料は，多数の人々の嗜好に合った味覚や風味を食品に与えて，食欲増進を図り，快適な食生活に役立つように利用されている。調味料の種類は多く，塩味料，酸味料，うま味調味料などがある。基本的には甘味，塩味，酸味，うま味を主体としたものが中心となる(**表 5.1**)。微生物の作用を利用しないで製造される調味料(食塩，甘味料，ソース類，トマト加工品，マヨネーズ，ドレッシングなど)と微生物の作用を利用して製造される発酵調味料(みそ，醤油，食酢，みりんなど)に大別される。この章では，甘味料以外の調味料について解説する。

5.1.2 塩味料

調味料の中でも最も古い歴史をもつ塩は，調味料として不可欠である。塩は，生体に必要な電解質のひとつである。正常な代謝を保つためには，一定量が必要であり，生体の状態にあわせて，不足すると生理的に生体から要求のシグナルが出され，過剰になると排出される。体液の pH や浸透圧を一定に保つ生体の恒常性(**ホメオスタシス**[*1])の維持に欠かせない物質である。食用としての塩は，味付け調味料以外に，浸透・脱水・防腐・たんぱく質の変性・酵素阻害などのさまざまな用途があり，食品加工において多く使用される。食塩は，塩化ナトリウム(NaCl)を主成分とする物質で，多少の不純物を含む。日本では，**専売制**[*2]が 1997 年に廃止され，塩の製造や小売りが自由化された。健康面や嗜好の多様化などを背景に，低ナトリウム塩や微量のカルシウムやマグネシウムを含む自然塩が流通するようになった。食塩は，海水から直接製造されるのは約 1/3，残りは岩塩，地下かん水，塩湖の塩分を原料として

＊1 **ホメオスタシス** ヒトの体は外界の環境や内部の変化に対して常に生命維持に必要な生理的な機能を正常に保とうとする機構を備えている，その仕組みをホメオスタシスという。細胞内液，間質液，血液などの pH やイオン濃度，各代謝物の濃度を一定に保ち，体温や血糖値などをコントロールしている。

＊2 **専売制** 専売制とは，国家などが財政収入を増やすために，特定物質の生産や流通，販売を全面的に管理下におき，そこで発生する利益を独占する制度である。塩の専売制は，1905 年に開始され，1997年に廃止され，新たな塩事業法により塩事業センターが家庭用の食塩を販売した。2002 年に販売の完全自由化となり，さまざまな商品が販売されている。

表 5.1 調味料の味による分類

塩　味	食塩，精製塩，特殊用塩
甘　味	砂糖およびその他の甘味料
酸　味	醸造酢，合成酢，天然果汁，クエン酸，乳酸，コハク酸
うま味	うま味調味料
総合化された味	ウスターソース，ケチャップ，マヨネーズ，ドレッシング，だしの素，ブイヨン，和風だし，中華だしなど

いる。日本では，海水からと海外から輸入した原塩を溶解し，精製加工して食卓塩や精製塩を製造している。従来は，塩田製塩であったが，1972 年よりイオン交換膜電気透析法により，海水を濃縮して食塩を作る方法に切り替えられた。食卓塩には，防湿性を付与するために添加物として炭酸マグネシウムが加えられている。海水から製塩したときの副産物のにがり成分には，塩化マグネシウム，塩化カリウム，硫酸マグネシウムなどが含まれている。塩分の過剰摂取は，高血圧症，脳卒中，心臓病などを引き起こすので，1 日の摂取量は，成人男子で 7.5 g 未満，成人女子で 6.5 g 未満にすることが望まれる（**日本人の食事摂取基準**（2025 年版）[*1]）。

*1 **ナトリウムの食事摂取基準（2025 年版）** 高血圧および慢性腎臓病（CKD）の重症予防のための食塩相当量の量は，男女ともに 6.0g/日未満（18 歳以上）に策定された。

5.1.3 酸味料

食品に酸味を加えて味を調え，清涼感を増すために使用される。食酢やレモン，ライム，ゆず，すだち，かぼすなどの天然果汁（柑橘酢）のほか，クエン酸，乳酸，コハク酸，リンゴ酸などが利用される。

5.1.4 うま味調味料

うま味調味料は，単一調味料と複合調味料に分類され，安定した味を再現することができる。価格も経済的であるので加工品や業務用の調味料として多く使用される。

(1) グルタミン酸ナトリウム

昆布のうま味成分である**グルタミン酸ナトリウム**（mono-sodium glutamate, MSG）は，うま味調味料の主体をなし，日本では，でんぷん糖化液，廃糖蜜などを用いた微生物発酵法を利用して製造されている。グルタミン酸ナトリウムは，水に溶けやすく熱に対して安定で，食品にうま味を付与することができる。食塩を含む食品にグルタミン酸ナトリウムを加えると，食品の味を強調することができる。また，少量の核酸系調味料のうま味成分との**相乗効果**[*2]によりさらに顕著なうま味を発現できる。

*2 **相乗効果** 味の相互作用の 1 つで，同質な 2 つの旨味刺激を同時に与えたとき，両者の和以上にその味が数倍にも増強される現象をいう。その他の相互作用として，異質な 2 つの旨味刺激を同時にあるいは経時的に与えたとき，片方の味が他方の味を強めたり，弱めたりする現象を対比効果，異質な 2 つの旨味刺激を与えたとき，一方の味が他方の味を抑制し，弱める現象を抑制効果，異質な 2 つの旨味刺激を経時的に与えたとき，先に味わった味の影響で後に味わう味が変化する変調効果などがある。

(2) 核酸系調味料

かつお節のうま味成分の 5'-イノシン酸（5'-inosine mono phosphate, IMP），しいたけのうま味成分に関わる 5'-グアニル酸（5'-guanosine mono phosphate, GMP）は，核酸系調味料として使用される。これらの調味料は，酵母リボ核酸（RNA）の酵素分解や，でんぷん糖化液の発酵により製造される。

(3) 天然調味料

天然の原材料を熱水抽出して得られるエキス系天然調味料（スープストック）とたんぱく質を酸あるいは酵素で分解して製造されるアミノ酸系天然調味料に分類される。主に風味調味料の原料になる。

(4) 風味調味料

JAS 規格[*3]では，「調味料（アミノ酸等）および風味原料に砂糖類，食塩等（香辛

*3 **JAS 規格** JAS 規格制度は，農林水産大臣が制定した日本農林規格（JAS 規格）による検査に合格した製品に JAS マークの貼付を認めるもので，JAS 規格を満たしているということが確認された製品には，JAS マークを付けることができる。

料を除く)を加え，乾燥して，粉末状や顆粒状にしたものである。調理の際に風味原料の香りおよび味を付与するもの」と定められている。うま味調味料にない天然の風味をもたせた調味料のことである。吸湿性が高いため，酸化されて風味が失われないように密閉包装されている。かつお節やコンブなどの天然素材を用いてだしを取るより，手軽に一定の品質のだしが取れる簡便性と経済性から広く用いられている。

5.1.5 ソース類

ソースとは，液体あるいは，半流動体の調味料をいう。料理用のソース，ドレッシング，トマトケチャップ，マヨネーズなど調理の味をひきたたせる混合調味料のすべてが含まれる。日本でソースといえば，ウスターソースやとんかつソースを指す場合が多い。ウスターソースの名前の由来は，イギリス・ウスターシャー州ウスター市でこのソースが初めて作られたことに由来する。ウスターソースは，トマト，ニンジン，玉ねぎ，セロリー，にんにくなどの野菜・果物の煮出し汁にスクロース，食塩，アミノ酸液，カラメル，香辛料，食酢などを混合加熱して熟成して製造する。日本農林規格(JAS)では，**ウスターソース**，**中濃ソース**，**濃厚ソース**の3種類のソースを定義している。とんかつソースは，トマトピューレーやコーンスターチなどを加えた不溶性固形成分を多く含む濃厚ソースである。

5.1.6 ドレッシング（マヨネーズ）類

マヨネーズは食用植物油脂，醸造酢を主原料として，卵(卵黄または全卵)，食塩，砂糖，香辛料を加えて，混合・撹拌したものである。卵黄中のレシチン(リン脂質)の**乳化**作用(144ページ)により，水の中に油が分散している**水中油滴型**(**O/W型：oil in water**)**のエマルション**を形成したものである。

5.2 香辛料

5.2.1 香辛料の特性

香辛料は，古くから肉や魚の保存の目的で用いられている。植物の果実，果皮，花，蕾(つぼみ)，樹皮，葉，種子，根，地下茎などからつくられる。特有の香り，辛味，色をもち，食品への添加によって，風味を引き立たせ，防腐効果をもたらして，さらに食欲を刺激する重要な食品である。食欲の増進や消化吸収の促進作用，抗菌性や抗酸化作用などの薬理作用もある。

(1) 特　性

香辛料は，その特性やはたらきによって消臭作用，賦香(ふこう)作用，辛味作用，着色作用の4つに分類される(**表5.2**)。

1) 矯臭作用

匂い消しをする。香辛料の独特な香りで，肉や魚のいやな臭いを和らげる

表 5.2　スパイスの種類と利用

	スパイス名	利用例
矯臭作用	ローリエ，クローブ，タイム，オレガノ，ローズマリー，しょうが，にんにく	肉や魚料理
賦香作用	オールスパイス，ナツメグ，シナモン，バジル，ミント，フェンネル(ウイキョウ)，クローブ，バニラ	料理の素材に合わせて使う。肉や魚料理，パスタ，ピッツアなど。菓子類
辛味作用	こしょう，しょうが，からし，にんにく，ホースラディッシュ，わさび	肉や魚料理，サラダなど
着色作用	サフラン(黄色)，ターメリック(黄色)，からし(黄色)，パプリカ(赤色)	カレー，パエリア，ブイヤベース

出所)木戸詔子ほか編：調理学(第 8 版)，新食品・栄養科学シリーズ 食べ物と健康 4，化学同人(2016)

効果がある。日本では，さばやいわしなどの魚の煮物にしょうがを使い，肉にはにんにくを使用する。

2)　賦香作用

香辛料の香りは，精油(エッセンシャルオイル)の成分の香りであり，香り付けの作用がある。香辛料の種類によって成分が異なるので，香りの強さは，さまざまである。消臭作用を兼ねているものも多い。

3)　辛味作用

辛味成分をもつものには，胃を刺激して食欲を増進させる効果がある。辛味には，とうがらしのように口の中を刺激するホットな辛味，わさびのように鼻に鋭い刺激を与えるシャープな辛味がある。加熱をすると辛味が消失するので，加熱せずに使用する。

4)　着色作用

着色効果のある香辛料は，赤色に染まるとうがらしやパプリカ，黄色のターメリックやサフランなどがある。料理は，見た目の美しさも重要な要素であり，赤や黄色の色は料理に彩りを添え，食欲を増進させる効果がある。

香辛料の多くは，昔から薬用としてのはたらきがあることが認められている。

5.2.2　香辛料の種類

主な香辛料の植物学的分類を**表 5.3** に示す。また，香辛料は，利用する部位により，スパイスとハーブに分類される。

(1) スパイス

一般的に，植物の実や種子，地下茎などを利用するもののことである。

にんにく，しょうが，レッドペッパー，

表 5.3　主な香辛料の植物学的分類

	科	香辛料名(利用部位)
双子葉植物	コショウ科	こしょう(果実，種子)
	ニクズク科	ナツメグ(種子の仁)
	クスノキ科	シナモン(樹皮)
	アブラナ科	からし(種子)，わさび(地下茎)
	ミカン科	さんしょう(果実，葉)
	フトモモ科	クローブ(花蕾)
	セリ科	コリアンダー(葉，種子)，パセリ(葉，種子)
	シソ科	しそ(葉，花穂，果実)，セージ(葉，花穂)，バジル(葉)，タイム(葉，花穂)
	ナス科	とうがらし(果実)，パプリカ(果肉)
単子葉植物	ヒガンバナ科	にら(葉，花)，にんにく(鱗茎)
	ネギ亜科	ねぎ(葉，葉莢)
	アヤメ科	サフラン(雌しべ)
	ショウガ科	カルダモン(果実)，しょうが(根茎)，ターメリック(根茎)
	ラン科	バニラ(種子)

ホースラディッシュ，からし，こしょう，シナモン，サフラン，グローブなどがある。

(2) ハーブ

茎や葉，花を利用するものである。

バジル，オレガノ，ローズマリー，ローリエ，ペパーミント，クレソン，パセリ，山椒(しょう)の葉，紫蘇(しそ)の葉などがある(**表 5.3**)。

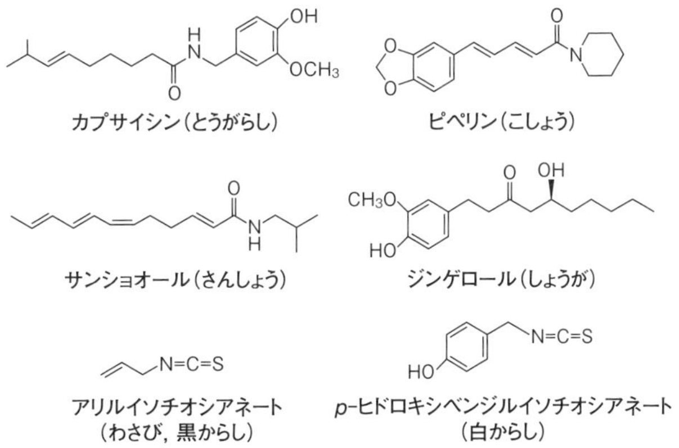

5.2.3 辛味性スパイス

(1) とうがらし（レッドペッパー，チリペッパー）

ナス科に属する果菜で，完熟した実と種子を乾燥して作られる。温帯から熱帯地方で多品種のものが栽培されている。辛味成分は，**カプサイシン**(図 5.1)で，果皮には色素の**カプサンチン**(赤色)やカロテン(黄～赤)を含む。パプリカは，とうがらしの甘味種である。

カプサイシン(とうがらし)　ピペリン(こしょう)
サンショオール(さんしょう)　ジンゲロール(しょうが)
アリルイソチオシアネート(わさび，黒からし)　*p*-ヒドロキシベンジルイソチオシアネート(白からし)

図 5.1　香辛料に含まれる主な辛味成分

(2) こしょう

香辛料の中で最も多く利用されている香辛料で，インド，マレーシアで主に栽培されている。辛味成分は，**ピペリン**，**チャビシン**(シャビシン)である。黒こしょうは，完熟前の緑色の成熟果を乾燥させたものであり，赤く完熟した果実の果皮を取り除いた種子を乾燥させたものが白こしょうである。肉類の臭みを消す作用(矯消作用)や防腐作用をもつ。

(3) からし，わさび

アブラナ科のからしなの種子を乾燥させたもので，**黒からし**(和からし)と**白からし**(洋からし)がある。わさびは日本原産で，地下茎部分が日本料理の薬味として利用されている。わさびと黒からしの辛味成分は，**アリルイソチオシアネート**(シャープな辛さ)であり，抗菌性を有する。白からしの辛味は黒からしよりも穏やかで，非揮発性の ***p*-ヒドロキシベンジルイソチオシアネート**である。イソチオシアネートは，組織を破壊することにより，**ミロシナーゼ**が活性化し，前駆体のグルコシノレート(配糖体)が加水分解されて生成する。

(4) さんしょう

日本原産のミカン科に属する果実を乾燥して粉末にしたものである。辛味成分は**サンショオール**である。若芽は「木の芽」とよばれ，春の食卓を彩る和え物や薬味として利用されている。

(5) しょうが（ジンジャー）

ショウガ科に属する。熱帯アジア原産でさわやかな辛味が特徴の根茎部分を香辛料として利用する。辛味成分は，**ジンゲロール**，**ジンゲロン**である。

5.2.4　香味性スパイス

食品に芳香と味を付与するもののことである。

(1) シナモン

クスノキ科の常緑樹の樹皮を乾燥したしたものである。スリランカ原産で，甘味のある菓子類やジャム，紅茶などに利用される。主な香気成分は，**シンナムアルデヒド**や**オイゲノール**であり(図 5.2)，カビに対する抗菌性が知られている。

(2) ナツメグ

モルッカ諸島で栽培されているニクズク科の常緑樹の果実を原料とし，種子中の仁を乾燥させたものがナツメグであり，種子を覆っている赤い仮種皮を乾燥したものがメースである。香気成分は，ピネン，ミリスチシンなどである。

(3) クローブ

インドネシアのモルッカ諸島原産でフトモモ科に属する。開花前の花蕾(らい)を乾燥させたものである。形状が釘(くぎ；フランス語 "clou" が語源)に似ているところから丁子(ちょうじ)とよばれている。主な香気成分は，**オイゲノール**で抗菌性や抗酸化性を有する。

(4) オールスパイス

中南米原産のフトモモ科の常緑小高木の完熟前の果実を天日乾燥したものである。形状は黒こしょうに似ている。クローブ，ナツメグ，シナモンを混合した香りをもつ。主な香気成分はオノゲールで，抗酸化性や抗菌性を有する(図 5.2)。

(5) にんにく

ユリ科ネギ属の植物で，中央アジアを原産とする説が有力である。にんにくの主な香味成分には，**アリシン**や**ジアリルスルフィド**がある(図 5.2)。これらは，組織を切断することで，もともと存在しているアリシンに**アリイナーゼ**が作用して生成する(67 ページ，2.6.3(4) 5))。

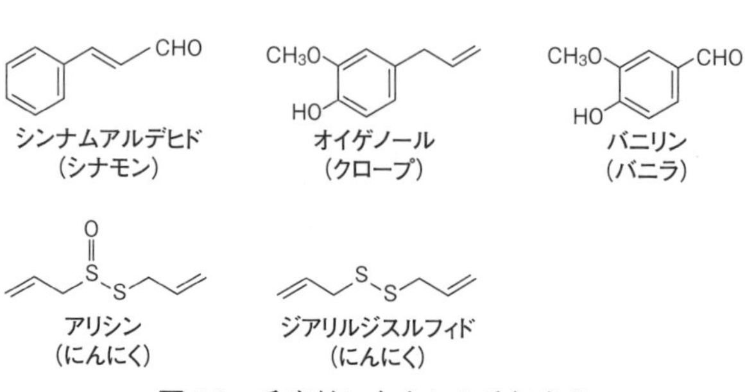

図 5.2　香辛料に含まれる香気成分

5.2.5　芳香性スパイス

食品に特に芳香を付与するもので，カルダモン，コリアンダー，タイム，バニラ，ローズマリー，ローレルなどがある。

バニラの果実は，発酵させると甘い芳香を発するようになる。芳香の主成分は**バニリン**である(図 5.2)。

5.2.6　着色性スパイス

着色を目的として利用される香辛料である

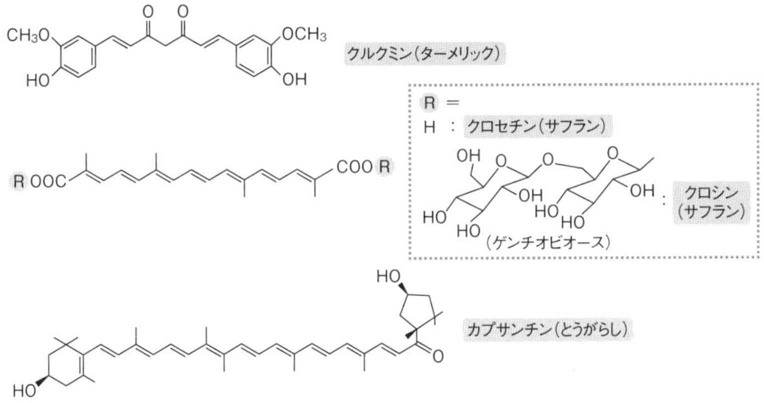

図 5.3　香辛料に含まれる主な色素成

(1) ターメリック（ウコン）

熱帯アジア原産でショウガ科の多年生うこんの根茎を煮沸後，乾燥し粉末状にして利用する。黄色を呈し，色素成分は脂溶性の**クルクミン**で抗酸化性，抗炎症性などの種々の薬理作用がある（図 5.3）。

(2) サフラン

南ヨーロッパ原産のアヤメ科の多年草の花の雌しべを乾燥させたもの。黄色色素は水溶性の**クロセチン**とその配糖体の**クロシン**である。高価な香辛料である。パエリアなどに利用される（図 5.3）。

(3) パプリカ

とうがらしの甘味種であり，赤色はカロテノイドのカプサンチン（図 5.3），橙色はβ-カロテン，β-クリプリキサンチン，ルテインなどによる。

コラム 13　時代とともにみる香辛料の変遷

現在では，世界各地の料理を楽しむことができるが，さまざまな国の料理を作るのにかかせないのが香辛料である。日本でも昔からさまざまな香辛料が使われている。

その歴史は古く，縄文時代の遺跡から，しそや山椒の種子が出土している。奈良時代から平安時代になると，奈良県の東大寺の正倉院には奈良時代の御物が納められており，その中には，こしょう，クローブ，シナモンが保存されている。日本最古の歴史書といわれている「古事記」や「万葉集」，「今昔物語」，「源氏物語」などの古典文学にも，にんにくについての記載がある。また，日本現存最古の薬物辞典「本草和名」に，わさび，からし，しょうがなどがすでに食用として明記され，コリアンダー，ウイキョウなども明記されている。江戸時代に入ると，とうがらし栽培が定着し，江戸末期にはサフランが栽培されるようになった。明治時代初めに刊行された料理書には，牛肉の手軽な食べ方として，カレーの作り方が紹介されている。現代では，イタリアンブーム，エスニックブームや激辛ブームによりさまざまな香辛料が使われている。

5.2.7　混合スパイス

複数の香辛料を配合したものであり，主なものに，カレー粉，五香粉（ウーシャンフェン），七味唐辛子，ブーケガルニがある。

5.3　嗜好飲料

嗜好飲料とは，個人の嗜好を満足させるために用いられる飲料のことであり，アルコール飲料と非アルコール飲料に大別される。本項では，非アルコール飲料（茶類，コーヒー，ココア，清涼飲料，ジュース，果汁入り飲料，スポーツ・機能性飲料）について述べる。アルコール飲料は，「第6章　微生物利用食品」を参照されたい。

5.3.1　茶

茶類は，茶葉を原料とした飲料である。製造方法の違いにより，**不発酵茶**（緑茶），**半発酵茶**（ウーロン茶，文山包種茶等），**発酵茶**（紅茶）に分類される。

これらの茶葉には，さまざまな成分が含まれ，茶葉の抽出温度によって成分の量が変化する。うま味成分のグルタミン酸や甘味成分である**テアニン**（γ-グルタミルエチルアミド）などのアミノ酸は50℃以上の低い温度でも浸出するが，渋み成分のカテキンや苦み成分のカフェインは，80℃以上の高い温度で浸出される。そのため，うま味成分を引き出したいときは，80℃より低いお湯でじっくり抽出する。また，テアニンにはリラックス効果もある。**カテキン***は抗酸化作用があり，生活習慣病の予防，さらに殺菌効果もあるので，食後のお茶は口臭予防につながる。カフェインは，適切な量であれば集中力を高めたり，眠気を解消するはたらきがある。

***お茶のカテキン類**　広義のフラボノイドに属する。またポリフェノールの一種でタンニン（皮をなめす性質をもつ植物成分）と呼ばれる緑茶の苦渋味の主成分である。緑茶中の主なカテキン類は，エピカテキン，エピガロカテキン，エピカテキン，ガレートの4種である。

(1) 緑　　茶

原料の茶葉を蒸気で熱して，茶葉中に存在する酵素を失活させ酸化を防ぎ，緑色を保持させた**不発酵素**である。緑茶は第一段階の加熱に蒸気を使用する「蒸し製」と，釜で炒る「釜いり製」に分けられる。日本の緑茶の大半は蒸し製で，かまいり茶は九州地方の一部で製造されているのみである。蒸し製緑茶には，被覆栽培した上質の原葉を使用した**玉露**，碾（てん）茶を臼で挽いた**抹茶**，硬くなった芽，または，せん茶の製造過程で出た粗い部分を集めた**番茶**，せん茶や青茎を煎（い）った**ほうじ茶**等がある。

(2) ウーロン茶

半発酵茶であり，茶葉を日光にさらして多少しおれさせた後，もみこまずに，40～50％程度酸化が進んだところで釜いりして製造されるもので，緑茶と紅茶の中間の香りをもつ茶である。中国茶には銘柄を数えれば数千もあるといわれている中で，発酵した茶葉の色で緑茶（りゅうちゃ）（不発酵茶），白茶（ぱいちゃ）（弱発酵茶），黄茶（ふぁんちゃ）（弱後発酵茶），青茶（ちんちゃ）（半発酵茶），紅茶（ほんちゃ）（発酵茶）などに分類されている。。

(3) 紅　茶

発酵茶であり，茶葉を**萎凋**[*1]させて**揉捻**[*2]し，茶葉の細胞を壊すことで酸化酵素(クロロフィラーゼ，ポリフェノールオキシターゼなど)のはたらきをよくして香りをもたせ，発酵させたものである。この発酵の際にカテキン類が酸化され赤色の**テアフラビン**や**テアルビジン**が生成され紅茶特有の色となる。

*1　**萎凋**　摘み取った茶葉を風通しのよい場所などに置き，葉をしおれさせて香りの発揚を促す工程のこと。

*2　**揉捻**　茶葉をよくもむことで茶葉の組織をこわし，各種成分がお湯に浸出しやすくする工程のこと。

5.3.2　コーヒー

コーヒーは，アルカロイド類を多く含むアカネ科に属する熱帯性低木で，花が咲いてから約８か月かけて緑色から真っ赤な実に熟していく。このコーヒーの実から，果肉や皮を取り除いたものがコーヒーの種子で生豆といわれる。コーヒーの生豆を焙煎し粉砕したものがレギュラーコーヒーである。

焙煎により豆の成分間でアミノカルボニル反応やカラメル化が起こり褐変する。それによりコーヒー特有の香りや風味となる。コーヒー本来の苦味は主に**カフェイン**によるもので，酸味の主成分はクロロゲン酸，キナ酸，酢酸，クエン酸，リンゴ酸などである。クロロゲン酸等のポリフェノール類は，抗酸化作用がある。また，カフェインには，興奮作用や利尿作用がある。香気成分は，フラネオール，ピラジン類などである。

コーヒーの樹は，コーヒーベルト(北緯25度～南緯25度の間に広がるコーヒー生産地が分布する熱帯地域)で栽培され，大きく分けて，酸味と香りが特徴のアラビカ種，苦味とコクが特徴のロブスタ種，生産量の少ないリベリカ種の３種類がある。一般的に，浅煎りでは酸味が強くなり，深煎りは苦みが強くなる。

5.3.3　ココア

ココアは中南米原産のアオギリ科カカオ属の常緑樹の果実の中に数十個含まれている種子(カカオ豆)を原料とする。

このカカオ豆を発酵させ，水洗，乾燥させた後に焙煎し，外皮と胚芽を取り除いて摩砕したものが**カカオマス**となる。ここから圧搾して脂肪分(ココアバター)の一部を取り除き，乾燥粉末化したものが**ピュアココア**である。

ココアの苦味成分はカカオに含まれる**テオブロミン**(アルカロイドの１種，カフェインにより弱い興奮作用がある)といわれている。

原料が同じカカオマスにココアバターを除かずに砂糖，乳製品，食用油脂，香料を加えたものがチョコレートである。

5.3.4　清涼飲料

清涼飲料は，食品衛生法の定義で，乳酸菌飲料，乳および乳製品を除くアルコール分１％未満の飲料(粉末清涼飲料を除く)とされている。茶系飲料，炭酸飲料，スポーツ・機能性飲料，野菜・果実飲料，ミネラルウォーターなどがあげられる。

コラム 14　お茶を飲む

お茶は奈良・平安時代に中国から遣唐使や留学僧によってもたらされたと考えられている。その頃のお茶は非常に貴重で，僧侶や貴族階級など限られた人々だけが口にしていたが，江戸時代になると，庶民も抹茶ではなく，簡単な製法で加工した茶葉にお湯をいれて煮だしたものを飲むようになった。それがコンビニや自動販売機の普及などにより，茶葉を急須でお湯をいれて飲むという手間をかけるよりも簡単に飲めるということで缶入りのお茶になり，さらにペットボトルのお茶にかわっていった。茶葉としての消費量は年々減少している。それに対して，緑茶飲料の消費量は増加傾向にある。

いつでも手軽に飲めるというのもよいが，冬の寒い日に家でゆっくりと急須で手間をかけてお茶を飲むのも格別でおいしい。

(1) 炭酸飲料

アルコールを含まない飲料のうち，二酸化炭素を含有するもので，果実色飲料，コーラ，サイダー，ビール風味炭酸飲料(ノンアルコール飲料)等がある。「炭酸飲料品質表示基準」により，果実飲料，酒類，医薬品を除外したもので，飲用に適した水に二酸化炭素を圧入したもの，もしくはこれに甘味料，酸味料，香料(フレーバリング)などを添加したものと定義されている。

(2) 果実飲料

果実飲料とは，濃縮果汁，果実ジュース，果実ミックスジュース，果粒入り果実ジュース，果実・野菜ミックスジュースおよび果汁入り飲料である。

5.3.5　スポーツドリンク

スポーツ中の発汗によって失われた水分やミネラルを効率よく補給することを目的とした飲料である。疲労回復のためのエネルギー源として糖分を含むものが大部分で，その他にクエン酸，アミノ酸，ビタミンを添加したものが多い。また，いずれのスポーツドリンクも飲用後の吸収速度を上げるために，成分濃度を体液の浸透圧に等しくなるように調整している。

日本食品標準成分表には，その他の項目として，スポーツドリンクのほかに，青汁・ケール，甘酒，昆布茶，炭酸飲料類(コーラ，サイダー，ビール風味炭酸飲料など)などが収載されている。

【演習問題】

問 1　植物性食品の味とその成分の組み合わせである。正しいのはどれか。1 つ選べ。　(2017 年国家試験)

(1) 昆布の旨み ――― クロロゲン酸
(2) きゅうりの苦味 ――― ククルビタシン
(3) しょうがの辛味 ――― ナリンギン
(4) わさびの辛味 ――― テアニン
(5) とうがらしの辛味 ――― ピペリン

解答 (2)

問 2　嗜好飲料に関する記述である。最も適当なのはどれか。1 つ選べ。

（2021 年国家試験）

（1）紅茶は，不発酵茶である。
（2）煎茶の製造における加熱処理は，主に釜炒りである。
（3）茶のうま味成分は，カフェインによる。
（4）コーヒーの褐色は，主にアミノカルボニル反応による。
（5）ココアの製造では，カカオ豆に水を加えて磨砕する。

解答（4）

問 3　調味料に関する記述である。正しいのはどれか。1 つ選べ。

（2019 年国家試験）

（1）みその褐色は，酵素反応による。
（2）しょうゆのうま味は，全窒素分を指標とする。
（3）みりん風調味料は，混成酒である。
（4）バルサミコ酢の原料は，りんごである。
（5）マヨネーズは，油中水滴型（W/O 型）のエマルションである。

解答（2）

問 4　嗜好飲料に関する記述である。最も適当なのはどれか。1 つ選べ。

（2020 年国家試験）

（1）紅茶は，不発酵茶である。
（2）煎茶の製造における加熱処理は，主に釜炒りである。
（3）茶のうま味成分は，カフェインによる。
（4）コーヒーの褐色は，主にアミノカルボニル反応による。
（5）ココアの製造では，カカオ豆に水を加えて磨砕する。

解答（4）

引用参考文献・参考資料

伊藤園：お茶百科　お茶の歴史
https://www.ocha.tv/history/japanese_tea_histry/（2024.02.14）
太田英明，白土英樹，古庄律編：食べ物と健康　食品の科学（改訂第 3 版），健康・栄養科学シリーズ，南江堂（2022）
栢野新市，水品善之，小西洋太郎編：食品学Ⅱ，食べ物と健康　食品の分類と特性，加工を学ぶ，（改訂第 2 版），栄養科学イラストレイテッド，162-168，羊土社（2021）
河智義弘：香辛料の有用性
http://doi.org/10.11468/seikatsueisei1957.38.49（2024.02.14）
北尾悟，鍋谷浩志編著：五訂 食品加工学，N ブックス，建帛社（2022）
木戸詔子，池田ひろ編：調理学　食べ物と健康 4（第 3 版），食品・栄養科学シリーズ　化学同人（2016）
厚生労働省：e ヘルスネット　嗜好飲料
https://www.e-healthnet.mhlw.go.jp/information/food/e-03-014.html#:~:text=（2024.02.14）

小西洋太郎，辻英明，渡邊浩幸，細谷圭助編：食べ物と健康　食品と衛生　食品学各論（第3版），栄養科学シリーズNEXT，21-123，講談社（2021）
杉田浩一，平宏和，田島眞，安井明美編：日本食品大事典，医歯薬出版（2017）
食品安全委員会：食品中のカフェイン
https://www.fsc.go.jp/factsheets/index.data/factsheets_caffeine.pdf（2024.02.19）
瀬口正晴，八田一編：食品学各論　食べ物と健康2　食品素材と加工学の基礎を学ぶ，新食品・栄養科学シリーズ，120-122，化学同人（2008）
全日本コーヒー協会：コーヒーをもっと知ろう
https://coffee.ajca.or.jp/webmagazine/library/more/（2024.02.14）
高橋幸資編著，澤野勉原編著：新編　標準食品学　各論〔食品学Ⅱ〕，第2章，医歯薬出版（2023）
中谷延二：香辛料の機能性成分
http://core.ac.uk/download/pdf/35271348.pdf（2024.02.14）
日本中国茶協会：中国茶について
https://chinatea.org/chinesetea/（2024.02.14）
農林水産省：味わいや香りも様々なお茶の種類
https://www.maff.go.jp/j/pr/aff/2204/spe1_03.html（2024.02.14）
農林水産省：茶品種ハンドブック（国費により育成した茶品種）第6版
https://www.naro.go.jp/publicity_report/publication/pamphlet/kind-pamph/078757.html（2024.02.14）
農林水産省：茶をめぐる情勢
https://www.maff.go.jp/j/seisan/tokusan/cha/attach/pdf/ocha-80.pdf（2024.02.14）
農林水産省：特集1緑茶（2）
https://www.maff.go.jp/j/pr/aff/1704/spe1_02.html（2024.02.16）
農林水産省：日本農林規格JAS1075
https://www.maff.go.jp/j/jas/jas_standard/attach/pdf/index-278.pdf（2024.02.19）
農林水産省：1．緑茶等の消費実態について　2．食文化の継承について
https://www.maff.go.jp/j/heya/h_moniter/pdf/h1702.pdf（2024.02.14）
文部科学省：日本食品標準成分表2010について第3章の16
https://www.mext.go.jp/b_menu/shingi/gijyutu/gijyutu3/attach/1299203.htm（2024.02.14）

6 微生物利用食品

6.1 微生物利用食品の分類と性質

発酵と腐敗との間に本質的な違いはないと考えてよい。どちらも微生物の作用で食品の形態，テクスチャー，化学成分，風味などが変化する現象である。変化した結果，人間にとって有益となれば発酵とよばれる。一方，不利益となれば結果として腐敗とよばれる。

微生物は細菌と真菌に大別されるが，人間はその両者を醸造や発酵食品製造に利用している。近代に入り，ルイ・パスツール(Louis Pasteur，1822～95)やロベルト・コッホ(Robert Koch，1843～1910)の業績により，微生物学は飛躍的に進歩した。しかし，微生物利用食品は，古くから人間の食経験の積み重ねを経て利用されてきた。したがって，微生物利用食品はその民族特有の伝統食品であることが多い。土地・風土が変われば微生物叢(そう)も変化するから，たとえばボルドー産ワインのように他の土地では真似できない銘醸地と呼ばれる地域が存在するのである。

微生物利用食品は，酒類(アルコール飲料)と発酵食品に大別される。さらに発酵食品には，ヨーグルト，糸引き納豆のようにそのまま食用に供するものと，みそ，しょうゆ，食酢などの発酵調味料に分類される。ここでは，主に日本国内で多く消費される微生物利用食品について述べることとする。

6.2 アルコール飲料

酒類とは，酒税法において「アルコール分1度以上の飲料」をいう。酒類は製造法により，**醸造酒**，**蒸留酒**および**混成酒**の3つに分類される。このアルコールを産生するのは**酵母**[*1]という微生物である。酵母は糖をアルコールに変えることはできるが，でんぷんは分解できないため，酒類の製造においては，原料に含まれる炭水化物が糖であるか，でんぷんであるかが非常に重要となる。もし，原料に含まれる炭水化物がでんぷんの場合，でんぷんを糖化する**アミラーゼ**[*2](amylase)が必要となってくる。このアミラーゼの供給源には主に3通りあって，麦芽アミラーゼを利用するもの(ビールなど)，麹菌が分泌するアミラーゼを利用するもの(清酒など)，工業的に生産されたアミラーゼを利用するものに分けられる。

*1 **酵母**　イースト(yeast)ともよばれる。糖を分解してアルコールと二酸化炭素を生じる(アルコール発酵する)真菌を総じて酵母とよぶ。代表的な種としてはパン酵母の *Saccharomyces cerevisiae* が知られている。自然界では，植物の花，訪花昆虫，樹液，果実の表面などに広く生息している。

*2 **アミラーゼ**　でんぷんやグリコーゲンを分解し，グルコース，マルトース，その他オリゴ糖を生成する酵素の総称である。動植物問わず生物界に広く存在する酵素である。

6.2.1 醸造酒

醸造酒は，発酵の終わった液体をそのまま，またはろ過して飲むものであり原料にすでに糖が含まれている**単発酵酒**[*1]（ワインなど）と，でんぷんの糖化が必要な**複発酵酒**に分かれる。さらに複発酵酒は，糖化方法の違いにより**単行複発酵酒**[*2]（ビール）と**並行複発酵酒**[*3]（清酒）に分けられる（**表 6.1**）。

表 6.1 醸造酒の糖化方法による分類

分類	糖化工程	糖化方法	アルコール飲料
醸造酒	なし（単発酵酒）	—	ワイン，リンゴ酒，馬乳酒
	あり（複発酵酒）	麦芽の内在性アミラーゼによる（単行複発酵酒）	ビール
		麹菌が分泌するアミラーゼによる（並行複発酵酒）	清酒

(1) 清　酒

清酒の原料は米，米麹および水である。場合によっては，醸造アルコールが副原料として使用されることもある。米は**酒造好適米**[*4]とよばれる特別な品種を用いることが多い。

清酒の醸造には，**麹菌**[*5]（*Aspergillus oryzae*）と酵母（*Saccharomyces cerevisiae*）の 2 種類の微生物が利用される。清酒造りの最初の工程は精米である。その**精米歩合**によって大吟醸酒や吟醸酒といった分類がなされる。次に行われるのは蒸した原料米に麹菌の胞子を付着させ，これを繁殖させて麹を造る（製麹）工程である。麹ができあがったら，酵母を大量に繁殖させるための**酒母**[*6]を造る。酒母造りでは，麹，蒸米，水を混ぜ合わせ，そこに酵母を植え付けて 2 週間から 1 か月かけて繁殖させる。酒母ができたら，これを発酵槽に移し麹，蒸米，水を加えて発酵させる。この発酵系全体を称して「**もろみ**」と呼ぶ。もろみに加える麹，蒸米，水は 3 回に分けて入れられる。これを三段仕込みという。

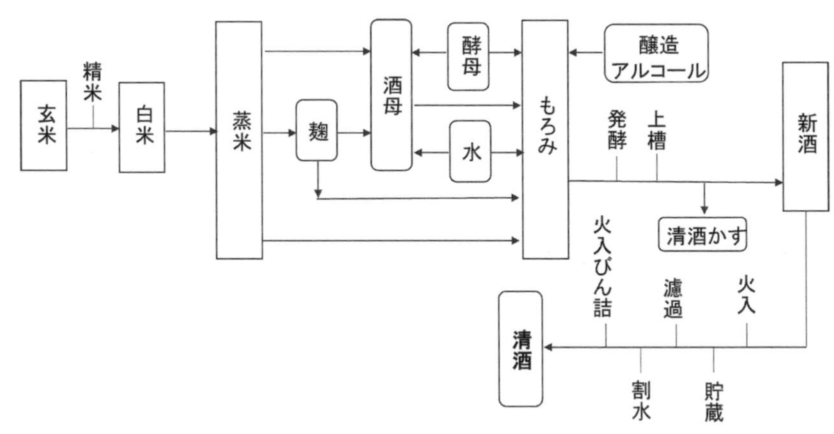

図 6.1 清酒の製造工程

出所）日本酒造組合中央会ホームページを参考に筆者作成

*1 **単発酵酒**　原料にもともと糖が含まれているので，でんぷんを糖化させる必要がなく，酵母が存在すると直ちにアルコール発酵を始めることができる。こうしてできた醸造酒を単発酵酒とよぶ。ワインなどの果実酒や動物の乳が原料の乳酒などがある。

*2 **単行複発酵酒**　はじめに原料に含まれるでんぷんを糖化する（これも発酵とみなす）工程があり，次に酵母によるアルコール発酵が行われる醸造方式を単行複発酵といい，そうしてできた醸造酒を単行複発酵酒とよぶ。糖化とアルコール発酵の順序を入れ替えることはできないので単行という言葉が使われる。ビールが代表的例である。

*3 **並行複発酵酒**　原料に含まれるでんぷんの糖化とアルコール発酵が同時並行的に進行する醸造方式を並行複発酵といい，そうしてできた醸造酒を並行複発酵酒とよぶ。清酒と紹興酒が代表例である。清酒の醸造では，麹菌のアミラーゼによるでんぷんの糖化と酵母によるアルコール発酵が，同一のもろみ中で行われていることから，並行という言葉が使われる。

*4 **酒造好適米**　もともとの穀粒が大きく，精米歩合が 50 ～ 70 % となっていてもある程度粒の大きさを維持でき，中心部に微細なひび割れが入った「心白」とよばれる構造をもち，雑味の原因となるたんぱく質の少ない清酒醸造用の米のことを酒造好適米とよぶ。品種としては，雄町，山田錦，五百万石などが知られている。

*5 **麹菌**　コウジカビともいわれる。米，麦，大豆などに発生し麹を形成する一群のカビの総称である。活性の強いアミラーゼ，プロテアーゼ，リパーゼなどの酵素を分泌し，食品成分を分解する作用をもつ。代表的な種として二ホンコウジカビ（*Aspergillus oryzae*）が知られている。清酒の醸造では米でんぷんの糖化に利用される。

*6 **酒母**　蒸米，麹，水からなる「培地」を用いて清酒醸造用の酵母を大量増殖させた液体を酒母という。酒母の良し悪しが，できあがりの清酒の品質に大きく影響するといわれている。酒母の製造方法には「速醸」，「生酛」，「山廃」の 3 つがある。

表 6.2　清酒の分類と原料

清酒分類	特定名称	精米歩合	原料
純米酒	純米大吟醸酒	50 %以下	米，米麹
	純米吟醸酒	60 %以下	米，米麹
	純米酒	規定なし	米，米麹
	特別純米酒	60 %以下又は特別な醸造方法	米，米麹
吟醸酒	大吟醸酒	50 %以下	米，米麹 醸造アルコール
	吟醸酒	60 %以下	米，米麹 醸造アルコール
本醸造酒	本醸造酒	70 %以下	米，米麹 醸造アルコール
	特別本醸造酒	60%以下又は特別な醸造方法	米，米麹 醸造アルコール

もろみの発酵には3週間から1か月かかる。もろみのなかでは，米でんぷんの糖化とアルコール発酵が同時並行に行われるため，清酒の発酵方式を並行複発酵という。発酵期間が終わるともろみを圧搾し新酒と酒粕に分ける。新酒は**火入れ**[*1]，貯蔵，ろ過，割水の工程を経て再び火入れを行い瓶詰めされる(図 6.1)。

清酒は米の精米歩合や製造方法によって8つの「特定名称酒」に分類される。その他，特定名称酒には**醸造アルコール**[*2]が添加される／されないによって純米という表示がなされるかどうかが決まる(**表 6.2**)。

(2)　ビール

ビールの原料は**麦芽**[*3]，**ホップ**[*4]および水である。麦芽は，**二条大麦**の種子を発芽させて乾燥したもので，発芽中の麦芽内ではでんぷんを糖化するアミラーゼが生成される。この大麦麦芽を粉砕し，場合によっては副原料(コーンスターチなど)を加えて，65 ～ 68 ℃に加熱した水に入れ糖化液を造る(微生物は用いないがこの糖化工程も「発酵」とみなす)。この糖化液にホップを加え，煮沸することで麦芽液を造る。麦芽液はろ過後発酵槽に移され，酵母が添加されてアルコール発酵が行われる。このように，ビール醸造では糖化とアルコール発酵がそれぞれ別個に行われるので，ビールの発酵様式は単行複発酵とよばれる。

ビールの発酵に用いられる酵母は，大きく分けて2種類ある。**上面発酵ビール**に用いられる *S. cerevisiae* と**下面発酵ビール**に用いられる *S. pastorianus* である。上面発酵ビールは，発酵中に酵母が麦芽液の表面に浮く性質をもっていて，比較的高温(15 ～ 20 ℃)で4～6日間発酵が行われる。できあがったビールの色は濃く，アルコール度も高めである。エステルや高級アルコールが多く生成され，風味が強い。イギリスのエールビールやスタウトビールがこれにあたる。一方，下面発酵ビールは，発酵中に酵母が発酵槽の底に沈む性

*1　**火入れ**　火入れとは，日本酒を絞りろ過したあとに加熱する工程をいう。通常は65 ℃前後で行われる。火入れの主な役割は，酵母のはたらきを止めて劣化を防ぎつつ，雑菌の繁殖を防ぐことである。火入れを行うことで，酵素の働きをコントロールでき，品質を安定させることができる。

*2　**醸造アルコール**　さとうきびを発酵し蒸留して得られたアルコール。清酒に醸造アルコールを加えることですっきりした飲み口になるといわれている。また，吟醸香(フルーティな香り)もより多く発生するといわれている。

*3　**麦芽**　大麦の種子に水と空気を与えて芽と根を伸長させ再び乾燥させたもの。このとき，麦芽内ではでんぷんを分解するアミラーゼが働き，糖が作られている。この糖は酵母の作用でアルコールと二酸化炭素になる。

*4　**ホップ**　ホップはアサ科のつる性多年草で，毬花(キュウカ)を乾燥して醸造中のビールに加えられる。当初は雑菌の繁殖を抑え，泡持ちを向上させるために用いられたが，ホップ特有の苦味がビールにはなくてはならないものとなり，衛生管理の行き届いた現代のビールづくりでも原料として使われている。

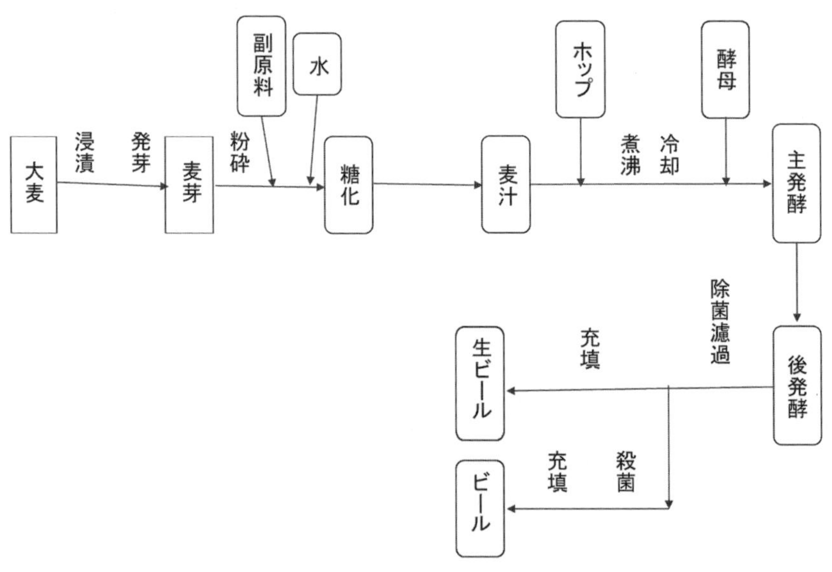

図 6.2　ビールの製造工程

質があり，低温(5～7℃)で10～12日間発酵が行われる。その後，0～2℃で3か月間熟成が行われる(後発酵)。ビールの色は淡くアルコール度は5%前後と比較的低めである。ラガービールやピルスナービールがこれにあたる。

ホップに含まれる苦味成分は**フムロン**[*1]というポリフェノールの1種である。フムロンは水に不溶性を示すが，麦芽液を煮沸することで可溶性の**イソフムロン**に変化する。このイソフムロンがビールの苦味となる。

*1　**フムロン**　ホップに含まれる苦味物質。このビールの苦味は，苦味酸と呼ばれる成分によることが既にわかっている。苦味酸のα酸はフムロンとも呼ばれ，ビールの中に溶け込んで苦味を与え，抗菌性や泡持ちにも役立っている。

(3) ワイン（ぶどう酒）

ワインは原料のぶどう果実に含まれる糖を酵母が直接アルコール発酵するため，清酒やビールの醸造に必要な糖化工程がない。そのため，ワインの発酵様式は単発酵とよばれる。原料のぶどうには，赤ワイン用のものと白ワイン用のものがある。赤ワイン用のぶどうは，果皮に**アントシアニン**[*2]を多く含むため，赤色または紫黒色をしている。代表的品種はカベルネ・ソーヴィニョンとメルローである。赤ワインは，果皮や種子を取り除かずに果汁と一緒に発酵するため，果皮に含まれるアントシアニンが溶出しワインが着色する。また，**タンニン**が渋味を与えている。一方，白ワイン用のぶどうにはアントシアニンがほとんどなく，果皮は薄い緑色をしている。代表的品種は，シャルドネとソーヴィニョン・ブランである。白ワインは，ぶどうの果皮と種子を取り除いて果汁のみを発酵に用いる。

*2　**アントシアニン**　フラボノイド系の植物色素で，ブドウやリンゴ，イチゴ，ブルーベリー等の果実，ナス，シソ，マメ種子の美しい赤色や紫色の色素成分の多くはアントシアニンで構成されている。また花の色も，その多くはアントシアニンによる色である。

ワイン醸造に用いられる酵母は多種存在するが，大きく分けて自然酵母と培養酵母の2種類の酵母がある。自然酵母は，ぶどうの果皮に偶然付着していた酵母で，複数の種から成り立っている。したがって，自然酵母で発酵したワインは，ぶどう畑の土地，風土，収穫年によって異なった風味が生まれ

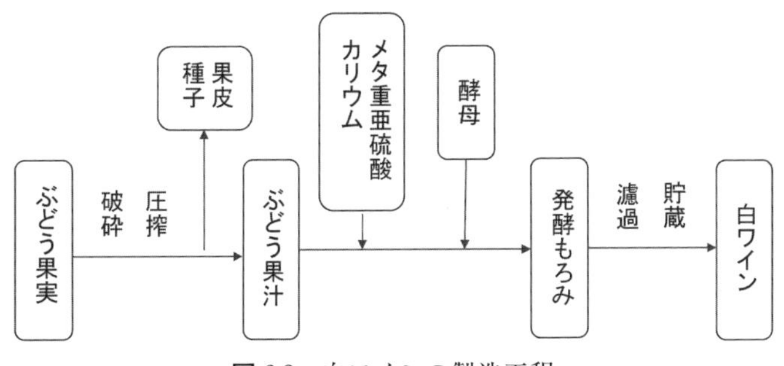

図 6.3　白ワインの製造工程

る。醸造家の技量が問われることになる。一方，培養酵母は，主に *Saccharomyces* 属の酵母を純粋培養したもので，土地が変わってもワインの味はほぼ同じようになる。培養酵母をもちいると品質が安定するといわれている。

ワインの醸造において，雑菌の繁殖抑制，酸化防止，色素の安定化のために**亜硫酸塩**[*1]（メタ重亜硫酸カリウム）が添加されることが多い。また，赤ワインには**レスベラトロール**というポリフェノールが含まれており，心血管疾患のリスクを低減する機能があるとされている。フランスは喫煙率が高いことで知られるが，ワインの消費量も世界1位となっており，タバコによる心血管疾患の罹患率が低いという「フレンチパラドックス」がこれで説明できる。

*1　**亜硫酸塩（メタ重亜硫酸カリウム）**　亜硫酸（SO_2 または二酸化硫黄とも表記）は酸化した硫黄（SO_2）が水に溶けている状態である。硫黄は火山など自然界に存在する物質で，数千年前の古代エジプトやローマ時代からワイン造りに利用されていたといわれている。

6.2.2　蒸留酒

蒸留酒は，醸造酒からアルコールを蒸留して飲用に供するもので，ウイスキー，ブランデー，ウォッカ，焼酎，ジン，ラム，テキーラなどが知られている。アルコールの沸点は 78.3 ℃であるから，醸造酒を加熱すると水より先にアルコールが沸点に達し気化する。気化したアルコールを冷却すると再び液体に戻る。この操作により，アルコールが濃縮され保存性も向上する。アルコール度数は 35 ～ 55 度の範囲にあるものが多い。

(1)　ウイスキー

ウイスキーの原料は，大麦やとうもろこしなどの穀類である。ウイスキーづくりでは，まず穀類のでんぷんを糖化し，酵母によって醸造酒をつくることから始められる。この醸造酒から，ポットスチルという蒸留機を用いてアルコール濃度 65 ～ 70 %の原酒をつくり，これを木樽に詰めて 3 ～ 12 年熟成させる。木樽はオーク材がよいとされ，内面は炎で焼かれているので，黄金色の色素がウイスキーに溶出し，独特の色と風味を醸し出している。スコットランド産の**スコッチウイスキー**[*2]とアメリカ産の**バーボンウイスキー**[*3]がよく知られている。

*2　**スコッチウイスキー**　穀類を原料として，酵母により発酵させ，アルコール分 94.8 度未満で蒸溜し，700 L 以下のオーク樽で最低 3 年以上熟成させ，最低瓶詰めアルコール度数 40 度以上であること。これがスコッチウイスキー法での定義である。麦芽を乾燥させる際にピートを使用するため，独特のスモーキーフレーバーがついているのが特徴。

*3　**バーボンウイスキー**　アメリカ国内で製造され，マッシュビル（蒸溜所用語で穀物の構成比率のこと）にとうもろこしが 51 %以上含まれている必要がある（残りはライ麦や小麦，麦芽などでもよい）。米財務省・酒類タバコ税貿易管理局によると，バーボンは樽の内側をバーナーなどで焦がした新品のオーク樽で熟成させなければならない。

(2)　ブランデー

ブランデーは，果実酒（主に白ワイン）を蒸留し，オーク材の木樽に入れて熟成させたものである。熟成には 3 ～ 10 年かかり，その間に独特の風味が加味され，色調は琥珀色に変化する。コニャックとアルマニャックが有名である。白ワイン以外では，りんご酒を蒸留したアップルブランデー（カルヴァドス）やさくらんぼ酒を蒸留したチェリーブランデー（キルシュヴァッサー）などがある。

(3) ウォッカ

ウォッカの原料は，麦などの穀類とじゃがいもなどのいも類である。穀類・いも類の貯蔵炭水化物はでんぷんであるから，まずでんぷんの糖化が行われる。糖化液ができあがったら酵母を添加してアルコール発酵を行う。次に発酵が終わったもろみを連続式蒸留機で蒸留し，水を加えてアルコール度を35度～50度程度に補正する。最後に白樺の木炭層を通してろ過され，熟成せずそのまま瓶詰めされる。ウォッカの成分は，ほとんど水とエタノールだけからなっていて，雑味や香味はほぼ感じられない。癖のない蒸留酒であることから，カクテルのベースにも利用される。主な生産国は，ロシアなどの東欧諸国と北欧のスウェーデン，それとアメリカである。

(4) 焼　酎

焼酎は，米，大麦，そば，さつまいも，糖蜜，酒粕などを原料にしたもろみを蒸留したものである。連続式蒸留機をもちいて蒸留し，アルコールが36度未満のものを**連続式蒸留焼酎**[*1]（**甲類焼酎**）という。この焼酎は，アルコールの純度が高く，原料に由来する風味がほとんどないことから，カクテルやチューハイのベースにされることもある。一方，単式蒸留機をもちいて蒸留し，アルコールが45度以下のものを**単式蒸留焼酎**[*2]（**乙類焼酎**）という。この焼酎は，原料の風味が蒸留時に失われていないことから，カクテルのベースにはなりにくいが，お湯割りをして風味を楽しむことができる。沖縄県の泡盛，鹿児島県のいも焼酎，熊本県の球磨焼酎，大分県の麦焼酎など西南日本で製造が盛んである。

*1　**連続式蒸留焼酎**　連続式蒸留機を使用し，何度も蒸留を繰り返して純粋なアルコール分を取り出すことにより造られる焼酎で，雑味のない純な味わいが特徴。甲類焼酎ともよばれる。

*2　**単式蒸留焼酎**　単式蒸留機を使って，じっくりと蒸留していくことにより造られる焼酎で，原料の風味が非常に豊かで，味わい深いことが特徴。乙類焼酎ともよばれる。

6.2.3　混成酒

混成酒は，醸造酒または蒸留酒に糖類や植物の果実，果汁，種子，葉，香辛料，香料などを加えて風味付けしたもので，梅酒，リキュール，本みりんの本直しがそれにあたる。

(1) 梅　酒

梅酒は焼酎に梅の果実と氷砂糖を加えて，3か月～1年ほど熟成させたもので，リキュールの1種である。梅酒製造は日本の家庭で広く行われており，ホワイトリカー1800 ml，梅果実1 kg，氷砂糖800 g～1 kgの分量を混合するのが標準的であるとされる。日本では，盛夏に滋養のために飲む習慣がある。

(2) みりん

みりんは調味料として使用されるが，酒税法上は酒類に相当する。みりん風調味料と区別するため，**本みりん**[*3]とよばれることもある。蒸したもち米と

*3　**本みりん**　本みりんは，蒸したもち米，米麹，焼酎もしくはアルコールを原料にし，約60日間かけて糖化・熟成させる。このあいだに米麹中の酵素が働いて，もち米のでんぷんやたんぱく質が分解されて各種の糖類，アミノ酸，有機酸，香気成分などが生成され，本みりん特有の風味が形成される。

麹を混ぜ，醸造アルコールまたは焼酎を加えて60日程熟成し，ろ過したものがみりんである。熟成中に麹菌の作用により，糖類，アミノ酸類および有機酸が生成され独特の風味を醸し出す。みりんのアルコール度は14％程度である。また，熟成途中のみりんに醸造アルコールまたは焼酎を加え，アルコール度数を20度以上に上げた飲料を**本直し**という。

(3) リキュール

酒税法では「リキュールとは，酒類と糖類その他の物品(酒類を含む)を原料とした酒類で，エキス分が2％以上のものをいう。ただし，清酒，合成清酒，焼酎，みりん，ビール，果実酒類，ウイスキー類，および発泡酒に該当するものは除かれる」となっている。原酒をそのまま飲むというよりは，水で薄めて飲まれることが多い。香味付けされる原料によって「薬草・香草系」「果実系」「種子系」「特殊系」の4種類に分類される。

6.3 発酵調味料

アルコール飲料の目的は，酵母の働きにより産生されたアルコールを得ることである。これに対し発酵調味料の目的は，微生物や酵素により産生されるペプチド，アミノ酸などのうま味物質，酸味とうま味を有する有機酸，甘味を有する糖類，その他風味を醸し出す香気物質などを得ることが目的である。みそ・しょうゆの熟成中には，**アミノカルボニル反応***が起こり，茶褐色の物質が生じる。

*アミノカルボニル反応　食品の色や風味の形成に寄与する反応のひとつ。アミノ酸などのアミノ基をもつ化合物と，還元糖などのカルボニル基をもつ化合物を一緒に加熱等すると反応が進み，褐色の色素(メラノイジン)や香気成分が生成する(食品の色が褐色に変化する原因のひとつ)。

(1) みそ

みそは，日本の伝統的な発酵調味料のひとつで，各地に特色あるみそが存在する。みそは，調味料として利用される普通みそと副食に供されるなめみそに大別される。一般に，みそといえば普通みそのことを指す。

みそは大豆を主原料とし，蒸した大豆に米，麦または大豆からつくられた

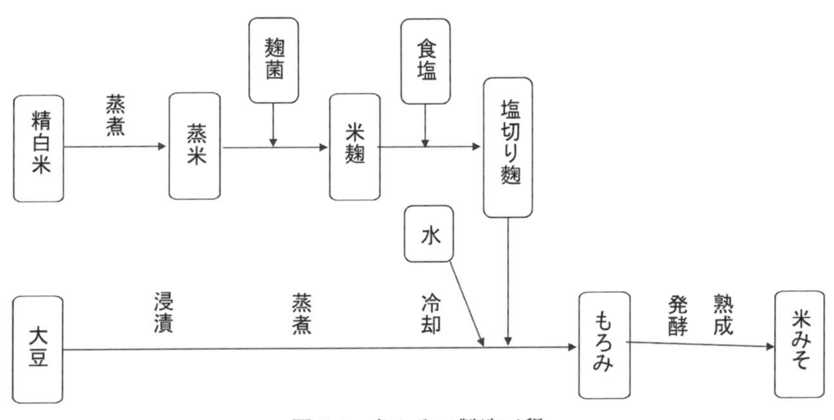

図6.4　米みその製造工程

表 6.3　味噌の分類

<table>
<tr><th>原料</th><th colspan="2">味と色</th><th>産地</th><th>通称</th><th>麹歩合</th><th>塩分(%)</th><th>醸造期間</th></tr>
<tr><td rowspan="6">米みそ</td><td rowspan="2">甘みそ</td><td>白</td><td>近畿地方，岡山，広島，山口，香川</td><td>白みそ，西京みそ，府中みそ，讃岐みそ</td><td>15～30</td><td>5～7</td><td>5～20 日</td></tr>
<tr><td>赤</td><td>東京</td><td>江戸甘みそ</td><td>12～20</td><td>5～7</td><td>5～20 日</td></tr>
<tr><td rowspan="2">甘口みそ</td><td>淡色</td><td>山形，静岡，岡山，九州地方</td><td>相白みそ</td><td>10～20</td><td>7～12</td><td>20～30 日</td></tr>
<tr><td>赤</td><td>徳島，その他</td><td>御膳みそ</td><td>12～18</td><td>10～12</td><td>3～6 か月</td></tr>
<tr><td rowspan="2">辛口みそ</td><td>淡色</td><td>関東甲信越，北陸，その他全国各地</td><td>白辛みそ，信州みそ</td><td>6～10</td><td>11～13</td><td>2～3 か月</td></tr>
<tr><td>赤</td><td>関東甲信越，東北，北海道，その他全国各地</td><td>仙台みそ，越後みそ，秋田みそ，津軽みそ</td><td>6～10</td><td>11～13</td><td>3～12 か月</td></tr>
<tr><td rowspan="2">麦みそ</td><td colspan="2">淡色みそ</td><td>中国・四国・九州地方</td><td>麦みそ</td><td>15～25</td><td>9～11</td><td>1～3 か月</td></tr>
<tr><td colspan="2">赤みそ</td><td>関東・中国・四国・九州地方</td><td>麦みそ，田舎みそ</td><td>8～15</td><td>11～13</td><td>3～12 か月</td></tr>
<tr><td rowspan="2">調合みそ</td><td colspan="2"></td><td>関東・中国・四国・九州地方</td><td>合わせみそ</td><td></td><td></td><td></td></tr>
<tr><td colspan="2"></td><td>東海・関西地方</td><td>赤だしみそ，合わせみそ</td><td></td><td></td><td></td></tr>
</table>

麹，さらに食塩と水を加え，これらを混ぜ合わせ発酵・熟成したものである。みその製造に用いられる麹菌は，**日本農林規格**(JAS)によると*A. oryzae*（*Aspergillus oryzae*, ニホンコウジカビ）のみである。麹に米麹を用いると**米みそ**，麦麹を用いると**麦みそ**，豆麹を用いると**豆みそ**にそれぞれ分類される(**表 6.3**)。全国的には米みそが一般的であるが，麦みそは瀬戸内西部と九州に多くみられ，豆みそは東海地方で製造・消費が盛んである。このほか，米みそ，麦みそまたは豆みそを混合したもの，米こうじに麦こうじまたは豆こうじを混合したものを使用したみそは調合みそとよばれている。さらに，塩分濃度と米麹または麦麹の割合により甘みそ，辛みそに分けられる。また，色によっても淡色みそ，白みそ，赤みそに分けられる。みその熟成期間中に，麹菌から分泌されるアミラーゼにより，でんぷんから甘味成分である糖が作られる。また，麹菌の分泌するプロテアーゼにより，たんぱく質からうま味成分であるペプチドやアミノ酸が作られる。さらに耐塩性酵母(*Zygosaccharomyces rouxii*)や耐塩性乳酸菌(*Pediococcus halophilus*)の増殖により，エチルアルコール，エステル類，アセトンなどの揮発成分，乳酸，酢酸，酪酸，ギ酸などの有機酸が生成され風味が増すとされている。

(2) しょうゆ

しょうゆは，みそと並んで古くからある日本独自の発酵調味料である。しょうゆの原材料は，大豆，小麦および食塩水であり，原材料の配合割合などによって５つに分類される(**表 6.4**)。また，製造方法は本醸造方式，混合醸造方式および混合方式の３つがある。

最も一般的な本醸造方式では，蒸した大豆と炒って割砕した小麦を混合し，種麹の胞子を振りかけてしょうゆ麹を造る。これに食塩水を加えてもろみとし，発酵，熟成させたものである(**図 6.5**)。しょうゆ麹に使われる麹菌は *A.*

表 6.4　しょうゆの分類

種類	特徴	食塩相当量(g/100g)	比重(g/cm^3)
こいくちしょうゆ	大豆(脱脂加工大豆を含む)と小麦をほぼ等量使用したものをしょうゆこうじの原料としている。	14.5	1.18
うすくちしょうゆ	大豆と小麦をほぼ等量使用しているが，製品の色を淡くするために，仕込みの際に食塩の量を多く使用する。また，味をまろやかにするため，米を糖化させた甘酒を使用することもある。	16.0	1.18
たまりしょうゆ	しょうゆこうじの主原料は大豆であり，小麦の使用はごく少量である。底にたまった液を汲みかけながらほぼ１年間発酵・熟成させる。	13.0	1.21
さいしこみしょうゆ	こいくちしょうゆと同様，大豆と小麦をほぼ等量使用しているが，食塩水の代わりに生揚げしょうゆを使用する。色，味，香りとも濃厚である。刺身や寿司等に使用されている。	12.4	1.21
しろしょうゆ	しょうゆこうじの主原料は小麦でこれにごく少量の大豆を使用している。色の濃化を防ぐため，短期間，低温で醸造する。	14.2	1.21

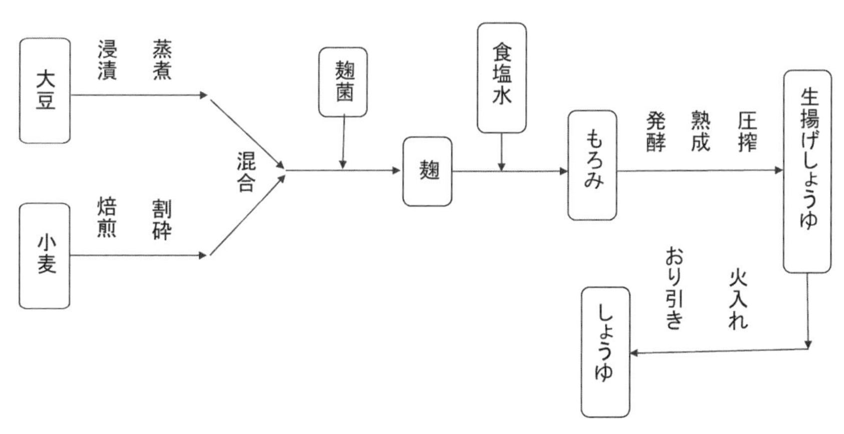

図 6.5　しょうゆの製造工程

oryzae と *A. sojae* で，アミラーゼとプロテアーゼの活性が強いものが選ばれる。みそと同様に発酵中にでんぷんから甘味成分の糖とたんぱく質からうま味成分のペプチドやアミノ酸が生成される。さらに耐塩性乳酸菌(*P. halophilus*)と耐塩性酵母(*Z. rouxii*)の働きにより，乳酸，酢酸，コハク酸などの有機酸とエチルアルコールや高級アルコールなどのアルコール類が生成される。そして，有機酸とアルコール類からはエステルが生じる。

しょうゆの色は**アミノカルボニル反応**によって産生された**メラノイジン**による。しょうゆの発酵・熟成には，半年～１年かかり，熟成が終わると圧搾され生揚げしょうゆとなる。これに火入れ(80～85℃)を行い殺菌し，沈殿物をろ過した後，濃度などを調整して製品となる。

混合醸造方式は，もろみにアミノ酸液，酵素分解調味液または発酵分解調味液を加えて発酵させ，熟成させる方式である。アミノ酸によるうま味やこく味が強いのが特徴である。

混合方式は，しょうゆ(本醸造しょうゆ，混合醸造しょうゆもしくは生揚げ)に，アミノ酸液，酵素分解調味液，または発酵分解調味液を混合する方式である。アミノ酸特有のうま味やこく味が強い特徴がある。

(3) 食　酢

食酢は，4～5％の酢酸を主成分とした酸性調味料である。酢酸以外には，有機酸，アミノ酸，エステル類および糖類を含んでいる。製法により**醸造酢**と**合成酢**に分類される。醸造酢中の酢酸は，**酢酸菌***(*Acetobacter* 属菌など)により，アルコールが酸化(酢酸発酵)されて生成される。そのため，食酢を製造するにあたってはまず原料を酵母によってアルコール発酵させる必要がある。醸造酢は，原料によって穀物酢(米酢，米黒酢，大麦黒酢)，ぶどう酢(ワインビネガー)，りんご酢(アップルサイダービネガー)などに分類される。

＊**酢酸菌**　酢酸を産生するグラム陰性の好気性細菌の総称。ヒドロキシ基をカルボキシ基に変換する酸化酵素をもち，ワインや日本酒に含まれるアルコールを酢(酢酸)に変換することができる。

合成酢は，氷酢酸または酢酸の希釈液に砂糖類，うま味調味料，酸味料などを加えた液体調味料，もしくはそれに醸造酢を加えたものである。なお，**加工酢**は食酢に醤油，砂糖，香辛料等を加えて味を調製したもので「調味酢」，「合わせ酢」とも呼ばれており，代表的なものに「すし酢」，「三杯酢」，「たで酢」などがあるが，食酢とは区別されている。

(4) 魚　醤

魚醤は，魚の内臓や頭を取らずに丸のまま使い，食塩を加えて1～2年発酵・熟成させた液体調味料である。発酵中に魚体に含まれる酵素によりアミノ酸や核酸などの旨味成分が産生される。日本では，秋田県のしょっつる，石川県のいしる，香川県のいかなご醤油が知られている。世界的には，タイのナンプラーやベトナムのニョクマムが有名である。いずれも食塩含量が高い(21～24 g/100 g)。

6.4　その他の微生物利用食品

微生物利用食品は世界各地に存在するが，その地の風土・民族に固有で伝統的食品が多い。欧米では乳を原料としたチーズ(128-129ページ参照)やヨーグルトが，アジアでは大豆を原料とした納豆や臭豆腐がみられるが，発酵によりうま味成分のアミノ酸，酸味成分の有機酸などが生成され，原料にはなかった風味が際立っているところは共通である。

(1) 納　豆

納豆には，糸引き納豆と塩納豆(浜納豆，**寺納豆**)がある。糸引き納豆は，煮熟した大豆に納豆菌(*Bacillus subtilis var. natto*)を添加し，約40℃で1日弱発酵させたものである。糸引き納豆の粘性物質は，**ポリグルタミン酸**(グルタミン酸からなるポリペプチド)とフルクトースを構成糖とするフルクタンの混合物である。

コラム 15　日本のお酒文化

国税庁の統計によると，都道府県別成人 1 人当たりの清酒消費量ランキング 1 位は新潟県である。これに次いで 2 位は秋田県，3 位は石川県となっている。いずれも日本海に面する東北・北陸の県で，米どころでもある。新潟県には清酒の酒蔵が 89 蔵もあり，これは日本 1 の酒蔵数という。まさに酒の「地産地消」が実現されている県である。一方，清酒消費量最下位の 47 位は鹿児島県，46 位は沖縄県，45 位は宮崎県となっていて，どこも焼酎王国といってよい県である。鹿児島県には清酒の酒蔵が 1 蔵しかなくて，極端に焼酎製造に偏った県といえる。

ところで，清酒の醸造に関しては古くから「三大名醸地」とよばれる土地があり，灘（兵庫県），伏見（京都府），西条（広島県）がそこである。これらの土地の水は，ミネラルの構成がどれも酵母の増殖に向いているとされている。ちなみに，三大名醸地の酒蔵数はいくつあるか調べると，兵庫県は 69 蔵，京都府と広島県は 42 蔵となっていて，新潟県ほど多くはないが現在でも酒造りが盛んである。西条（現東広島市）では毎年「酒都西条　酒祭り」が開催されていて，酒蔵通りという造り酒屋が密集した地域で新酒の無料試飲ができるのだそうだ。そして，この祭りには毎年 20 万人の観光客が訪れるとされている。清酒の消費量が落ち込む現代においても，名醸地のブランド力は強いことがうかがえるエピソードである。

糸引き納豆は，かつては関東以北の東日本での消費が圧倒的に多かったが，現在は全国的に流通されている。

塩納豆は，蒸煮した大豆に小麦粉と麹菌をまぶして豆麹をつくり，これを約 1 年塩水に漬け天日干ししたものである。かつて徳川家康が浜名湖付近の寺院から献上されたことから，浜納豆または寺納豆ともよばれる。

【演習問題】

問 1　発酵食品とその製造に関わる微生物の組合せである。最も適当なのはどれか。1 つ選べ。　（2022 年国家試験）

（1）ワイン ―――― 枯草菌
（2）ビール ―――― 麦角菌
（3）食酢 ――――― 乳酸菌
（4）糸引き納豆 ―― 酵母
（5）味噌 ――――― こうじかび

解答（5）

問 2　微生物利用食品に関する記述である。正しいのはどれか。1 つ選べ。　（2018 年国家試験）

（1）ビールは，単発酵酒である。
（2）焼酎乙類（本格焼酎）は，単式蒸留機を用いて蒸留する。
（3）純米吟醸酒は，精米歩合が 70 %以上である。
（4）ワインビネガーは，ワインを乳酸菌で発酵させる。
（5）本みりんのアルコール度数は，本直しより高い。

解答（2）

問 3　微生物利用食品に関する記述である。正しいのはどれか。1 つ選べ。

（2017 年国家試験）

（1）ビールは，麹菌の糖化酵素を利用する。
（2）豆みそは，米麹を利用する。
（3）濃口しょうゆの食塩濃度は，淡口しょうゆより高い。
（4）糸引き納豆の粘質物には，ポリグルタミン酸がある。
（5）果実酢は，合成酢に分類される。

解答（4）

参考文献・参考資料

和泉秀彦・熊澤茂則編：食品学Ⅱ　改訂第 4 版，南江堂（2022）
北越香織・飯村九林・小長井ちづる他：イラスト食品学各論，東京教学社（2023）
小林秀光・白石淳編：エキスパート管理栄養士養成シリーズ　微生物学　第 3 版，化学同人（2012）
田所忠弘・安井明美編著：N ブックス新版食品学Ⅱ　第 2 版，建帛社（2022）
日本酒造組合中央会
https://japansake.or.jp（2024.12.02）

7 加工食品

7.1 食料生産と栄養

人類はこれまで食料を得るために，狩猟・採取にはじまり，家畜を育て，農業を発展させ，食料の保存方法も併せて発展させてきた。現代日本の食料生産は，自給自足ではなく食品の生産者がすべてを担い，消費者のニーズに応え，消費者は利便性の高い商品を手に入れることができる。その一方，世界では飢餓に苦しむ地域もたくさんあり，日本でも近年，天候不良や温暖化が原因となる農産物・水産物の不作不漁による一時的な食料不足などが起きている。このことからも食料を保存し，より安定な供給につなげる努力は，今後も継続しなくてはならない。また，ライフスタイルの変化から，加工食品や調理済み食品の利用が増え，「中食」の形態に応える商品の展開が盛んに取り組まれている。これら加工食品や調理済み食品は，調理・手間の簡便化，時間の確保につながり，さらには無駄のない食材の有効活用，コストの低減化など多くの利点を生んでいる。一方，販売される惣菜，弁当の売れ残りによる食料廃棄の問題も目立ってきており，さまざまな食に関する問題点を，生産者だけでなく，消費者もしっかりと認識して，安定な食料生産，供給を目指す取り組みが必要不可欠である。

食物のもつ一次機能(栄養素やエネルギーを供給する栄養機能)，二次機能(味，香り，美味しさなどを与える感覚的な嗜好機能)，三次機能(疾病防止や体調調整に関与する生体調節機能)は，ヒトの生命維持，嗜好的な満足感，生体調節を可能にしている。そのため，ヒトが生きていくためには安定な食料供給が必須といえる。

7.2 食品加工と栄養，加工食品とその利用

7.2.1 食品加工の意義・目的

加工食品とは，生鮮食品を原材料とし，食品の有効利用，品質保持，安定供給などを目的に製造される。現代では，利便性などがライフスタイルに大きく求められるため，そのニーズに応えた加工食品が多く流通している。

(1) 目　　的

1) 安全性（衛生性）の確保，向上

食品の不可食部や有害部分を取り除くことで食品の安全性を高める。

2) 栄養性（機能）の向上

炊飯による米でんぷんの**糊化**のように消化吸収性を高めるなど，栄養性機能を高める。

3) 嗜好性の向上

食品の二次機能である嗜好性を高める操作である。

4) 保存（貯蔵）性の向上

食品を長期保存することは，食材料を有効に利用するために欠かせない要因である。さらに，日本では伝統的な発酵食品製造技術がそのひとつである。

5) 利便性・簡便性の付与

生活スタイルの変化に伴う調理操作の簡便化や調理時間短縮のため，インスタント食品や調理済み食品などの需要が高まっている。

(2) 加工食品の分類

「**一次加工品**」は，不可食部を除去し，原材料の特性を著しく変えることなく，物理的，微生物的な処理や加工を施したものであり，小麦の穀粒を製粉し得られた小麦粉が一次加工品となる。「**二次加工品**」は，一次加工品を用いてさらに変化させたものであり，小麦粉を原料に製造されたパンや麺が二次加工品である。「**三次加工品**」は，一次加工品，二次加工品を組み合わせ，温めるなど簡単な調理を行うだけで食べられる状態のものを示す。冷凍食品，インスタント食品，レトルトパウチ食品，缶詰や瓶詰めなどである。

7.2.2 食品加工の方法

食品の加工法には，素材そのものの形状を変化させる**物理的加工法**，**化学的加工法**，微生物，発酵技術を用いた**生物的加工法**に分けられる。

(1) 物理的加工法

1) 粉砕・摩砕・擂潰（らいかい）

粉砕，磨砕とは食品をすりつぶし，細かく砕く加工法である。粉砕には，**乾式粉砕***，**湿式粉砕***がある。水分量の多い状態ですりつぶすことを摩砕とよび，豆腐製造の際，吸水した大豆を水とともにすりつぶすとペースト状になる。擂潰とは，かまぼこ製造の際に用いられ，魚のすり身に食塩を添加し，擂潰機にてすり身をペースト状にする操作である。

* 米粉製造では米をそのまま削り，粉状に加工することを乾式粉砕と呼び，うるち米を乾式粉砕すると上新粉が製造される。米粒を吸水させ，水分が存在している状態で粉砕することを湿式粉砕と呼び，製造される白玉粉は別名寒ざらし粉とも呼ばれる。

2) 搗精（とうせい）（精白，精米）

脱穀した玄米を白米に加工するため，玄米の糠層と胚芽を摩擦・研磨により取り除く操作のことである。

3) 混合，混捏（こんねつ）

混合とは，原材料を混ぜ合わせ，均一な状態にすることである。パンや麺類の製造では，小麦粉，水などの原材料を，ソーセージ製造では肉に調味料などを混合し，さらに捏ねる操作が加わるため，混捏と呼ぶ。

4) 分　離

篩別(しべつ)，圧搾，ろ過，遠心分離，蒸留，吸着などの操作により成分を分離することを示す。

5) ろ　過

粒子サイズ(分子サイズ)を篩(ふる)い分ける操作であり，ろ布やろ過膜などの細孔サイズにより成分を分けることができる。家庭で使用される浄水器でのセラミック膜による精密ろ過や減塩しょうゆの製造でのイオン交換膜を用いた電気透析などもろ過のひとつである。

6) 蒸　留

各成分の沸点の差を利用して成分を分離する操作である。焼酎，ウイスキーなど蒸留酒の製造ではアルコール濃度を高めるために用いられる。

7) 加熱乾燥

乾燥とは，食品から水分を蒸発させ，食品の**水分活性**(AW)を低下させることで保存性を高める方法である(200 ページ，7.3.2(1)参照)。**自然乾燥**(天日乾燥：太陽熱や風力を利用した乾燥方法)，機械を用いた**熱風乾燥**(食品に熱風を吹きかけ食品中の水分を蒸発させる方法：箱型棚式乾燥機，トンネル式乾燥機，流動層乾燥機など)，**噴霧乾燥**(スプレードライ：インスタントコーヒーの開発に用いられた乾燥方法)，**真空(減圧)乾燥**(真空状態(0.03 ～ 0.06 気圧)では，水分は 30 ～ 50 ℃で乾燥する原理を利用した乾燥方法)，**凍結乾燥**(凍結した食品を高減圧(真空)下で凍結した水分(氷結晶)の昇華により乾燥する方法，成分変化が少なく，復元性に優れている)，**加圧乾燥**(米，麦，豆などで調製した生地を加熱加圧し，一気に常温常圧下へ噴出させると，瞬間的に生地中の水分が気化し，組織が膨化する。でんぷんを主成分とするスナック菓子製造に用いられる)などがある。

8) 冷却・冷凍

原材料を低温に保つ操作である。低温に保つことで微生物の繁殖を抑え，食品の保存期間を保持することが可能である。また，冷凍操作は凍結乾燥品(凍り豆腐や寒天)製造の前処理として用いられる操作でもある。

9) 濃　縮

食品に含まれる水分を蒸発させることで食品成分の濃度を高める操作である。輸送コストを減らす方法として食品の軽量化にも用いられる。

(2) 化学的加工法

酵素的および非酵素的な化学反応を利用した方法である。

1) 加水分解

水あめ製造(でんぷんの酸による加水分解)，新式しょうゆの製造(脱脂大豆を塩酸で加水分解したアミノ酸液としょうゆもろみを合わせて熟成)などで利用される。

2） 還　元

二重結合を含む不飽和脂肪酸に水素を添加し，部分的に還元することで硬化油を製造する。

3） 乳　化

水と油のように互いに混じり合わない成分同士を，乳化剤を加え均一な分散状態にすることを示す。マヨネーズや生クリームは水分中に油粒子が分散した**水中油滴型エマルション（O/W 型）**であり，バター，マーガリンは油の中に水分が分散した**油中水滴型エマルション（W/O 型）**である。

(3) 生物的加工法

細菌，酵母，かびなど微生物の発酵技術を用いた加工方法や，植物の生命活動（熟成，発芽など）を利用した加工方法である。

1） 微生物の利用

細菌，酵母，かびなどを用いて作られる食品（発酵食品）製造に利用される。（6 章参照）。

2） 酵素の利用

酵素は，特定の化学反応のみを選択的に行う利点があり，加工食品製造では広く利用されている。市販されている酵素製剤を利用することで確実な効果が得られ，安定した製造につながる。

3） バイオテクノロジー

バイオロジー（生体学）とテクノロジー（技術）を合わせた言葉であり，生物のもつ能力を利用し，医療，健康増進，食糧生産など人の暮らしに役立つものを製造する技術であり，遺伝子組換え技術，細胞融合，バイオリアクターなどがある。食糧生産ではさまざまな遺伝子組換え作物が作成されており，除草剤耐性をもつ大豆，とうもろこし，なたねなどが作成されている（217 ページ，7.5 参照）。

7.2.3 農産加工食品とその利用

(1) 米

収穫した稲穂は脱穀により籾殻（もみがら）が取り除かれ，玄米となる。玄米は精米により玄米からぬか層，胚芽を取り除き精白米となる。この操作を，精米，**搗精**（とうせい），精白という。精米の歩留まりは，精白米で 90 ～ 92 %，七分づき米で 93 ～ 94 %，半づき米（五分付き）95 ～ 96 %である。胚芽に含まれるビタミン B_1 は精米により損失する（**表 7.1**：搗精）。胚芽を除去しないように精米されたものが胚芽米であり，ビタミン B_1 とビタミン E を多く含む。米は粒のまま食する粒食と粉にして食す粉食があり，さまざまな加工方法により加工品が製造されている。[*1,2,3]

＊1 **新形質米**　新しい機能性などを持ち合わせた米であり，低アミロース米，高アミロース米，香り米，有色素米，低アレルゲン米，強化米，大粒米，多収米品種などがあり，低アミロース米は冷えても硬くなりにくい特徴から，チルド品やレトルト米飯などに活用されている。

＊2 **発芽胚芽**　胚芽を発芽させたもの。γ-アミノ酪酸（GABA）が多く含まれる。

＊3 精米後の米は長期貯蔵により，リノール酸が自動酸化し，ヘキサナールやペンタナールなどの生成により古米臭が発生する。

1) 米　　粉

表 7.1　米加工品の搗精歩留まりとビタミン B_1 含量

	ビタミン B_1(mg%)含量		歩留まり(%)	全重量に対するぬかの割合(%)
	米(水稲穀粒)	めし		
玄　米	0.41	0.16	100	0
半つき米	0.30	0.08	95 ～ 96	4 ～ 5
七分つき米	0.24	0.06	92 ～ 94	6 ～ 8
精白米(うるち米)	0.08	0.02	90 ～ 91	9 ～ 10
はいが精米	0.23	0.08	91 ～ 93	7 ～ 9

出所）文部科学省：日本食品標準成分表 2020 年版八訂より加工して作成

非加熱で製粉される上新粉，白玉粉や，蒸すなど加熱を行ったのちに製粉される寒梅粉，道明寺粉などがある。上新粉は**うるち米**を製粉したもの，白玉粉は**もち米**に水を加えながら磨砕し，篩(ふるい)に通したのち，乾燥させた粉であり，寒ざらし粉とよぶ。寒梅粉，道明寺粉は，それぞれもち米を蒸した後，焼いて製粉したものが寒梅粉，乾燥後に二つ割り，三つ割りにしたものが道明寺粉である。これらの米粉はもち，団子，など和菓子の原料として幅広く用いられる(25 ページ，**表 2.3** 参照)。

2) α化米

米を吸水，炊飯後，でんぷんをα化した状態で急速に高温乾燥によって，水分量を 5 %前後に乾燥させ製造する。でんぷんがα化した状態を保持しているため，水や温水を加水することで飯に戻すことができる。携帯食および保存食として利用される。

3) 無洗米

洗米で取り除かれる表面に残る肌ぬか(粘りの強いぬか)を，筒内高速回転法，タピオカでんぷん吸着法などにより完全に除去したものである。

4) ビーフン

うるち米で作られる麺であり，吸水後の米を磨砕し，蒸したのち，押出し機の穴より高圧で熱湯へ押出し作られたものが生ビーフン，その後，乾燥させたものが**ビーフン**である。

5) 米飯缶詰

非常食糧として用いられ，精白米と水を金属缶に入れ，炊飯後，巻締めた後，**レトルト**(高圧釜)で加熱殺菌(約 112 ℃，80 分加熱殺菌，中味により異なる)する。

6) レトルト米飯

レトルトパウチに米飯を入れ，中心温度 120 ℃，4 分加熱で高温殺菌する。

(2) 小　　麦

1) 製粉方法

段階式製粉方法が用いられ，第一段階で小麦を粉砕し，胚乳部をあらく砕く「破砕工程」，第二段階で篩(ふるい)や風力を用いて荒く砕いた胚乳部に含まれる外皮を分離する純化工程，第三段階として，ロール製粉機で細かく粉砕して小麦粉とする粉砕工程を経て製粉される。小麦粉の分類は等級と用途で分けられる。等級は灰分含量で分類され，灰分量 0.35 ～ 0.45 %は 1 等級，0.45 ～ 0.65 %は 2 等級に分類される。たんぱく質含量で強力粉，中力粉，薄力粉に

発酵パン：酵母（サッカロミセス・セレビシエ）による発酵を伴うもの

$$C_6H_{12}O_6 \rightarrow 2C_2H_5OH + 2CO_2$$

無発酵パン：蒸しパンのように，酵母以外の膨化剤（重曹 or ベーキングパウダー（B.P.：baking powder））を用いたもの

重曹：$2NaHCO_3 \xrightarrow{\text{水＋加熱}} Na_2CO_3 + H_2O + CO_2$

B.P.：$NaHCO_3 + HX \xrightarrow{\text{水＋加熱}} NaX + H_2O + CO_2$

図 7.1　発酵パン，無発酵パンの膨化の仕組み

分類され，それぞれに適した用途で調理，加工に用いられる（26 ページ，**表 2.4** 参照）。

2）パ　ン

小麦粉，水，酵母（イースト），食塩の基本材料に加え，砂糖，油脂など混捏した生地をドウ（dough）といい，捏ねることにより**グルテン**の形成を促す。小麦粉に含まれるたんぱく質（グリアジンとグルテニン）が混捏により絡み合い，グルテン構造（網目構造）を形成する。発酵パンでは生地に添加した酵母（*Saccharomyces cerevisiae*）のはたらきにより生成される二酸化炭素をグルテン膜が保持し，生地が膨化する。無発酵パンでは生地に添加した膨張剤（ベーキングパウダーや重曹）による化学的な反応により発生する二酸化炭素によって生地が膨化する（**図 7.1**）。

パン製造方法には，**直ごね法***（ストレート法），**中種法**（スポンジ法），**液種法**がある（**図 7.2**）。

＊直ごね法は原材料を全て一度に捏ねた生地を製造し発酵させる方法であり，中種法は小麦粉の一部と酵母，水で捏ねた生地を発酵させた中種をまず製造し，この中種と残りの原材料を混合，混捏した生地を再度発酵させる方法である。直ごね法は，温度管理や生地の取り扱いが難しく，小規模工場やベーカリーでのパン製造に適している。中種法は，発酵温度が管理しやすいため，大量生産に向いている。

3）め　ん

使用する小麦粉は，製造する麺のコシが強いものほどたんぱく質含量の高いものを用いる。

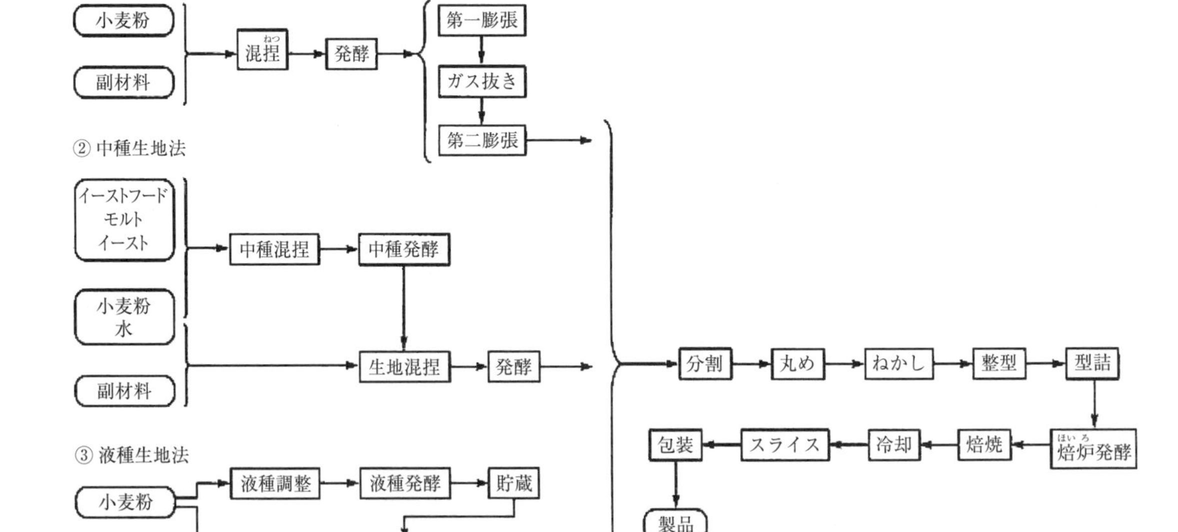

図 7.2　パンの製造工程系統図

発酵：27℃，湿度 75 %，約 50 分間，ねかし：30℃，湿度 75 ～ 85 %，5 ～ 15 分間

出所）西村公雄，松井徳光編：食品加工学（第 2 版），食べ物と健康 3，10，化学同人（2012）

① **うどん・手延べそうめん**

中力粉が用いられる。添加される食塩は，小麦粉に含まれるグルテンを収斂(れん)させ構造を緻密にすることで麺の粘弾性を生み出す。手延べそうめん製造では生地を細く引き延ばした麺帯を形成し，表面に植物油(綿実油など)を塗布しながらさらに細くひも状に延ばす工程や，「厄(やく)」と呼ばれる熟成期間がうどん製造とは異なる工程である。

② **中華麺製造**

強力粉や準強力粉を使用し，こね水にアルカリ性を示すかんすい(炭酸カリウムや炭酸ナトリウムなどの混合液)を用いる。小麦粉中のフラボノイド色素(**トリシン**)を黄色に発色させ麺が黄色くなり，さらに，独特の食感を付与する。

③ **パスタ（スパゲティ，マカロニ類）**

デュラム小麦のセモリナに水を加えて練り合わせ，高圧で成形機から押し出すことで太さや形が決まる。デュラム小麦粉は，たんぱく質含量は高く，グルテンの性質は強いが伸びにくいため，ゆでのびが少ない。

(3) とうもろこし

世界三大穀類のひとつのため，生産量も多く，広く食されている。粒食だけでなく，**コーングリッツ**(乾燥状態で胚乳部を挽き割りにしたもの)，**コーンミール**(穀粒をそのまま粉にしたもの，コーンフラワーより粗い)，**コーンフラワー**(外皮と胚芽を除き粉にしたもの)に製粉され粉食される。さらに，精製されたでんぷんは**コーンスターチ**として使用される。また，アミラーゼで糖化したグルコースを**異性化酵素**(**グルコースイソメラーゼ**)によって異性化するとフルクトースが生成される。フルクトース含有率によって，「**ぶどう糖果糖液糖**」「**果糖ぶどう糖液糖**」があり，清涼飲料水などの甘味づけに使用いられる。胚芽からはコーン油も抽出され，サラダ油や油脂製品の原料となる。

(4) その他の穀類

大麦，そば，雑穀(あわ，ひえ，きび，えん麦，ライ麦，アマランサス，キノアなど)がある。

1) 大　麦

穂の形から**六条大麦**と**二条大麦**に別れ，六条大麦は押し潰した押し麦や焙煎したものを煮出して麦茶として飲用される。二条大麦はビールの原料として利用される。

2) そ　ば

種実を挽砕したそば粉は，水を加えて混捏しても小麦粉のようにグルテンを形成しないため，麺を製造することが難しい。そのため，小麦粉や山の芋などをつなぎとして加え製造される。つなぎを加えずに製麺されたそばを十割そばといい，二割つなぎを加えたものを二八そばと呼ぶ。

3) 雑　穀

あわ，ひえ，きびなどの雑穀は土壌や気候条件が不良な土地でもよく生育することから救荒作物と呼ばれている。食物繊維やビタミン類，ミネラル類を豊富に含み，精白米に混ぜて炊飯するなど近年は生活習慣病予防機能をもつ食品素材としても注目されている。

(5) いも類

1) じゃがいも

菓子類の原材料，フライドポテト，ポテトフラワー(じゃがいもを乾燥し，粉末にしたもの)，などがある。ポテトチップス製造では，収穫後低温貯蔵したじゃがいもは還元糖が多いため，高温で揚げると褐変しやすくなる。さらに，還元糖がアスパラギン酸と反応すると，発がん性物質である**アクリルアミド**が生成される。そのため，加工前に一定期間常温保存する(リコンディショニング)ことで還元糖を減少させるなど前処置が行われる。じゃがいもに含まれるでんぷんは，**片栗粉**の原材料となる。

2) さつまいも

蒸し切干しさつまいもがあり，さつまいもを蒸し，スライスしたものを乾燥して製造される*。

＊表面に析出する白い粉は主にマルトースであり，蒸し加熱の際にβ-アミラーゼの作用によりでんぷんが分解され生成されたものである。でんぷんは甘薯でんぷんとして生成され，じゃがいもよりも糊化安定性が高く，わらび粉やくず粉の代用として菓子製造に利用される。

3) こんにゃく

サトイモ科の多年草であるこんにゃくいもの塊茎中に含まれる水溶性食物繊維**グルコマンナン**(グルコースとマンノースが1：1.5～2の割合で構成)に水を加えるとグルコマンナンが水を抱え膨潤し，粘度の高いゾルとなる。さらに水酸化カルシウム(アルカリ)を加え加熱すると，グルコマンナンは水を抱え込んだまま，カルシウムイオンによって架橋されゲル化する。生いもから製造するといもの皮が混入し，灰色がかったこんにゃくとなるが，生いもからグルコマンナンを精製した精粉(せいこ)から製造すると白いこんにゃくとなる。現在は，精粉から製造し，ひじきやアラメなど海藻粉末を添加し灰色がかったこんにゃくも製造されている。

4) やまのいも

すりおろしたいもを泡立てると気泡することから，和菓子(かるかんや薯蕷(じょうよ)饅頭(まんじゅう))やはんぺんの原料，そばのつなぎにも用いられる。

5) キャッサバ

キャッサバいもの根の根元にできる塊茎からとれるでんぷんは**タピオカ**といい，アミロース含量が少ないため糊化しやすく，冷えても硬くなりにくい性質をもっている。そのため，冷たい飲料具材として近年用途が広がっている。

(6) 豆類（大豆加工品）

たんぱく質，脂質を主成分とするだいずはその活用法が幅広く，加工品がとても多いことが特徴である(53ページ，**図2.21**)。

1) 豆　乳

吸水，加水した大豆を磨砕し，加熱することで成分を熱水溶出させ，ろ過して繊維を取り除いたものが「豆乳」であり，搾りかすが「おから」である。加熱により，大豆中の**リポキシゲナーゼ**などの酵素が失活するため，独特の青臭さは消失する。JAS規格では大豆固形分8％以上のものを**豆乳**，6％以上の豆乳に植物性油脂や糖類を添加したものを**調製豆乳**，調製豆乳に果汁や乳製品，コーヒーなどを添加したものを**豆乳飲料**と区分している。

2) 豆　腐

豆乳に凝固剤を添加し固めたものが豆腐である。凝固剤には，塩凝固を引き起こす**にがり**(塩化マグネシウム)や**すまし粉**(硫酸カルシウム)と酸凝固を引き起こす**グルコノデルタラクトン**がある。前者は，塩濃度が上がることで，大豆たんぱく質が水和している水分子を脱離させ，二価の陽イオンが架橋して凝集し，後者は加熱により生じるグルコン酸が豆乳のpHを低下させることで酸凝固を起こす。木綿豆腐では，薄い豆乳を製造し，凝固した後，孔のあいた型箱に入れ，重しをして圧搾するため水分が抜けてしっかりとした豆腐が製造されるが，絹ごし豆腐は濃い豆乳を固めて重しをしないため，なめらかなゲルとなる。両者は，型から出した後，水さらしを行うが，豆乳を容器に充填し封をして，そのまま加熱凝固を行うものが充填豆腐である。(**図7.3**)

3) 湯　葉

豆乳を加熱凝固させたものであり，表面の薄い皮膜をすくったものである。

4) 凍り豆腐

固めに製造した豆腐を緩慢凍結すると氷結晶が大きく成長し，スポンジ状の**キセロゲル***となる。

***キセロゲル**　ゲルの中での分散媒が乾燥などにより減少し，隙間のある網目構造になったもののことである。

5) 油揚げ

固めに製造した豆腐を低温(110～120℃)で膨化させ，高温(180～200℃)で二度揚げし，表面を乾燥させる。

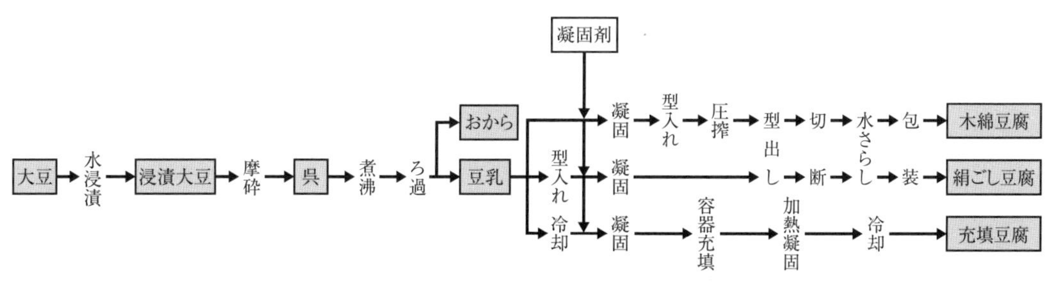

図7.3　豆腐の製造過程

出所）太田英明，白土英樹，古庄律編：食べ物と健康　食品の加工改訂第2版，健康・栄養科学シリーズ，148，南江堂(2022)をもとに筆者作成

6) 納　豆

納豆菌(*Bacillus Subtilis ver. natto*)を用いた糸引き納豆と麹菌を用いた塩納豆(寺納豆，浜納豆)がある。納豆のねばりは，煮豆表面に多量の粘質物(ポリグルタミン酸とフラクタン)が形成されるためである。

7) テンペ

インドネシアのジャワ島，スマトラ島を中心に食用されてきただいず発酵食品であり，発酵菌はクモノスカビである。真っ白な菌糸で覆われ，そのまま，揚げて食される。

8) 植物性たんぱく質

大豆や小麦などを加工処理し，たんぱく質含有率を 50 %以上に高めたものとされている(JAS 規格)。**大豆たんぱく質**は，乳化性，起泡性，結着性，保水性などの加工特性をもち，ハム，ソーセージ，かまぼこなどの加工品原料としても幅広く用いられている。

9) その他の大豆加工食品

きなこはだいずを焙煎し，粉砕したものである。ずんだはゆでた枝豆をすりつぶし，調味したものであり，和菓子に用いられる。

(7) 野菜類

1) 漬　物

水分含量の多い野菜の保存方法のひとつである。塩漬けは浸透圧の作用により，調味料成分が細胞内部へ透過できるようになるため，**漬物***の下処理にも用いられる。さらに長期間漬け込むことで，乳酸菌や酵母が漬物特有の味や風味を生成し，保存性にも大きく影響する。

・塩漬け：漬物製造の下漬けとして行われる。重さの 20 %以上になるように食塩をまぶし，重石をする。

・梅干し：梅に重量の 20 %前後の食塩をまぶして塩漬けすると，梅酢(クエン酸を含む水)があがり，塩もみした赤しその葉を一緒に漬け込むことで，しそのアントシアニン色素が赤く発色し，梅が赤く仕上がる。梅雨の明けた 7 ～ 8 月に土用干しを行うことで，保存性が高まり，梅の実が柔らかく仕上がる。

*漬物
・福神漬け：塩漬けした大根，なす，きゅうり，しろうり，なた豆，れんこん，しそ，しょうがなどを，調味液に漬け込んだもの。
・奈良漬：塩漬けしたしろうり，きゅうり，だいこんなどを酒粕床に漬け，何度も新しい酒粕床に替え，塩分濃度を下げながら漬ける。
・たくあん漬け：干しただいこんを糠に食塩，調味料，色素を混ぜたものに漬け込んで作る。
・らっきょう漬け：本来は食塩で塩漬けし，乳酸発酵によって製造されるが，近年は塩漬け後，脱塩し，甘酢液(食塩，砂糖)に数日漬け込んで製造される。後者は保存性を高めるため，殺菌される。

2) 野菜ジュース

100 %のものを指す。トマトジュース，トマトミックスジュース，にんじんジュース，にんじんミックスジュースなどがあり，ミックスジュースは他の野菜や果物の搾汁が含まれる。

3) 乾燥野菜

かんぴょう，切り干し大根など，自由水の多い野菜を乾燥させることで水分活性を低く保ち，保存性を付与している。

(8) 果実類

1) ジャム類

ジャム類とは，果実の果肉を煮詰めたものであり，マーマレード，ゼリー，ジャム，プレザーブなどの総称である。JAS規格により，マーマレードは柑橘類が原料であり，その果皮を含んでいるものとされている。ゼリーは果実などの搾汁のみが原料のもの，ジャムはマーマレードとゼリー以外のものの呼称である。いちごやベリー類，リンゴやキウイなどの果実を原料とし，5 mm以上の厚さを保持しているものは「プレザーブスタイル」と分類されている。

果実に含まれる**ペクチン**(ガラクツロン酸からなる多糖類)の50 %以上エステル化されたものを高メトキシルペクチン，50 %未満のものを低メトキシルペクチンとよび，ジャムのゼリー化は高メトキシルペクチンによるものである。高メトキシルペクチンは，酸(pH3.5)，糖(50 %以上)，ペクチン(0.5 ～ 1.5 %)，水分(30 ～ 35 %)を含むゾル溶液を加熱することでペクチンと砂糖が結合し，ゲル化しゼリー化する。低メトキシルペクチンは，2価の陽イオンが架橋しゲル化するためミルクゼリーの加工品や，低糖度のジャム製造にもこの原理が使用されている。

2) 果実飲料

果実飲料の分類を(**表7.2**)に示す。製品には，生，フレッシュ，天然，自

表7.2　果実飲料の分類

分類	規格	原材料に占める果汁の割合
濃縮果汁	・果実の搾汁を濃縮したもの ・果実の搾汁，果実の搾汁を濃縮したもの，還元果汁を混合したもの，またはこれらに砂糖類やはちみつ等を加えたもの(糖用屈折計示度が規定の基準以上) 【種類】濃縮オレンジ，濃縮うんしゅうみかん，濃縮グレープフルーツなど	100%
果実ジュース	1種類の果実の搾汁，もしくは還元果汁，またはこれらに砂糖類やはちみつ等を加えたもの(オレンジジュースにあっては，みかん類の原材料および添加物に占める重量割合や製品の糖用屈折計示度について規定あり) 【種類】オレンジジュース，うんしゅうみかんジュース，グレープフルーツジュース，レモンジュース，りんごジュースなど	100%
果実ミックスジュース	2種類以上の果実の搾汁もしくは還元果汁を混合したもの，またはこれらに砂糖類やはちみつ等を加えたもの(オレンジジュースにあっては，みかん類の原材料および添加物に占める重量割合や製品の糖用屈折計示度について規定あり)	100%
果粒入り果実ジュース	果実の搾汁もしくは還元果汁に果粒を加えたもの，またはこれらに砂糖類やはちみつ等を加えたもの	100%
果実・野菜ミックスジュース	果実の搾汁もしくは還元果汁に野菜汁を加えたもの，またはこれらに砂糖類やはちみつ等を加えたもの，果実の搾汁または還元果汁の原材料および添加物に占める重量の割合が50%を上回るもの	50%以上
果汁入り飲料	還元果汁を希釈したもの，もしくは還元果汁および果実の搾汁を希釈したもの，またはこれらに砂糖類，蜂蜜等を加えたもの(果実の搾汁および還元果汁の配合割合や製品の糖用屈折計示度について規定あり)	10%以上 100%未満

出所) 日本農林規格(JAS)2023年5月改定より一部抜粋し改変
果実飲料(濃縮果汁，果実ジュース，果実ミックスジュース，果粒入り果実ジュース，果実・野菜ミックスジュース及び果汁入り飲料をいう。)の品質について規定

然などの用語は使用できない。

3) 砂糖漬け

糖蔵品であり，原材料を糖液で加熱し糖を浸透させた後，乾燥させて製造する。

4) 缶詰，瓶詰め

みかん，もも，パイナップなど1種類で製造される以外にも，混合果実(2種類以上)やフルーツカクテル(4種類以上混合)なども製造される。原材料の選別，洗浄，切断，剥皮，整形に加えて，**ブランチング**(198ページ，7.2.7(1)①)による酵素失活も行われ，缶や瓶に果肉とシロップを充填，脱気後，密封する。加熱殺菌はほとんど100℃以下で行われ，流水で冷却される。

5) 乾燥果実

ぶどう，かき，りんご，あんずなど果肉を乾燥させたものであり，水分活性を低下させ，保存性が高まる。代表的な干しかきは「さわしがき」とも呼ばれ，渋柿中に含まれる水溶性タンニンを不溶性に脱渋し加工する。人工的な脱渋方法には，皮を剥いて干す，湯抜き，アルコール散布，二酸化炭素法などがある。

7.2.4 畜産加工食品とその利用

畜産加工食品とは，食肉，乳類，食用卵などを加工したものである。

(1) 食肉加工品

1) ハム類

豚肉の各部位を塩漬，充填，乾燥，燻煙，加熱して製造される。骨付きハムとラックスハム(生ハム)は非加熱ハム，それ以外は加熱ハムである(**表7.3**)。

表7.3 ハム類の分類と定義

分類	規格
骨付きハム	1. 豚のももを骨付きのまま整形し，塩漬およびくん煙して(またはくん煙しないで)乾燥したもの 2. 1を湯煮(または蒸煮)したもの 3. サイドベーコンのももを切り取り，骨付きのまま整形したもの 4. 1，2または3をブロック，スライスまたはその他の形状に切断したもの
ボンレスハム	1. 豚のももを整形し，塩漬して骨を抜き，ケーシング等で包装した後，くん煙(またはくん煙しないで)および湯煮(蒸煮)したもの 2. 豚のもも肉を分割して整形し，塩漬し，ケーシング等で包装した後，くん煙(またはくん煙しないで)および湯煮(蒸煮)したもの 3. 1または2をブロック，スライスまたはその他の形状に切断したもの
ロースハム	1. 豚のロース肉を整形し，塩漬し，ケーシング等で包装した後，くん煙(またはくん煙しないで)および湯煮(蒸煮)したもの 2. 1をブロック，スライスまたはその他の形状に切断したもの
ショルダーハム	1. 豚の肩肉を整形し，塩漬し，ケーシング等で包装した後，くん煙(またはくん煙しないで)および湯煮(蒸煮)したもの 2. 1をブロック，スライスまたはその他の形状に切断したもの
ラックスハム	1. 豚の肩肉，ロース肉またはもも肉を整形し，塩漬し，ケーシング等で包装した後，低温でくん煙(またはくん煙しないで)乾燥したもの 2. 1をブロック，スライスまたはその他の形状に切断したもの

出所）農林水産省：ハム類の日本農林規格(令和元年6月)より一部抜粋して改変

2) ベーコン類

豚のばら肉を塩漬，燻煙したものがベーコンである。ハム製造との違いは，湯煮(加熱)とケーシング充填が行われない点であるが，近年はベーコン製造も加熱殺菌を行い製造されることが多い。加熱殺菌を行ったベーコンには加熱食肉製品の表示がなされる(**表 7.4**)。

3) ソーセージ類

家畜，家禽などの塩漬肉をひき，調味料，香辛料，結着剤などを練った練り肉を羊腸，豚腸，牛腸や人工ケーシングに充填し，一定間隔でひねりを加え結さつし，乾燥，燻煙，加熱したものがソーセージである。ソーセージの分類は，**ドメスティックソーセージ**類(ボロニア，フランクフルト，ウインナーなど)と**ドライソーセージ**類に分類され，前者は水分含量が多く，保存性よりも食感や風味などを重視しているが，後者は水分含量が低く水分活性も低いため，保存性が高い(**表 7.5**)。

4) 1）から3）のほか，**プレスハム類**[*1]や**熟成加工食肉類**[*2]がある。

7.2.5 食肉缶詰・乾燥食肉

食肉缶詰は，コンビーフと牛肉の大和煮がある。コンビーフ製造は，塩漬牛肉を蒸煮してほぐし，食塩，調味料，香辛料を加え缶に詰め，殺菌する。牛肉の大和煮は，牛肉にしょうゆ，砂糖，みりん，生姜などを煮詰め，缶に詰めたものである。乾燥食肉は，ビーフジャーキーやインスタントラーメンの具材などがある。

(1) 乳製品

1) 飲用乳

牛乳，特別牛乳，成分調整牛乳，低脂肪牛乳，無脂肪牛乳の 5 種類に加え，加工乳，乳飲料の 2 種類がある(123 ページ，3.3.3(1))。

＊1 **プレスハム類** 日本で開発された食肉製品であり，寄せハムとも呼ばれる。各種畜肉の塩漬した小肉塊に香辛料，調味料，つなぎ剤などを混合し，ケーシング充填，結さつ，乾燥，燻煙，加熱したものである。肉片をつなぎ合わせ，大きな肉塊にまとめ，断面はハムのように似せてある。

＊2 **熟成加工食肉類** 1993 年(平成 5 年)に食生活の健康，安全，本物志向に対応して，JAS 法が改正され，従来の「製品 JAS」に加え，特別の生産方法や特徴ある原材料に着目した「作り方 JAS」の制定が可能になった。原料肉を一定期間塩漬することにより，原料肉中の色素を固定し，特有の風味を十分醸成させた熟成ハム類，熟成ベーコン類，熟成ソーセージ類が規格化された。

表 7.4 ベーコン類の分類と定義

分類	規格
ベーコン	1. **豚のばら肉**(骨付のものを含む。)を整形し，塩漬し，およびくん煙したもの 2. ミドルベーコンまたはサイドベーコンのばら肉(骨付のものを含む。)を切り取り，整形したもの 3. 1または2をブロック，スライスまたはその他の形状に切断したもの
ロースベーコン	1. **豚のロース肉**(骨付のものを含む。)を整形し，塩漬し，およびくん煙したもの 2. ミドルベーコンまたはサイドベーコンのばら肉(骨付のものを含む。)を切り取り，整形したもの 3. 1または2をブロック，スライスまたはその他の形状に切断したもの
ショルダーベーコン	1. **豚の肩肉**(骨付のものを含む。)を整形し，塩漬し，およびくん煙したもの 2. サイドベーコンの肩肉(骨付のものを含む。)を切り取り，整形したもの 3. 1または2をブロック，スライスまたはその他の形状に切断したもの
ミドルベーコン	1. **豚の胴肉**を塩漬し，およびくん煙したもの 2. サイドベーコンの胴肉を切り取り，整形したもの
サイドベーコン	1. **豚の半丸枝肉**を塩漬し，およびくん煙したもの

胴肉：半丸枝肉から肩およびももの部分を除いたもの，またはこれを除骨したもの
半丸枝肉：豚のと体をはく皮し，または脱毛し，内臓を摘出し，並びに頭部，尾部および肢端を除去し，これを脊椎に沿って二分したもの
出所）ベーコン類の日本農林規格(2019 年 8 月)より一部抜粋して改変

表 7.5　ソーセージの分類と定義

分類	規格
ソーセージ	1. **原料畜肉類**に**原料臓器類**を加え（または加えないで），調味料および香辛料で調味し，結着補強剤，酸化防止剤，保存料等を加え（または加えないで）練り合わせたものをケーシング等に充填した後，くん煙（またはくん煙しないで）加熱（または乾燥）したもの 2. **原料臓器類**に**原料畜肉類**を加え（または加えないで），調味料および香辛料で調味し，結着補強剤，酸化防止剤，保存料等を加え（または加えないで）練り合わせたものをケーシング等に充填した後，くん煙（またはくん煙しないで）加熱（または乾燥）したもの 3. 1または2に，でんぷん，小麦粉，コーンミール，植物性たんぱく，乳たんぱく，結着材料を加えたもので，その原材料および添加物に占める重量の割合が15%以下であるもの 4. 1，2または3に，グリンピース，ピーマン，にんじん等の野菜，米，麦等の穀粒，ベーコン，ハム等の肉製品，チーズ等の種のものを加えたもので，原料畜肉類または原料臓器類の原材料に占める重量の割合が50 %を超えるもの 5. 1，2，3または4をブロック，スライスまたはその他の形状に切断して包装したもの
加圧加熱ソーセージ	ソーセージのうち，**120 ℃で 4 分間加圧加熱する方法**またはこれと同等以上の効力を有する方法により殺菌したもの（無塩漬ソーセージを除く。）
セミドライソーセージ	ソーセージの1または3のうち，塩漬した原料畜肉類を使用し，かつ，原料臓器類（豚の脂肪層を除く。）を加えないものであり，湯煮（蒸煮）により加熱し（または加熱しないで），乾燥したもので**水分が 55 %以下のもの**（ドライソーセージを除く。）
ドライソーセージ	ソーセージの1または3のうち，塩漬した原料畜肉類を使用し，かつ，原料臓器類を加えないもので，加熱しないで乾燥したもので**水分が 35 %以下のもの**
ボロニアソーセージ	ソーセージの1または3のうち，**牛腸を使用したもの**，または製品の**太さが 36mm 以上のもの**
フランクフルトソーセージ	ソーセージの1または3のうち，**豚腸を使用したもの**，または製品の**太さが 20mm 以上 36mm 未満のもの**
ウインナーソーセージ	ソーセージの1または3のうち，**羊腸を使用したもの**，または製品の**太さが 20mm 未満のもの**

原料畜肉類：家畜，家きん，もしくは家兎の肉を塩漬し（または塩漬しないで），ひき肉したもの
原料臓器類：家畜，家きん，もしくは家兎の臓器および可食部分を塩漬し（または塩漬しないで），ひき肉またはすり潰したもの
出所）ソーセージの日本農林規格（2019 年 8 月）より一部抜粋して改変

2）発酵乳・乳酸菌飲料

牛乳および脱脂乳を殺菌・冷却後，乳酸菌により発酵させたものがヨーグルトであり，原料乳を乳酸菌または酵母で発酵させ飲用できるようにしたものが乳酸菌飲料である（125 ページ，3.3.3（2））。

3）粉　乳

全脂粉乳，脱脂粉乳（スキムミルク），加糖粉乳，調製粉乳，特殊調製粉乳などがある。原料乳を殺菌，濃縮後，噴霧乾燥することで，水分活性が低く，保存性，貯蔵性がよくなり，輸送が簡便となる（126 ページ，3.3.3（3））。

4）練　乳

全乳に砂糖を添加し，減圧濃縮したものが加糖練乳（コンデンスミルク），原料乳を濃縮したものは無糖練乳（エバミルク，エバポレーテッドミルク）と呼ばれ，無糖練乳は缶詰後，120 ℃まで加熱滅菌する（126 ページ，3.3.3（4））。

5）クリーム

遠心分離（クリームセパレーター）で乳脂肪を分離し，乳脂肪含量を調整したものである（127 ページ，3.3.3（5））。

6）アイスクリーム類

牛乳，練乳，クリームなどの乳製品に，卵黄，糖類，香料，乳化剤，安定

剤などを混合したアイスクリームミックスを加熱殺菌後，撹拌しながら凍結させたものである（127ページ，3.3.3(6)）。

アイスクリーム，アイスミルク，ラクトアイスの3種類に分類されている（127ページ，**表3.18**）。

7) バター

原料は乳脂肪35％前後のクリームを用い，激しく撹拌（かくはん）（**チャーニング**）することで水中油滴（O/W）型エマルションの乳脂肪が融合し，油中水滴（W/O）型エマルションに転相（層転換）するとバター粒とバターミルク（液体）に分離する。バター粒は冷水で水洗い後，練り合わせ（ワーキング）により成形後，包装される。種類は，食塩添加の有無（有塩バターと食塩不使用バター），クリームの乳酸発酵の有無（発酵バター，無発酵バター）により分類される（127ページ，3.3.3(7)）。

8) チーズ（ナチュラルチーズ，プロセスチーズ）

ナチュラルチーズ製造は，加熱殺菌後の原料乳にチーズスターター（乳酸菌）と**凝乳酵素**（レンネット，キモシン，レンニン）を加え，凝乳酵素がカゼインミセル上のκ-カゼインに作用することで凝乳が起きる。凝固したものをカード，分離した液体がホエー（乳清）である。熟成を行わないものがフレッシュチーズ，塩漬，熟成したものは，超硬質チーズ，硬質チーズ，半硬質チーズ，軟質チーズなどに分類される（128ページ，**表3.19**）。プロセスチーズ製造は，ナチュラルチーズを粉砕し，加熱溶解，乳化したものを充填包装後，冷却したものである。加熱溶解時に殺菌されているため保存性がよい（128ページ，3.3.3(8)）。

(3) 卵　類

卵は**熱凝固性**，**起泡性**，**乳化性**などの加工特性を持ち合わせている。

1) 一次加工品

① 液　卵

鶏卵を割卵し内容物を集めたものであり，全卵液，卵黄液，卵白液の3種類がある。

② 凍結液卵

液卵を凍結したものである。卵黄はリポたんぱく質の凍結変性により，溶解性や乳化性低下が起きるため，防止のためスクロースや食塩を添加し，加塩卵黄，加糖卵黄として，ドレッシングやマヨネーズ製造，製菓材料に用いられる。

③ 乾燥粉末卵

液卵（全卵，卵黄，卵白）を噴霧乾燥法で粉末化したもの。卵白粉末は，乾燥前に卵白液の脱糖処理が行われ，卵白液中に存在する遊離グルコースによる保存中の褐変（メイラード反応促進）や，たんぱく質の不溶化を防ぐ。

2)　二次加工品

① 殻付き卵製品・ピータン

卵を殻付きのまま茹でたゆで卵や温泉卵(68～70℃の湯に約30分漬，卵黄は保形した状態に，卵白は部分的に凝固し，流動性が残った状態)，**ピータン**(あひるの卵で製造，石灰など強アルカリ性の粘土を殻の周りに付着させ，卵たんぱく質がアルカリにより変性凝固)などがある。

② インスタント卵スープ

凍結乾燥法が利用される。復元性や食感の優れたそぼろ状のかき卵が製造できる。

③ マヨネーズ

植物油，酢，卵から加工される**水中油滴**(O/W)型乳化食品である。鶏卵は，全卵を使用した全卵型，卵黄のみを使用した卵黄型が製造されており，日本農林規格(JAS)では，卵黄や卵白以外の乳化剤，着色料の使用が禁止され，水分30％以下，油脂含有率65％以上に成分規格されている。水分活性が低く，食酢の効果により保存料を含まなくても保存性は保たれる。

7.2.6　水産加工食品とその利用

(1) 水産加工食品

海や川，湖などで採れる動・植物食品の加工品を示す。

1)　水産冷凍品

急速凍結が望ましい。魚介類は水分含量が比較的多いため，最大氷結晶生成帯(−1～−5℃)をできるだけ短時間に通過させる必要がある。また，凍結貯蔵中には，昇華による組織の多孔質化(たら肉でよく起こり，解凍するとスポンジ化する)，肉質の変色，脂質の酸化(油焼け)，たんぱく質の冷凍変性などが起こる。これらは**グレーズ処理**(魚介類の表面に薄い氷膜を作り，空気との接触を防ぐ)や，冷凍変性防止剤を加える(すり身製造時)ことで抑制される。さらに，冷凍品を解凍する際には，解凍時の温度が高くなるほどたんぱく質変性が生じやすいため，低温長時間解凍を行う。

2)　水産乾燥品

天日乾燥や機械乾燥によって，自由水を減らし，水分活性値を下げることで保存性が高まる。

① 素干し：そのまま乾燥もしくは下処理後乾燥したもの(するめ，棒だら，**田作り***)

② 煮干し：煮熟したのち乾燥したもの(煮干しいわし，しらす干し)

③ 塩干し：塩漬後に乾燥したもの，内臓を取り除かずに乾燥させたものを丸干しという(魚の開き，めざし，ししゃも，からすみ(ぼらの卵))

④ 焼き干し：焼いてから乾燥させたもの(あゆの焼き干しや焼きあご)

＊**田作り**　小型かたくちいわしを素干ししたもので，ごまめとも呼ばれる。

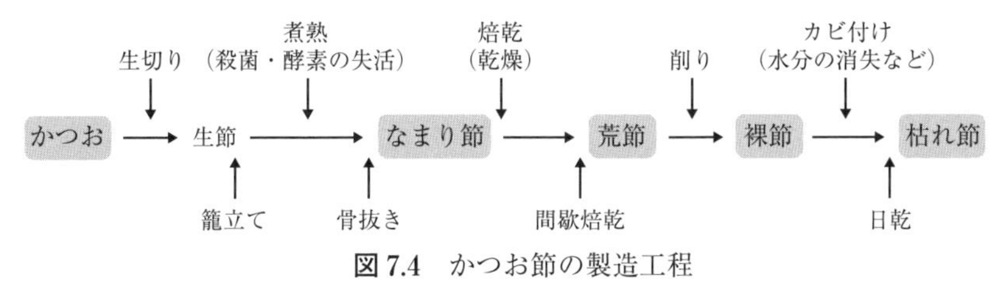

図 7.4　かつお節の製造工程

出所）高村仁知，森山達也編：新しい食品加工学　食品の保存・加工・流通と栄養（改訂第 3 版），97，南江堂（2022）

⑤ 節類：かつお，あじ，まぐろ，さば，いわしなど筋形質たんぱく質の多い赤身魚を原料とし，中でも，かつお，そうだかつおを原料としたものを「**かつお節**」といい，その他の魚（まぐろやさば，いわしなど）を原料としたものを「雑節」という。原料魚は，煮熟，焙乾，かび付けの工程を経ることで，水分がほとんど取り除かれるため，保存性の高いものとなる（**図 7.4**）。また，かび付けで繁殖したかびが作りだす酵素により，たんぱく質や ATP が分解され，アミノ酸やイノシン酸が増加し，油脂も分解される。

3）　水産練製品

魚肉に塩を添加し，低温で擂潰（らいかい）すると，筋原繊維たんぱく質（アクチン，ミオシン）が溶出し，互いに絡み合い**アクトミオシン**となることで粘稠な肉のりとなり，加熱すると弾力のあるゲルが得られる。この原理で，ちくわやかまぼこが製造される。原料魚には，ゲル形成性が高く（足の強い），色が白く，旨みが強い魚が向いているが，近年はすけとうだらで製造されたかまぼこやちくわが主流となっている。かまぼこ製造は**図 7.5** に示す工程で製造される。「坐り」（40 ℃程度で放置する操作）がゲル形成を促進し，加熱で歯応えのある独特の弾力をもつかまぼこが製造される。副原料として，でんぷんや卵白，調味料などが加えられ，保水性や弾力の調整が行われる。ちくわ製

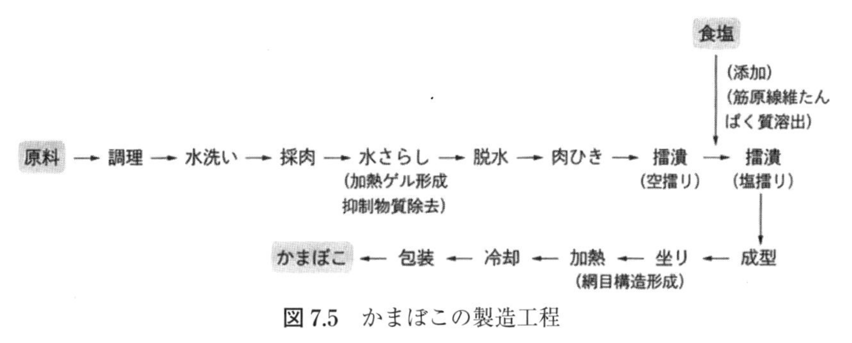

図 7.5　かまぼこの製造工程

出所）図 7.4 に同じ

造は，基本的にかまぼこと同様であるが，坐り操作を行わない点が異なり，あぶり焼きで加熱する。はんぺん製造は，原料にさめを用い，生地に添加されるやまのいもの気泡性を利用し膨化させる。

4）水産塩蔵品

魚類の塩蔵品としては，新巻(あらまき)さけ，塩さば，塩蔵かたくちいわし（アンチョビ），ほっけなどがある。魚卵では，いくら（さけ，ます），筋子（さけ，ます），たらこ（すけとうだら），からすみ（ぼら），かずのこ（にしん），キャビア（ちょうざめ）などがある。

5）水産発酵品

塩辛，魚醤，漬物などがある。塩辛は，魚介類の筋肉や内臓などを一緒に塩蔵し，自己消化および微生物由来の酵素により発酵させたものである。いかの塩辛，このわた（なまこの腸）などがある。魚醤は，魚介類を内臓ごと長期間塩漬け，発酵熟成させたしょうゆ状の調味料であり，熟成中に多量のアミノ酸が生成され，濃厚な旨みがある。日本では，秋田の**しょっつる**（はたはた），能登の**いしる**（するめいか），タイでは**ナンプラー**（いわし），ベトナムでは**ニョクマム**（いわし）も魚醤である。漬物は，塩蔵後の魚介類を，こうじ，酒粕，米飯，ぬかなどに漬け込んで発酵させた，なれずし（あゆずし，ふなずし）やふぐの卵巣糠漬けなどがある。

6）水産缶詰

魚介類を缶に充填し，脱気，密封後に加熱殺菌したものである。魚介類の水煮，味付け，油漬け，かば焼きなどの缶詰が製造されており，120 ℃程度の高温殺菌が施されることで保存性を保つ*。

*スウェーデンで製造されるにしん塩漬の缶詰（シュールストレミング）は缶を密封した後も加熱殺菌を行わない。そのため，缶の中では乳酸発酵が継続し，時間経過とともに内部のガスで缶が膨らみ変形する。世界一臭い食品のひとつとされている。

7.2.7　冷凍食品，インスタント食品，レトルトパウチ食品とその利用

（1）冷凍食品

「前処理を施し，品温が－18 ℃以下になるように急速凍結し，通常そのまま消費者に販売されることを目的として包装されるもの」と日本冷凍食品協会で定められている。冷凍食品は，長期保存され，その品質を保持しなければならないため，劣化を抑制する処理がなされる。

① **ブランチング処理**：冷凍野菜製造の場合，野菜がもっている酵素を失活させるために行う処理。90 ～ 100 ℃程度の熱湯に通したり，蒸気を当てる処理。

② **グレーズ（氷衣）処理**：水産物の冷凍による変性，冷凍やけ（油やけ）を防ぐために行う。グレーズと呼ばれる薄い氷の膜を冷凍品表面に作り，貯蔵中の乾燥や酸化を防ぐ。冷凍した魚介類を 1 ～ 3 ℃の「冷水に浸漬または冷水を噴霧して行う。

(2) チルド食品

−5〜+5℃の温度帯で低温流通する食品である。低温で流通貯蔵することで，酵素の不活性化や微生物の生育を遅らせることが可能であり，品質が長く保持される。

(3) レトルトパウチ食品

120℃，4分以上の加熱処理が行われた「容器包装詰加圧加熱殺菌食品」である。気密性，遮光性，ヒートシール性，強度に優れており，酸素などの気体透過性がない包装素材で作成された袋(パウチ)または容器に食品を詰め，ヒートシールで密封し，殺菌釜(レトルト)で120℃，4分以上，高圧加熱殺菌した食品である。そのため，保存料など不使用でも1〜2年の常温保存が可能となる。近年は，災害時の非常食としても活用され，需要が伸びている。

7.3 食品流通・保存と栄養

食品は，生産や加工の時点からすでに品質の低下が始まる。特に流通段階が食品の品質に影響を与えやすい。品質を保持し長期保存を可能とするための保存方法，流通環境における食品の劣化要因，また保存中における食品成分の変化について理解し，生産から消費に至るプロセスの食品変化の全体像を概観する。

7.3.1 食品流通の概略

食品流通において，一般的に食品は変質しやすい**生鮮食品**と保存性のある**加工食品**に大別される。生鮮食品は生産者による産地から卸売市場を経て，食品製造業や食品卸売業者へ輸送されたり，直接小売業者や外食産業者へ輸送された後，消費者へ届けられる。**卸売市場**は，生産と販売の間を効率化する日本に特徴的な流通経路であるが，近年はこの市場を通さない割合が増え，生産者から直接食品製造業者や食品小売業者，また消費者へ届けられる**市場外流通**の割合が増えている。これは，産地のブランド化や販売方法の多様化，農産物の**六次産業化***の取り組みが進んでいることも背景にある。また加工食品についても卸売業者を経て小売業者へ渡るが，その間卸売業では一次〜三次卸売業者の複数の介在があったり，共同倉庫や集配センターなどを経由する多様な流通経路が存在する(**図7.6**)。

この生産者から消費者へ届く間のプロセスが流通であり，この流通過程においてさまざまな品質保持の方法を組み合わせることで，美味しさや新鮮さを保持し保存期間が延ばされている。レトルト食品，冷凍食品，乾燥食品，瓶詰缶詰などの加工食品は，加工技術とともにさまざまな保存技術が組み込まれて，長期の保存が可能となっている。青果物や水産物等の生鮮食品においては，消費者に渡るまでに高い鮮度が求められるが，保存期間は短い場合

＊**六次産業化**　一次産業としての農林漁業と，二次産業としての製造業，三次産業としての小売業などの事業との総合的かつ一体的な推進を図り，地域資源を活用した新たな付加価値を生み出す取り組みのことである(「六次産業化・地産地消法」の前文より)。

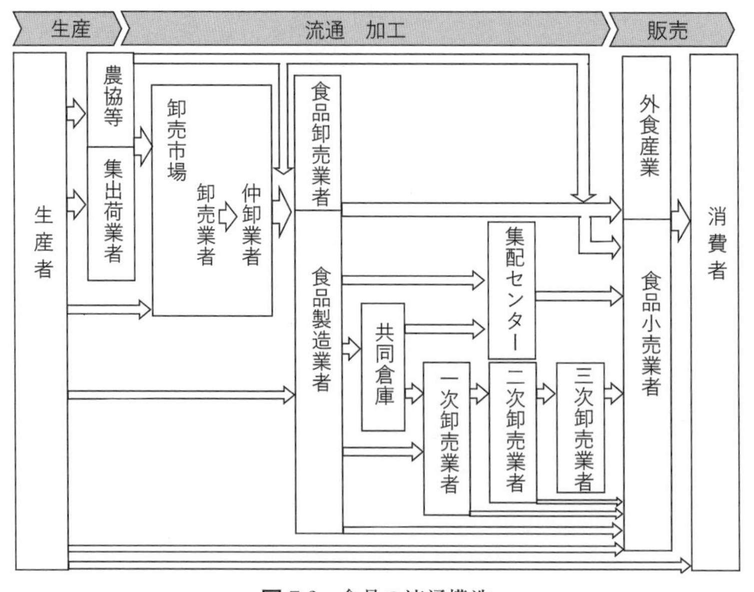

図 7.6　食品の流通構造

出所）農林水産省：卸売市場を含めた流通構造について（平成 29 年 10 月）より改変

が多い。これらの食品では，たとえば食品輸送や保管，製造加工段階において低温（冷蔵，冷凍）で温度管理をして流通させる**コールドチェーン**[*1]（低温物流）が大切であり，常温流通に比べ鮮度保持が高まり，長期保存や広域流通が可能となる。このように，古くから食品流通においてさまざまな品質保持の方法が組み合わされ，保存期間を延ばす工夫がされてきた。また近年では，食の安全の観点から食品の流通工程を記録し，食品に問題があった場合は流通加工工程での移動ルートを追跡する**トレーサビリティ**[*2]も重視されている。

食品流通において，食品の鮮度保持や長期保存，安全確保といった観点に加えて，将来的な食品の原材料の調達から販売に至る**サプライチェーン**（供給連鎖）の安定化や流通段階の効率化を図るため，産地からの輸送における集積地の広域化や共同輸送，加工工場の再編等による組織の連携，デジタル化に対応した省力化・自動化等の活用により，食品流通の合理化が図られている。

*1　**コールドチェーン**　サプライチェーンの工程を，低温で温度管理をして流通させる仕組みであり，1965（昭和 40）年に科学技術庁の資源調査会による「食生活の体系的改善に資する食料流通体系の近代化に関する勧告」に基づいて発展した。HACCP の運用に沿った衛生管理が行われるようになり，食品輸送や保管，製造加工段階で必要性が増している。

*2　**トレーサビリティ**　トレーサビリティ（traceability）は，trace（追跡）と ability（可能性，能力）の 2 つの単語を合わせた言葉。食品の移動（生産，製造加工，流通，販売）を把握し，食品を取り扱った記録を残すことにより，健康に影響を与える事件・事故が起きた時，ルートを遡及し原因を究明し，事故食品を追跡し迅速に製品回収を行うことができる。日本では，牛トレーサビリティ法（2003 年）と米トレーサビリティ法（2011 年）が制定されている。

7.3.2　食品保存の方法

(1) 水分活性の調節による保存

多くの食品において，主要な割合を示す食品成分が水分である。水分は，食品成分と水素結合している**結合水**と，食品成分に束縛されず自由に運動できる**自由水**がある。自由水は溶媒，蒸発，凍結の主体であり，微生物の増殖，酵素反応，化学反応に関与する。そのため，自由水が食品の品質変化を左右している。自由水の割合を示す指標が**水分活性（Aw）**である。

$$Aw = P/P_0 = n2/(n1+n2)$$

（P：食品の水蒸気圧，P_0：純水の水蒸気圧，n1：溶質のモル数，n2：溶媒のモル数）

食品の水分活性と環境の相対湿度（RH）とは，$100 \times Aw = RH$ の関係がある。

食品の水分活性は保存中の品質変化に影響する。一般的に，微生物の細菌は水分活性 0.90 以上，酵母は 0.88 以上，糸状菌は 0.80 以上が生育に適している。水分活性が高いと腐敗しやすくなるため，砂糖や食塩を添加して水分活性を下げた食品が**中間水分食品**である。また水分活性が高いと，脂質の酸化や褐変反応，また酵素反応が促進される。そのため，食品の品質低下を防ぎ保存期間を延ばすためには水分活性の調節が必要となる。

水分活性の調節による保存方法として，乾燥，塩蔵・糖蔵，濃縮の 3 つがある。

1）乾燥

食品の水分を除去し，水分活性を低下させる方法である。乾燥は，自然乾燥と人工乾燥に大別できる。自然乾燥は天日乾燥のことである。

人工乾燥には以下の 5 つの方法がある。

① 通風乾燥

加熱空気を送風し乾燥させる方法。

② 真空凍結乾燥

水分を急速凍結させ真空下で氷結晶を昇華除去する方法で，加熱されていないため食品成分や風味の変化が少なく，多孔質のため復元性に優れている。

③ 噴霧乾燥

液状食品を加圧ノズルにより 150 ～ 200 ℃の熱風内に噴霧し乾燥させる。微粒子化により表面積が大きく効率的に乾燥が行われ，また蒸発潜熱により品温の上昇は少ない。

④ マイクロ波乾燥

マイクロ波照射により水の分子運動が激しくなり摩擦熱が生じ，内部から発熱し水分を蒸発させる。

⑤ 赤外線照射乾燥

赤外線源からの輻射加熱により表面温度が上昇し，水分が蒸発する。

2）塩蔵・糖蔵

食品の水分活性を低下させ保存性を増す方法として，**塩蔵**（食塩漬け）や**糖蔵**（砂糖漬け）がある。

食塩を添加する塩蔵には，**撒**（ま）**き塩法**と**立て塩法**がある（117 ページ側注＊3　塩干し）。撒き塩法は食塩を食品に散布する方法で，簡便で食塩の使用量も少なくて済むが，食塩の接触部分が不均一で，空気に触れて酸化する。立て塩法は食塩水に食品を浸漬する方法で，食塩濃度が調整しやすく食塩の浸透も均一で酸化しにくいが，設備や多量の食塩が必要となる。塩蔵により，食塩の塩素イオンによる微生物の生育抑制が期待され，一般的に 5 ～ 10 ％以上の食塩濃度で腐敗菌の生育が抑制される。糖蔵は食品に砂糖を染み込ませる方法で，水分活性を低下させ保存性が増す。一般的に 50 ～ 60 ％の糖濃度で微生物の生育が抑制される。

塩蔵や糖蔵の保存性向上は，水分活性の低下とともに浸透圧の上昇作用による。浸透圧は添加する食塩や糖の重量モル濃度に比例して高くなるため，同一使用重量の場合，スクロース(分子量342.3)よりグルコース(分子量180.2)の方が効果が高く，さらに食塩(式量58.4)がより効果が高い。

$\pi = CRT$（πは浸透圧，Cは重量モル濃度，Rは気体定数，Tは絶対温度）

3）濃　縮

液状食品の水分含量を減少させ，濃厚溶液にして水分活性を低下させる方法である。濃縮方法には大別して，以下の4つの方法がある。

① 蒸発濃縮法

加熱して水分を蒸発させる一般的な濃縮方法である。濃縮に伴い沸点が上昇し品質低下を招くため，通常は減圧釜を用いた減圧濃縮が行われる。牛乳，果汁，糖質，ジャム等の濃縮に利用されている。

② 膜分離法

膜を介して液体のろ過を行う濃縮法である。膜は，精密ろ過膜(MF膜)，限外ろ過膜(UF膜)，逆浸透膜(RO膜)，イオン交換膜などがある。MF膜は酵母を除去した生ビールの製造，UF膜はチーズホエーの濃縮，RO膜は果汁の濃縮，イオン交換膜は食塩の製造にそれぞれ用いられている。

③ 凍結濃縮法

水溶液を$-5\sim-15$℃に下げ水分を凍結させ，溶質と氷を分離し濃縮する方法である。凍結乾燥インスタントコーヒーの前処理に利用されている。

④ 浸透圧乾燥法

高浸透圧の糖液に食品を浸透して脱水する方法である。砂糖漬け果実の製造に利用されている。

これらの方法により，貯蔵流通容積や輸送費の削減が可能となり，また乾燥工程の前処理としても行われる。

(2) pH調節による保存

pH(水素イオン指数)を調節して食品を保存する方法である。酢漬け食品を代表として，主にpHを低下させる方法が行われる。pHの低下により微生物の生育が抑制され，保存性を高めている。食品と関係の深い微生物の生育は，細菌がpH3.5～9.5(至適pH7)，糸状菌がpH2～11(至適pH6)である。pHが5以下になると，多くの腐敗細菌は生育しないか，生育しても増殖速度が大変遅くなる。そのためpH4～4.5以下の弱酸性の食品は保存性に優れている。

酸性保存料(AH)はpHが低くなると以下の平衡が左に移動し，非解離分子が増す。解離したイオンはその電荷のため細胞膜に吸着され通過できないが，非解離分子は細胞内に侵入後解離し，細胞内を酸性化し抗菌性を示す。

$$AH \rightleftharpoons A^- + H^+$$

同じ pH の場合，無機酸より有機酸の方が微生物の生育抑制効果が高い。有機酸の生育抑制作用は，主に非解離分子の量に比例し，低い pH では有機酸の非解離分子の濃度が高まる（**表 7.6**）。有機酸の解離定数とそれから誘導される pK の値が高いものほど生育抑制効果が高まる。食品の保存に酢酸や乳酸が使用されるが，それはこのような特徴による。また，発酵食品は乳酸菌や酢酸菌の生成する酸により，発酵途中の雑菌汚染を防止している。*Bacillus megaterium* に対する有機酸の抗菌力は，酢酸＞コハク酸・乳酸＞リンゴ酸＞クエン酸・酒石酸＞（塩酸）の順で強い（**図 7.7**）。

表 7.6　有機酸の水溶液中の解離定数

有機酸	pK_1	pK_2	pK_3
酢　　酸	4.75		
デヒドロ酢酸	5.27		
ジ酢酸ナトリウム	4.75		
アジピン酸	4.43	5.41	
カプリル酸	4.89		
クエン酸	3.14	4.77	6.39
フマル酸	3.03	4.44	
乳　　酸	3.80		
リンゴ酸	3.40	5.11	
プロピオン酸	4.87		
コハク酸	4.16	5.61	
酒 石 酸	2.98	4.34	

出所）松田敏生：食品微生物制御の化学，60，幸書房（1998）

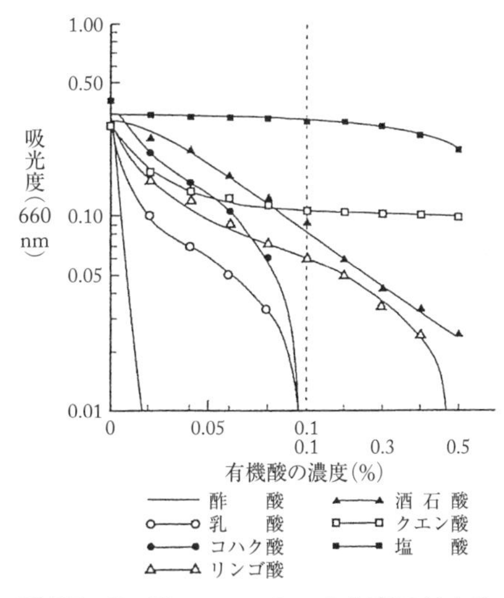

図 7.7　*Bacillus megaterium* の生育に対する各種酸の効果

出所）表 7.6 に同じ，112

(3) 冷蔵・冷凍による保存

食品を低温に保ち品温を下げることにより，微生物の生育や食品中の酵素作用，生鮮食品の**呼吸作用**，食品成分の相互作用による品質の劣化を防ぐことができる。特に生鮮食品の場合，収穫後も呼吸作用が続いているため，低温に保つことで呼吸量が低下し，水分の蒸発やエチレンガスの発生が抑制される。コールドチェーンでは，生産地で出荷前に品温を下げる予冷を行い，生産地から輸送，保管，消費の過程を通じて低温に保ち，品質低下を防ぐ。低温保存は，冷蔵と冷凍に大別される。

1) 冷　蔵

冷蔵とは主に食品を 0 ～ 10 ℃の温度帯におき未凍結の状態で貯蔵する方法である。冷蔵により腐敗細菌の生育や酵素作用を抑制し，常温保存に比べて品質劣化を抑制できるが，生育や酵素作用は完全には停止していないため一時的な保存に利用される(**図 7.8**)。

野菜や果物は 2 ～ 10 ℃，魚介類や畜肉などは－2 ～ 2 ℃で冷蔵保存される。

また冷蔵法の中で，氷結点付近の特定の温度帯で保存する方法として，**チルド**(－5 ～ 5 ℃，一般的には 0 ℃付近)，**氷温**(約－1 ℃)，**パーシャルフリージング**(約－3 ℃)，**スーパーチリング**(－5 ～ 0 ℃)がある。これらの温度帯の利用により，生鮮食品では 2 ～ 3 週間の保存が可能となる。なお熱帯・亜熱帯原産のものや野菜の果菜類，さつまいも等は低温障害を起こす(**表 7.7**)。

2) 冷　凍

冷凍とは，食品を氷結点以下の温度に冷却し，食品中の大部分の水を凍結させ，長期間食品を保存する方法である。通常－18 ℃以下の温度で保存する。食品は炭水化物などの食品成分が水に溶解しているため，純粋の凍結点 0℃より低い温度で凍結する。食品の凍結曲線を**図 7.9** に示したが，－1 ～ －5℃の温度帯で氷結晶が最も多く生成され，この温度帯を**最大氷結晶生成帯**と呼ぶ。野菜類，畜肉，牛乳などでは，－5 ℃で 80 %以上が氷結晶になり，食品全体が凍結状態となる。最大氷結晶生成帯では融解熱に見合う熱量が食品から放出されるため，一定条件で冷却すると冷却速度が遅くなって緩慢凍結とな

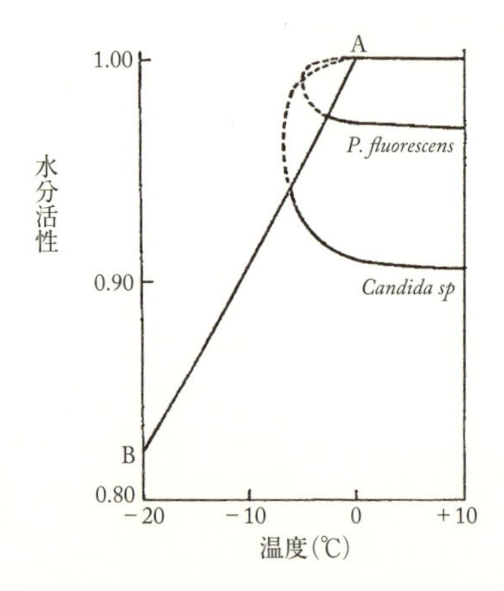

図 7.8　低温細菌(*P. fluorescens*)と低温酵母(*C. sp*)が増殖し得る最低温度と水分活性の関係(A－B は凍結点)

出所）石田祐三郎：冷蔵・冷凍と微生物，日本食品工業学会誌，18，538(1971)

表 7.7　果実・野菜が低温障害を起こす温度とその症状

果実・野菜の種類	限界温度(℃)	症状例
リンゴ	2 ～ 4*	果心褐変，ゴム病，やけ
バナナ	12 ～ 13.5	果皮・果肉褐黒変，追熟不良
オレンジ	3	ピッティング，褐変
グレープフルーツ	10**	やけ，ピッティング，水浸状腐敗
レモン	13 ～ 15	ピッティング，果心褐変
マンゴー	10 ～ 12	果皮変色，追熟不良
パパイヤ	7	ピッティング，追熟不良，香りが抜ける
メロン(Honey Dew)	7 ～ 10	ピッティング，追熟不良
パイナップル(緑色)	7 ～ 10	追熟時に暗緑色化
サヤインゲン	7 ～ 10	ピッティング，変色
キュウリ	7	ピッティング，水浸状斑点，腐敗
ナ　ス	7	表皮のやけ，細菌汚染による腐敗
ピーマン	7	ピッティング，種子褐変
オクラ	7	ピッティング，変色，腐敗
サツマイモ	9 ～ 13	ピッティング，内部変色，腐敗
トマト(完熟果)	7 ～ 10	水浸状軟化，腐敗
トマト(未熟果)	13 ～ 14	追熟時に催色不良，細菌汚染による腐敗

*：品種によって差あり，**：産地によっては 14 ～ 15。
ピッティング：さまざまな原因により，食品表面(表層)に微小な穴が発生すること。
出典：ASHIRAE: *Guide and Data Book*, 1968 より
　　加藤舜郎，1979，1985：荻沼之孝，1975
出所）食品低温流通推進協議会編：食品の低温管理，農林統計協会(1975)

り，氷結晶が大型化する。大きな氷結晶は食品組織を損傷し，解凍時の**ドリップ**(**離水**)の原因となり品質低下をもたらす。これを防ぐためには，凍結時に最大氷結晶生成帯を速やかに通過させる急速凍結を行い，食品中の氷結晶を微細にして均一に分散させることが必要となる。急速凍結法には，**液体凍結法**(不凍液に漬け込んで凍結)，**液化ガス凍結法**(液体窒素(－196 ℃)や液体炭素(－57 ℃)を噴霧して凍結)，**接触式凍結法**(－40 ℃の冷却金属板に接触させて凍結)，**空気凍結法**(－40 ℃の冷却した空気を送風して凍結)などがある。

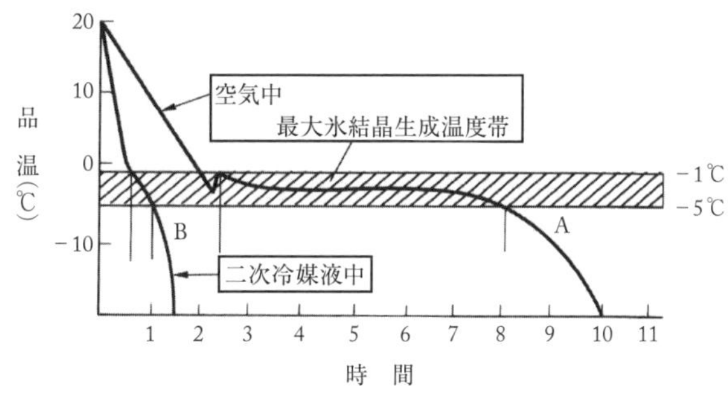

A：典型的な凍結曲線，B：急速凍結

図 7.9　食品の凍結曲線

出所）表 7.7 出典に同じ

冷凍保存中の食品は，食品表面の乾燥や脂質の酸化が起こり，**冷凍焼け**や**油焼け**の現象を起こすことがある。これを防ぐため，脂質含量の多い畜肉や魚肉ではその表面を氷膜で覆う**グレーズ処理**が行われる。また野菜類は，凍結前に**ブランチング処理**を行い，酵素作用を失活させる処理が行われる。

(4) 殺菌・滅菌による保存

食品劣化の要因のひとつとして微生物がある。微生物の増殖が食品の変質や腐敗につながることから，微生物の増殖を制御することで食品の保存性が高まる。すべての微生物ならびにその芽胞を死滅させることを**滅菌**，病原性の微生物や腐敗に関与する微生物を死滅させることを**殺菌**，また微生物の殺滅はしないが増殖を抑制することを**静菌**という。一般的に，食品は生育する可能性のある対象微生物が異なるため，変敗原因となる微生物のみを対象とした商業的殺菌が行われる。

微生物は増殖可能な温度帯に違いがある(**表 7.8**)。多くの微生物は中温微生物であり，病原微生物や腐敗細菌の大部分も中温微生物に属する。食中毒菌の中には，低温微生物や好冷微生物に属する微生物もいる。また好熱微生物の中には，**フラットサワー***の原因微生物も存在する。耐熱性については中性付近が高く，酸性やアルカリ性になるほど低くなり，特に pH4.5 以下では

*フラットサワー　缶詰の変敗のひとつで，外観はガス発生による膨張現象は見られず平らであるが，開缶すると内容物が酸敗した状態になっているものをいう。好熱細菌の芽胞が残って生じる場合が多い。

表 7.8　微生物と増殖温度域

	最低(℃)	至適(℃)	最高(℃)	微 生 物
好冷微生物	-10 ～ 5	12 ～ 15	15 ～ 20	細菌の一部(食品中には極めてまれ) かび，酵母は少ない
低温微生物	-5 ～ 5	25 ～ 30	30 ～ 35	水生菌，腐敗細菌の一部(たんぱく質分解能が高い) 酵母，かびの一部
中温微生物	5 ～ 10	25 ～ 45	45 ～ 55	かび，酵母，一般細菌，腐敗原因菌， 大部分の病原菌
好熱微生物	30 ～ 45	50 ～ 60	70 ～ 90	*Bacillus* 属・*Clostridium* 属の一部

出所）好井久雄，金子安之，山口和夫編著：食品微生物学ハンドブック，103，技報堂出版(1995)

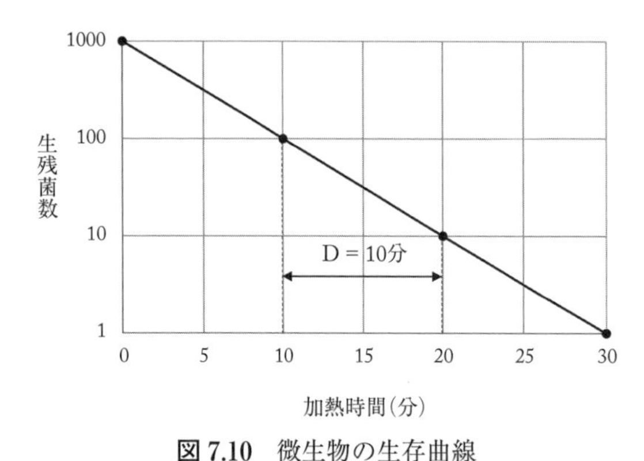

図 7.10　微生物の生存曲線

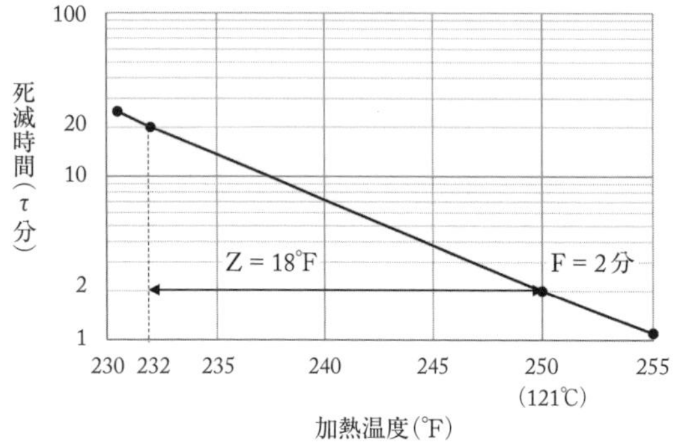

図 7.11　微生物の加熱致死時間曲線

著しく低下し殺菌されやすくなる。

微生物の栄養細胞は最高増殖温度より 10 ～ 15 ℃高い温度で死滅し，また熱変性による殺菌効果が高いため，水分が存在する湿熱下での加熱が乾熱状態よりも殺菌効果が高い。

芽胞は栄養細胞より耐熱性が高く，食中毒菌の**ボツリヌス菌**(*Clostridium botulinum*)の芽胞は耐熱性が高い。レトルトパウチ食品は，このボツリヌス菌芽胞の殺菌を目的に，殺菌条件が決められている(下記 1)①加熱殺菌参照)。

微生物の芽胞は耐熱性があるが，加熱時間と微生物芽胞の致死率には対数的死滅則の関係がある。微生物の耐熱性を比較する指標として，D 値，F 値，Z 値がある。D 値は，一定温度で微生物数が 90 %死滅(菌数が 1/10 に減少)するのに要する加熱時間(分)であり，生残菌数の常用対数と加熱温度との直線関係から求められる(**図 7.10**)。Z 値は D 値を 1/10 に短縮する温度差で，加熱致死時間曲線から求めた値として華氏 18 ℉(摂氏温度表記の加熱致死時間曲線から求めた値では 10 ℃)の場合が多い。また F 値は一定濃度の微生物が 250 ℉(121℃)で死滅するのに要する加熱時間(分)であり，加熱致死時間曲線から求めることができる(**図 7.11**)。

たとえば D 値が 10 分の場合，生残菌数を 1/100 にする時間は 20 分となる。Z 値が 10 ℃の場合，63 ℃ 30 分間の加熱殺菌条件と同等の加熱条件は，73 ℃・3 分間となる。また F 値はレトルト食品の殺菌強度を規定するもので，pH が 4.6 を超えかつ水分活性が 0.94 を超える食品をレトルト殺菌する場合，食品の中心温度が 120 ℃，4 分間(F 値 4)以上の加熱条件が定められている。

1)　殺菌法

殺菌には ① **加熱殺菌**と ② **非加熱殺菌**がある。加熱殺菌は，熱水，水蒸気，過熱水蒸気，熱風などを媒体として直接的間接的に食品の温度を上昇させ，微生物の生育を制御する方法である。伝導によらない加熱法としては，マイクロ波や遠赤外線なども利用される。非加熱殺菌は，静菌剤・天然抗菌剤，化学合成殺菌剤，化学的殺菌(ガス殺菌，オゾン殺菌)，紫外線殺菌・放射線殺菌(209 ページ，(6))などが利用される。

①　加熱殺菌

加熱殺菌では，加熱により微生物のたんぱく質，酵素の変性，失活が引き起こされ，生体分子も加熱による酸化分解が起こり，微生物の生体維持活動ができなくなり死滅する。加熱殺菌は殺菌温度により，低温殺菌(100℃以下の殺菌)と高温殺菌(100℃以上の加圧殺菌)がある。低温殺菌は，ビール，日本酒，醤油，清涼飲料水など，製造段階で一度加熱された食品や加熱が強いと品質が低下する食品，また変敗菌が耐熱性でない食品の殺菌に使用されている。特にpH4.5以下の酸性食品では耐熱性の芽胞は発芽増殖できないため，低温殺菌される。熱水は80℃，10分間の処理で一般細菌を死滅させる。水蒸気は30～60分間処理する方法である。熱風は60～75℃，1～10分間の加熱で食中毒菌は死滅する。過熱水蒸気は飽和水蒸気をさらに過熱した水蒸気で，対象物の水分を乾燥させ酸化が少ない加熱ができることから，香辛料や乾燥野菜の殺菌に利用されている。マイクロ波殺菌は，マイクロ波の電界の中において，対象物に含まれる水などの極性分子がマイクロ波の周波数に応じて振動し，その分子間の摩擦熱により加熱殺菌される。マイクロ波の周波数は2,450 MHzが使われる。赤外線殺菌は，赤外線を対象物に照射することで対象物表面の分子の振動回転による熱エネルギーに変換され，対象物表面温度が上昇し，表在微生物が殺菌される。

微酸性から中性の食品で，常温で長期間保存する食品は，芽胞を死滅させることが必要であるため，高温殺菌が採用される。

高温殺菌は，加圧加熱殺菌装置(レトルト)内で加圧蒸気を用いて行われ，レトルト食品，缶詰，瓶詰などに使用されている。食中毒の病原菌は，多くの場合耐熱性が低いが，芽胞形成菌のボツリヌス菌は耐熱性がある。ボツリヌス菌は，120℃，4分間の加熱で死滅することから，レトルトパウチ食品は，中心温度120℃，4分間以上の加熱処理が必要と規格で定められている。この死滅条件は中心部の条件であり，実際には容器の形状や容量等の違いにより，さらに数倍の加熱時間を要する。一般的に，温度を上げるほど殺菌効果は高まるが，同時に食品成分の変質が問題となる。食品成分の分解を最小限にして殺菌効果を現すには，高温短時間の熱処理が低温長時間処理より優れている。

② 非加熱殺菌

非加熱殺菌法の，静菌剤・天然抗菌剤，化学合成殺菌剤は，保存料，殺菌料として，食品添加物に指定されている。保存料として，指定添加物(化学的合成品)，既存添加物(天然物)，殺菌料，防カビ剤などがある(218ページ，**表7.17**)。

化学的殺菌のうちオゾン殺菌は，オゾンの酸化力を利用する。オゾン水または放出されたオゾンガスは，水分と反応して生成する活性酸素のヒドロキシルラジカル(·OH)が，細胞表層を破壊分解し死滅させる。

表 7.9　生乳の殺菌方法

殺菌方法	加熱条件	作用効果	
低温長時間殺菌法 LTLT：Low Temperature Long Time	61 ～ 65 ℃ 30 分間保持	殺 菌 (pasteurization)	病原性微生物を殺滅 食品衛生法上の安全を確保
高温短時間殺菌法 HTST：High Temperature Short Time	72 ～ 85 ℃ 15 秒間保持		
超高温瞬間殺菌法 UHT：Ultra High Temperature	120 ～ 130 ℃ 2 ～ 3 秒間保持		殺菌効果は高いが，無害な細菌まで全て殺菌はしない
超高温瞬間滅菌法 UHT：Ultra High Temperature	135 ～ 150 ℃ 1 ～ 4 秒間保持	滅 菌 (sterilization)	微生物を殺滅し無菌状態 酵素も失活

出所）日本食品保蔵科学会編：食品保蔵・流通技術ハンドブック，382，建帛社(2006)

2)　滅菌法

滅菌法には，加熱乾燥気体による方法，高圧飽和水蒸気による方法，高周波や放射線を照射する方法，滅菌用ガスを用いる方法などがある。

牛乳の殺菌は，**低温長時間殺菌(LTLT)法**，**高温短時間殺菌(HTST)法**，**超高温瞬間殺菌(UHT)法**，**超高温瞬間滅菌(UHT)法**があり，この順番に微生物の残存する確率が低くなり，超高温瞬間滅菌法では微生物は完全に死滅している。UHT 法で作られた**ロングライフ牛乳(LL 牛乳)**は，常温で 90 日間の保存が可能である(**表 7.9**，125 ページ**表 3.13**)。

(5) ガス組成の調節による保存

青果物は収穫後も呼吸を続けていることから，空気のガス組成(特に酸素，二酸化炭素，窒素)を調節して，食品の鮮度保持と貯蔵期間の延長を図る必要がある。特に酸素含量を調節し，さらに低温と組み合わせて貯蔵する。

酸素の含量は，植物の呼吸回数，脂質の酸化，カロテノイド系色素等の退色，褐変反応等に影響を与える。ガス組成の調節法として，**CA 貯蔵**，ガス置換，脱酸素剤の利用があるが，酸素による悪影響を避けるためには，ガス置換や脱酸素剤の使用が行われる。

1)　CA 貯蔵 (controlled atmosphere storage)

低酸素(2 ～ 10 %)・高二酸化炭素(2 ～ 10 %)の条件で，青果物の呼吸，エチレン生成を抑制し，さらに低温と組み合わせることで保存期間が延長できる。りんご，バナナ等の**クライマクテリック型**果実では，呼吸のクライマクテリックライズが遅れる分，保存期間が延長する。この方法の応用が **MA 貯蔵**(modified atmosphere storage)であり，ガス透過性吸着性フィルムで青果物を包装することにより，青果物の呼吸とフィルムのガス透過性により CA 貯蔵の条件を誘起する。

2)　ガス置換

密封包装内の空気を二酸化炭素や窒素ガスで置換する方法である。酸素による酸化，色素の退色，褐変，好気性微生物や害虫による劣化等を防止できる。二酸化炭素は脂質へ溶解するため，一般的には**窒素ガス置換**が行われる。

3）脱酸素剤

鉄の酸化を利用したタイプが主に使われる。食品とともに包装内に添加し密封することで，包装内の酸素を除去する。これにより，好気性菌の増殖抑制，脂質酸化防止，退色防止，虫害防止を行う。ガス置換同様，嫌気性菌は増殖する可能性があるので注意が必要である。

(6) 光（紫外線，放射線）照射による保存

光は電磁波であり，その波長領域が可視光線より短いものとして，紫外線や放射線がある。

1）紫外線

可視光線より短波長(190 ～ 380 nm)の領域の光を紫外線と呼ぶ。これはさらに波長領域により，UV-A (315 ～ 380 nm)，UV-B (280 ～ 315 nm)，**UV-C** (190 ～ 280 nm)に分けられ，中でもUV-Cの波長領域が殺菌作用を示す。これは微生物核酸の紫外線吸収極大が260 nm付近であり，UV-C照射による塩基2量体が修復能を上回って形成されるためである。特に254 nmの波長は殺菌線といい，殺菌灯に使われる。殺菌灯の直射光線は目を痛めるため，間接照明とする。紫外線は表面殺菌に止まり，ガラスを通過せず，物質の透過性もない。

2）放射線

放射線(ガンマ線，エックス線，電子線など)は波長が短いためエネルギーが高く，微生物の遺伝子を直接破壊すると同時に，水分子からフリーラジカルを生成し塩基分子の変化をもたらし死滅させる。放射線照射は熱の発生が少ないことから**冷殺菌**と呼ばれ，缶詰や包装済み食品も中心から均一に殺菌できる。海外では香辛料の殺菌を中心に利用され，殺菌目的以外にも殺虫，生育抑制，品質改良などで利用されている。日本では，ジャガイモの発芽抑制の目的で，放射性同位元素**コバルト60**の**ガンマ線**を，放射線吸収線量150グレイ以内で照射することだけが認められている。

(7) 燻煙(くんえん)による保存

燻煙はブナ，サクラ，リンゴ，カシなどの広葉樹木材を不完全燃焼させることで発生する煙で，燻煙中に含まれる抗菌性成分の**ホルムアルデヒド**，**フェノール類**，有機酸(ギ酸，酢酸)による防腐効果や，抗酸化効果が期待される。しかし燻煙処理後は，食品成分と化合し遊離状態では存在しないため，残余効果は期待されず，保存効果は主に燻煙による燻製品の乾燥に依存する。燻煙方式には，冷燻法，温燻法，熱燻法，また燻煙臭を有する液体に浸漬する液燻法がある。

① **冷燻法**：低温度(15 ～ 30 ℃)で長時間(1 ～ 3 週間)燻乾を行う。水分は約

表 7.10　主な食品包装材料

材　料	主な形態	特　徴	用途例
紙	袋	軽量，安価，易印刷性，遮光性	包装用紙，段ボール原紙，紙器
ガラス	瓶	気体遮断，耐腐食，リサイクル，透明性	酒類，清涼飲料水，調味料
金属	缶	高強度，密封，遮光性 (ブリキ：鋼板錫メッキ) (TFS：錫無し鋼板，クロムメッキ)	ブリキ：畜肉，魚肉缶詰 TFS：炭酸飲料，缶詰 アルミ：清涼飲料，ビール
プラスチック	袋，瓶，チューブ	軽量，安価，易成形性，複合材料化 PE：ヒートシール性，防湿，比重 0.91* PP：耐熱，耐油性，比重 0.90* PVDC：気体遮断性，耐熱性，塩素含有 PVC：透明，柔軟性，塩素含有 PC：使用温度帯(−100 ～ 230 ℃) PET：気体遮断性，耐熱性	PE：主なプラスチック包材，レジ袋 PP：菓子，パン類包装，豆腐容器 PVDC：家庭用ラップ，ソーセージケーシング PVC：業務用ラップ，ストレッチ包装 PC：冷凍食品・高温充填容器 PET：ペットボトル，菓子・レトルト食品包装

略語　TFS：Tin Free Steel，PE：ポリエチレン，PP：ポリプロピレン，PVDC：ポリ塩化ビニリデン
PVC：ポリ塩化ビニル，PC：ポリカーボネート，PET：ポリエチレンテレフタレート
* 多くのプラスチック材料の中で，これらは水に浮く。

40%で貯蔵性に優れている。スモークサーモン，ベーコン，ドライソーセージなどがある。

② **温燻法**：比較的高温(50 ～ 80 ℃)で短時間(2 ～ 12 時間)燻煙を行う。水分は約 50 %以上で貯蔵は 4 ～ 5 日程度である。ボンレスハム，ソーセージ類，ロースハムなどがある。

③ **熱燻法**：高温(120 ～ 140 ℃)で短時間(2 ～ 4 時間)燻煙する。表面のたんぱく質は熱凝固する。水分が高く，貯蔵性はよくない。スペアリブ，スモークドチキンなどがある。

④ **液燻法**：木酢液を精製して得られる燻液に浸漬した後乾燥する。貯蔵性はよくない。鯨ベーコンが例としてある。

(8) 包　装

食品は，流通保存過程において包装が必要となる。包装の機能として最も重要なことは保護機能である。食品が生産から消費に至る間の微生物汚染，水分やガスの透過，温度や光の影響，物理的破損などの変質要因から食品を保護する必要がある。包装材料としては，紙，ガラス，金属，プラスチックなどが使われている(**表 7.10**)。近年では，プラスチック材料を主体に，さまざまな機能を併せもつ複合材料が開発されている。

7.3.3　流通環境と食品・栄養成分変化；温度，光，気相

食品は流通保存環境により品質が低下してしまう。品質に影響を与える環境要因のうち，特に温度，光，気相が劣化要因となる。

(1) 温　度

食品の品質劣化を引き起こす微生物や害虫の生育，食品成分の化学反応や酵素反応などは温度依存性があり，食品の温度が上昇することによりこれらの反応速度も上昇する。雰囲気温度が 10℃上昇した時の呼吸速度や反応の

変化を示す指標に**温度係数**(**Q10**)[*1]があり，微生物の生育や呼吸速度，酵素反応，酸化作用，着色反応等のQ10は2～3である。よって温度を上げると劣化が進むが，温度を10℃下げるごとに反応が1/2～1/3に低下する。温度上昇による品質劣化として，褐変反応や脂質酸化がある。これらの化学反応は温度が高くなると反応速度が大きくなる。

また水分活性が低く，微生物の生育や酵素作用が抑制されている食品では，ダニ類や昆虫類の**食品害虫**[*2]の被害がある。これらは食品だけでなく，付着している病原菌や腐敗菌も食するため，疾病やアレルギーを誘発する。米類や豆類では，低温(10℃以下)，低水分(14％以下)，分子状酸素の除去(脱酸素剤等)で貯蔵を行うとともに，臭化メチル等の燻蒸剤や有機リン剤等の殺虫剤により防除が行われる。

(2) 光

光による品質劣化として，脂質の酸化がある。酸化反応は高温とともに光により進行する。特に食用色素のクロロフィル製剤，赤色3号(エリスロシン)，赤色105号(ローズベンガル)，牛乳中のリボフラビン色素などは光増感剤となり，光増感酸化を起こす。また紫外線は，光増感剤が無くても酸化を促進する。また光によるカロテノイドやクロロフィル色素の退色が引き起こされる。そのため，遮光性の容器を用いたり，冷暗所で保存する。

(3) 気　相

気相中の酸素により，脂質の酸化，また共役二重結合をもつビタミンAやカロテノイドの酸化が引き起こされる。魚の油焼け現象は，脂質の自動酸化によるカルボニル化合物の生成によるアミノカルボニル反応の褐変反応である。またアスコルビン酸を含む乾燥野菜やジュースにおいて，アスコルビン酸が酸化分解されて褐変物質を生じることがある。

7.3.4 保存条件と食品・栄養成分変化；水分活性，保存による変化，食品成分間反応

食品の品質低下を防ぐためには，保存中における食品成分の変化を知っておくことが重要である。特に食品の化学的，生物的，物理的な変化は複合的に起こり，食品を劣化させる。

(1) 水分活性

食品の保存条件が適切でない場合，食品の水分活性が変化し，品質の変化が起こる。食品の水分活性が環境の相対湿度より低い場合は吸湿するため，乾燥食品は吸湿により酸化や褐変反応が生じる。水分活性と食品の変化の関係を図7.12に示す。

非酵素的褐変反応は，水分活性が高いと反応が進みやすくなるが，自由水が多くなると，逆に反応に関与する食品成分の濃度が低くなり反応が遅くな

*1　**温度計数(Q10)**　化学反応が温度によりどのくらい変わるかを示す指標で，温度が10℃上昇すると反応速度が何倍になるかを示す。生物の呼吸や繁殖などの総合的な変化を見ることができ，青果物のQ10に基づく低温での温度管理がなされている。

*2　**食品害虫**　食品害虫として，特にダニ類や昆虫類は，微生物とともに農作物の収穫や保管中に大きな損失を引き起こす生物的要因である。世界中で生産される農作物の30％が収穫後に損失しており，食品害虫による直接的損失は，穀類や果物，野菜を中心にその一部として影響を受けている。食品害虫や微生物による損耗を防ぐことは，耕地面積の拡大や環境破壊等による生産の増加と同様の効果をもつ。

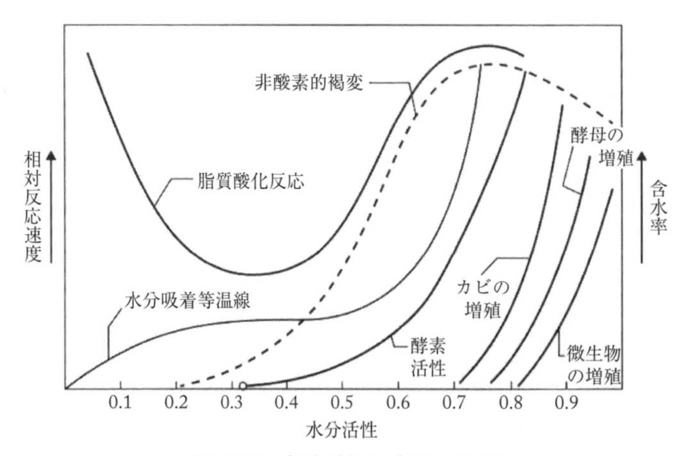

図 7.12　水分活性と食品の変化

出所）Labuza, T. P. et al.: Stability of Intermediate Moisture Foods. 1. Lipid Oxidation, *Journal of Food Science*, 37, 154-159（1972）

表 7.11　食品の保存条件と保存可能期間

種類	保存温度（℃）	相対湿度（%）	保存可能期間
いちご	0	85 ～ 90	1 ～ 5 日
バナナ（黄色）	14 ～ 16	90	5 ～ 10 日
メロン	4 ～ 10	85 ～ 90	1 ～ 5 週
パパイア	10	90	2 ～ 3 週
パインアップル（緑色）	10	90	2 ～ 4 週
トマト（完熟）	0	85 ～ 90	7 日
なす	7 ～ 10	85 ～ 90	10 日
ほうれんそう	0	90 ～ 95	10 ～ 14 日
きゅうり	7 ～ 10	90 ～ 95	10 ～ 14 日
アスパラガス	0	90 ～ 95	3 ～ 4 週
鶏肉（内臓ぬき）	0	85 ～ 90	7 ～ 10 日
豚肉	0 ～ 1	85 ～ 90	3 ～ 7 週
牛肉	0 ～ 1	88 ～ 92	1 ～ 6 週
子牛肉	0 ～ 1	90 ～ 95	5 ～ 10 週
羊肉	0 ～ 1	85 ～ 90	5 ～ 12 週

国際冷凍協会第 4 委員会資料，1959，および冷凍空調便覧を参考に作成
出所）山本愛次郎：温度の操作による保存，新しい食品加工学（小川正，的場輝佳編）（改訂第 2 版），12, 南江堂（2017）より許諾を得て転載

表 7.12　酵素作用による食品の変質

成　分	酵　素	食品の変化
たんぱく質	プロテアーゼ	自己消化
脂質	リパーゼ	遊離脂肪酸の生成
	リポキシゲナーゼ	過酸化脂質の生成（古米臭）
炭水化物	アミラーゼ	還元糖の生成による着色
	ペクチナーゼ	組織の軟化
核酸	ヌクレオチダーゼ	苦味
嗜好成分	ポリフェノールオキシダーゼ	褐変
	クロロフィラーゼ	褐変
ビタミン	アスコルビン酸オキシダーゼ	着色
	チアミナーゼ	ビタミン B_1 分解

る。また自由水が少なくなりすぎると，脂質酸化反応のように脂質が空気と接触しやすくなり反応が進行する。酵素反応は，水分活性が高いほど反応速度が上昇する。食品の保存条件と保存可能期間を**表 7.11** に示す。

(2) 保存による変化

食品保存中における品質の変化に及ぼす影響として，酵素ならびに酸化反応がある。

1） 酵素による変化

野菜や果物の生鮮食品には種々の酵素が含まれ，流通保存中に酵素による作用（褐変，酸化）が起こり，食品変質の原因となる。酵素による食品の変質を**表 7.12** に示す。

2） 酸化による変化

食品の保存中における主な酸化反応を**表 7.13** に示す。

上記の反応以外にも，魚介類の凍結保存では油焼けを防ぐため**グレーズ処理**が行われるが，凍結時において未凍結部分があるとたんぱく質の凍結変性が起こる。また凍結しても微生物は休眠状態であり死滅していないため，部分的に氷が融解すると微生物汚染の可能性がある。青果物は貯蔵中にエチレンガスを生成する場合がある。また組織が損傷を受けるとエチレンガスを放出し，黄化等の品質劣化を起こすので，ガス制御や包装等による保存管理も必要である。

(3) 食品成分間反応

食品は多成分系であるため，さまざまな成分間で反応が起こる。その代表的な反応に褐変反応がある。

褐変反応は食品素材，食品加工，保存中において，食品が褐色に変色する現象であり，**酵素的褐変**と酵素が関与しない**非酵素的褐変**がある。酵素的褐変はポリフェノールオキシダーゼによる反応である。非酵素的褐変反応は，**アミノカルボニル反応**（**メイラード反応**），**カラメル化反応**，脂質酸化，アスコルビン酸分解などがある。

表 7.13　酸化による食品の変質

成分	食品の変化
たんぱく質	アミノ酸残基（特にεアミノ基）の酸化による栄養価の低下
脂質	自動酸化，熱酸化，光増感酸化による酸敗
炭水化物	還元糖の自動酸化によるラジカル生成
ポリフェノール	褐変
メトミオグロビン	緑変（コールミオグロビン）[1)]
カロテノイド	退色
アントシアニン	退色
ビタミンA	酸化分解
アスコルビン酸	デヒドロアスコルビン酸による褐変

注1）食肉の緑変　食肉の赤色はミオグロビンにより，色調はミオグロビンの鉄の酸化状態により決まる。ヘムの鉄が2価から3価へ酸化されると褐変する。さらに過酸化水素やアスコルビン酸，亜硝酸塩などによる酸化が進むと，ヘムのポルフィリンが酸化し，緑色を呈するコールミオグロビンが生成され緑変する。また他に，微生物由来の硫化水素がミオグロビンの鉄と反応してスルフミオグロビンが生成し緑変が起きる。

非酵素的褐変反応のアミノカルボニル反応は，還元糖等のカルボニル化合物とアミノ酸等のアミノ化合物が反応し，褐色物質のメラノイジンを生成する反応である。この反応に関与するカルボニル化合物やアミノ化合物は食品の主な成分であるため多くの食品が対象となり，さらに食品の加工，保存，調理の工程においてこの反応が起こる可能性がある。またこの反応の副反応として，**ストレッカー分解**[*1]がある。これにより特有の香気成分が生成するが，条件により不快臭も生成する。

カルボニル化合物としては，還元糖のグルコース以外の単糖の反応性が高く，特にペントースがよく褐変する。植物は構成成分としてヘミセルロースやペクチン等にペントサンを含むので，褐変しやすい。またカルボニル化合物は，脂質の自動酸化による分解物や酸化型のアスコルビン酸，また還元性末端をもつデキストラン等があり，反応に関与する。

アミノ化合物は，アミノ酸（特にグリシン，β-アラニン，リジン）やたんぱく質の遊離アミノ基（リジンのε-アミノ基，N末端アミノ基），低分子ペプチド等が褐変反応に関与する。

アミノカルボニル反応では，食品中のアミノ化合物のひとつであるアスパラギンと還元糖を120℃以上の高温で加熱することにより**アクリルアミド**[*2]が生成するため，注意が必要である。また，たんぱく質中のリジン，アルギニン，トリプトファンなどがこの反応で減少し，たんぱく質の栄養価が低下する。

このような食品成分間の褐変反応を防止するため，保存や加工での温度を低温（10℃以下）にする，また脱酸素剤使用や窒素ガス置換などによる酸素をできるだけ除去することが必要である。

*1　ストレッカー分解　α-アミノ酸がα-ジケトンと反応してアンモニアと二酸化炭素を放出して炭素数のひとつ少ないアルデヒドに分解する反応のこと。

*2　アクリルアミド

$$H_2N-\underset{\underset{O}{\|}}{C}-CH=CH_2$$

2002年4月にスウェーデン政府より，炭水化物を多く含むいもなどを焼く，または揚げることにより，食品中にアクリルアミドが生成されることが報告された。食品由来のアクリルアミドの摂取については，発がん以外の影響は極めて低いとされる一方，発がんのリスクについては懸念がないとはいえないため，合理的に達成可能な範囲で，できる限り低減に努める必要がある。

7.4　食品添加物

7.4.1　食品添加物の役割

1)　分　　類

食品添加物は，食品衛生法第 4 条 2 項に「食品の製造の過程において，または食品の加工もしくは保存の目的で，食品に添加，混和，浸潤その他の方法によって使用するもの」と規定されており，消費者庁が許可した食品添加物だけが使えるという**ポジティブ・リスト制度**がとられている。食品添加物は**表 7.14** に示されるように 4 種類に分類されており，**指定添加物**については，化学合成品が含まれ安全性試験が実施されている。

2)　指定添加物の認可までの過程

指定添加物の申請から認可されるまでの過程の概要を**表 7.15** に示した。指定要請を行った者が提出した有効性と安全性に関する資料内容を，薬事食品衛生調査会が実証または確認し，ADI（1 日摂取許容量，**表 7.15 の 3** 参照）および使用基準，規格を設定して指定にいたる。表中の 2-1 と 2-2 は併行して実施される。

3)　食品添加物公定書と規格・基準

消費者庁は，食品添加物の規格と基準を**食品添加物公定書**に収載することが義務づけられている。食品添加物公定書は，概ね 5 年おきに改訂されるが，最新の第 9 版（2018 年発行）からは，ウエブ上で閲覧できるようになった。

規格とは，食品添加物成分の品質を定義したものである。これには，添加物の純度，製造過程で生じる副産物，有害なヒ素や重金属の含有量の上限などが含まれる。規格は，指定添加物だけでなく，**既存添加物**についても必要に応じて定められている。

基準とは，食品添加物の製造・使用方法を規定したものである。つまり，添加物の製造，加工，保存方法，および使用可能な食品，食品への添加量または残存量，使用上の留意点などが，安全性試験や有効性評価の結果に基づいて，必要に応じて定められている。

4)　安全性の量的概念

安全性評価は，毒性側から鑑みる毒性試験とは異なり，毒性を示さない量から検証される。**無毒性量（NOAEL）**は，食品安全委員会の定義では「ある物質について何段階かの異なる投与量を用いて行われた反復毒性試験や生殖発生毒性試験などの毒性試験において，有害影響が求められなかった最大投与量のこと」とされる。動物実験の結果得られた無毒性量（NOAEL）の 100 分の 1 が 1 日摂取許容量（ADI）となり，使用基準は 1 日摂取許容量よりも低く設定される。それらの関係を図示すると**図 7.13** のようになる。

表 7.14　食品添加物の分類と概要

分類	品目数	天然	合成	安全性試験	概要
指定添加物	475	○	○	○	食品衛生法第 12 条に基づき，安全性と有効性を確認して指定された添加物であり，化学的合成品だけでなく天然物も含まれる。新たに使われる食品添加物は，天然，合成の区別なくすべて食品安全委員会による安全性と有効性の評価を受け，消費者庁の指定を受ける。品目リストは，食品衛生法施行規則別表 1 に収載されている。
既存添加物	357	○			1995 年の食品衛生法改正の際に天然添加物の名称を改め設けられた。化学合成品以外の添加物のうち，わが国において広く使用されており，長い食経験があるものは，例外的に指定を受けることなく使用・販売が認められている。1995 年時点で使用実績が確認されたもののみが収載されており，これ以上品目数が増えることはない。流通実態のなくなったものなどについては，適宜消除されている。品目リストは，平成 8 年厚生省告示第 120 号，既存添加物名簿に収載されている。
天然香料	約 600	○			動植物から得られた物またはその混合物で，食品の着香の目的で使用される(食品衛生法第 4 条 3 項)。一般に使用量が微量であり，長年の食経験で健康被害がないとして使用が認められているものである。品目リストは，平成 27 年消食表第 139 号，別添 添加物 2-2 天然香料基原物質リストに収載されている。
一般飲食物添加物	約 100	○			一般に食品として飲食に供されているもので添加物として使用されるものである。品目リストは，平成 27 年消食表第 139 号，別添 添加物 2-3 一般飲食物添加物リストに収載されているが，すべての食品が対象となり得る。

※品目数は，令和 5 年 7 月 26 日現在の数値である。厚生労働省や日本食品添加物協会のウエブサイトでも確認できる。品目名と用途の詳細についての最新情報は「食品添加物表示ポケットブック」(日本食品添加物協会)で確認できる。

表 7.15　指定添加物の申請から認可までの過程

1	**消費者庁への指定要請** 次の指定要件を満たす物質について，有効性・安全性に関する資料を添えて，要請書を消費者庁に提出する。 1) 安全性が実証または確認できるもの。 2) 使用により消費者に利点を与えるもの。 ①食品の製造・加工に必要なもの。 ②食品の栄養価を維持させるもの。 ③腐敗，変質，その他の化学変化などを防ぐもの。 ④食品を美化し，魅力を増すもの。 ⑤その他，消費者に利点を与えるもの。 3) 既に指定されているものと比較して，同等以上か別の効果を発揮するもの。 4) 化学分析などにより，その添加を確認し得るもの。
2-1	**食品安全委員会による安全性評価** 1) 動物実験(ラット，マウス，モルモット，ハムスター，ウサギ，イヌ，サルモネラ菌など) ① 一般毒性試験：亜急性毒性試験(28 日間・90 日間反復投与試験) 慢性毒性試験(1 年間反復投与試験) ② 特殊毒性試験：繁殖試験，催奇形性試験，発がん性試験，抗原性試験，変異原性試験 2) 無毒性量(NOAEL：no-observed adverse effect level)の設定
2-2	**食品安全委員会による有効性評価** 指定要請者が消費者に利点を与えるものとして示す項目を，実証または確認する。
3	**1 日摂取許容量(ADI：acceptable daily intake)の設定** ヒトが一生涯にわたって毎日摂取し続けたとしても健康への悪影響がないと推定される 1 日あたりの摂取量を設定する。 ADI = NOAEL ÷ 100(安全係数) ÷ 50 kg (ヒトの平均体重)　(mg/kg 体重/日) 安全係数は，動物とヒトの種差 10 と個人差(老若・健康・男女差など) 10 を考慮して 100 とする。
4	**使用基準の設定** 1) 使用基準の設定は，薬事食品衛生調査会で審議決定される。 2) 摂取量が ADI を超えないように，使用できる食品の種類，使用目的，使用方法，使用濃度などを考慮して決定される。
5	**指定の告示(使用許可)** 国民および世界貿易機関(WTO：The World Trade Organization)に対して，新たな食品添加物が認可されたことが，薬事食品衛生調査会での審議結果を含めて報告される。

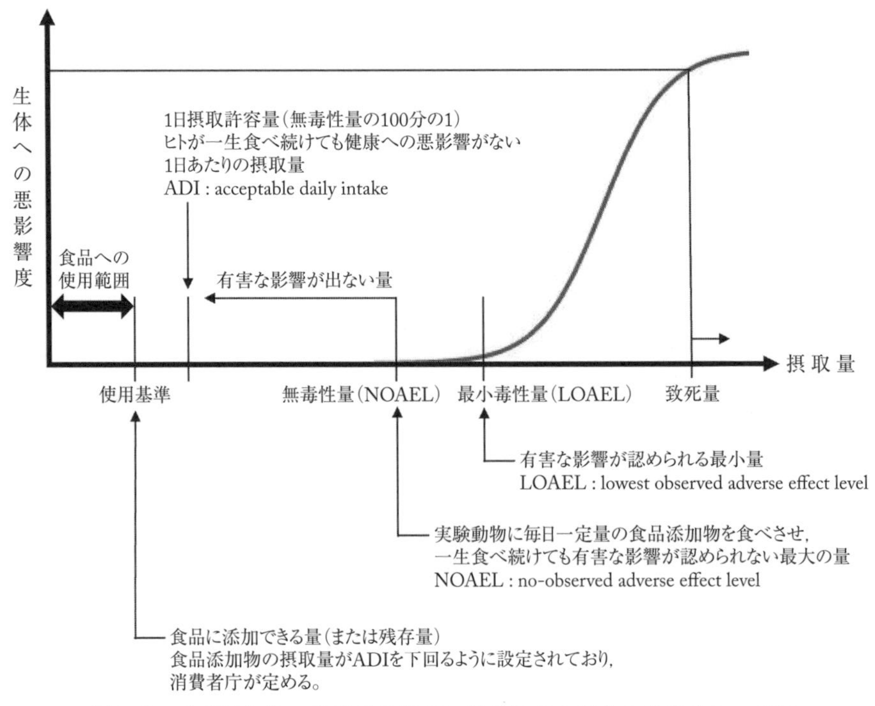

図 7.13 食品添加物の使用基準設定に関わるさまざまな設定値との関係

出所) 厚生労働省 食品衛生分科会参考資料

5) 表示基準

食品添加物の表示については消費者庁の食品表示法に定めがあり，具体的な表示ルールが食品表示基準で規定されている。食品の製造者，加工者，輸入者または販売者(食品関連事業者など)は，この基準を遵守しなければならない。

一般に市販される加工食品については，食品添加物の表示が義務づけられている。一方，生鮮食品については，食品表示基準別表第 24 に規定があるもの以外においては，表示義務はない。食品添加物表示に関する要点を**表 7.16** にまとめた。

7.4.2 食品添加物の種類と用途

食品添加物は，その使用目的から次のように大きく 4 分野に分かれる。つまり，食中毒などの食品被害を予防するもの(殺菌料，保存料，防かび剤など)，② 外観，食感，風味など食品の嗜好性を向上させるもの(発色剤，着色料，甘味料など)，③ 栄養価を補填・強化するもの(栄養強化剤)，④ 食品の製造・加工時に必要なもの(膨張剤，乳化剤，豆腐用凝固剤など)。食品添加物の使用目的，用途，効果および代表的な品目例を**表 7.17** に示した。

表 7.16　食品添加物表示の要点

物質名表示	食品添加物名は，物質名だけでなく，消費者にとってわかりやすい名称として，簡略名(一般に広く使用されている名称)や類別名(物質の化学構造から類別した名称)を用いてもよい。たとえば，L-アスコルビン酸ナトリウムの簡略名は「ビタミンC」や「VC」であり，カードランの類別名は「ブドウ糖多糖」となる。
用途名併記	甘味料，着色料，保存料，増粘剤・安定剤・ゲル化剤または糊料，酸化防止剤，発色剤，漂白剤，防かび剤・防ばい剤の 8 用途に用いられる食品添加物については，消費者の安全性に対する意識を考慮して，その使用目的が容易に判別できるよう「用途名併記」が義務づけられている。たとえば，「甘味料(サッカリン Na)」となる。
一括名表示	多種類の食品添加物を配合して使用する食品添加物製剤の場合は，多種類の物質名を表示するよりも製剤の使用目的を表わす方がわかりやすいので，「一括名」での表示が許されているものがある。一括名表示が認められている製剤は，イーストフード，乳化剤，苦味料，香料，酸味料，チューインガム軟化剤，調味料，膨張剤，ガムベース，かんすい，酵素，光沢剤，凝固剤，pH 調整剤の 14 グループである。
添加物表示が免除されるケース	次のケースでは，食品への表示が免除される(ただし，アレルギー性の特定原材料に由来する食品添加物は除く)。 ① **加工助剤** 加工の工程で使用される添加物で，加工工程で分解・中和などしてできあがった食品に残らないもの。もしくは，その食品に何ら影響を及ぼさないレベルの僅かな残存量であるとき。 ② **キャリーオーバー** 食品の原料に含まれているが，できあがった食品には微量しか残らずその効果が出ないとき。 ③ 小包装食品 パッケージの面積が小さく 30 cm^2 以下の場合は表示困難のため，安全性に関する表示事項(名称，保存方法，消費・賞味期限，表示責任者，アレルゲン)以外の表示が免除される。 ④ バラ売り食品 包装されていないものは表示ができないので免除される。ただし，一部の防かび剤とサッカリン(Na)を含む場合は，表示が必要となる。 ⑤ 栄養強化剤 指定されたビタミン，ミネラル，アミノ酸などの栄養強化剤。 ⑥ 一部の製造用剤 食品の加工・製造に利用されるもので，用途が多岐にわたるために統一的な用途名によって分類が困難なもののうち，脱臭用の活性炭，とうふ製造時の消泡剤として利用されるシリコーン樹脂，製パン時の型枠に噴霧して離型油として利用される鉱物油など，指定されたものについては表示義務が免除される。

7.5　新しい加工食品

7.5.1　バイオテクノロジー応用食品

バイオテクノロジー応用食品は，生物に関係する技術を用いて生産・改良された食品の総称である。この範疇には，発酵も含まれるが，特に，従来の品種改良や食品加工の手法では達成困難な特性や品質を，**遺伝子組換え**，**ゲノム編集**，**細胞培養**，**クローン**などの生物工学や遺伝子工学を用いることで，実現した食品を指すことが多い。生物工学や遺伝子工学によって，生産効率や耐病性，栄養価などが向上した食品である。しかし，技術の進化に伴う不安も存在することから，技術の利点とリスクに対する理解と認識を深め，バイオテクノロジー応用食品の展望に対する社会的な合意形成が求められており，そのためにも，厳格な審査と規制による安全性の確認と社会的受容が重要となっている。

(1) 品種改良技術とバイオテクノロジー

人類は昔から，動物も植物も，交配などの手段を使って遺伝子を操作して**品種改良**を行ってきた。これまでは，遺伝子の変異はランダムに発生していたが，遺伝子組換えでは遺伝子を特定して変異を起こし，ゲノム編集はさらに正確な場所に変異を起こさせることができるようになった(**図 7.14**)。ゲノ

表 7.17　食品添加物の用途と代表的な品目例

使用目的	用途	効果	主な指定添加物(化学合成品)	主な既存添加物および天然物由来品
			具体例	具体例
食品被害予防	殺菌料	腐敗細菌や病原菌などを殺滅する。	過酸化水素，次亜塩素酸 Na，高度サラシ粉	次亜塩素酸水，オゾン水
	保存料	腐敗細菌や病原菌などの生育を抑制する。	安息香酸/Na 塩，ソルビン酸/K 塩，パラベン，プロピオン酸/Ca 塩	しらこたん白抽出物，γ-ポリリジン，ヒノキチオール
	pH 調整剤	腐敗細菌や病原菌などの生育を緩やかにする。	酢酸 Na，氷酢酸，乳酸 Na，乳酸	フィチン酸
	防かび剤	輸入柑橘類・バナナのカビの発生を防止する。	ジフェニル，オルトフェニルフェノール(OPP)およびその Na 塩，チアベンダゾール(TBZ)，イマザリル	フルジオキソニル，アゾキシストロビン，ピリメタニル
	酸化防止剤	油脂分などの酸化を防止し保存性を向上する。	L-アスコンルビン酸/Na 塩，エリソルビン酸/Na 塩，ブチルヒドロキシアニソール(BHA)，ジブチルヒドロキシトルエン(BHT)，エチレンジアミン四酢酸 Na	L-アスコンルビン酸，天然トコフェロール，オリザノール，ケルセチン
食品嗜好性向上	発色剤	ハム・ソーセージの色調・風味を改善する。	亜硝酸 Na，硝酸 K，硝酸 Na	亜硝酸 Na，硝酸 K，硝酸 Na
	着色料	着色し，色調を整える。	食用黄色 4 号などの合成タール色素，β-カロテン	クチナシ黄色素，ビートレッド，ムラサキイモ色素
	甘味料	甘味を与える。	アスパルテーム，サッカリン/Na 塩，アセスルファム K，スクラロース	甘草抽出物，ステビア抽出物，アマチャ抽出物，ソーマチン抽出物
	酸味料	酸味を与える。	アジピン酸，コハク酸，クエン酸，酢酸，乳酸	イタコン酸，フィチン酸
	苦味料	苦味を与える。	カフェイン，ナリンジン，ニガヨモギ抽出物	カフェイン，イソアルファー苦味酸
	調味料	うま味を与え，味を整える。	L-グルタミン酸 Na，グリシン，L-アスパラギン酸，L-バリン	タウリン(抽出物)，アラニン，ロイシン，ベタイン
	漂白剤	白くきれいにする。	亜塩素酸 Na，亜硫酸 Na，二酸化硫黄，ピロ亜硫酸 Na	亜硝酸 Na，次亜塩素酸 Na
	香料	香気を与える。	酢酸エチル，ケイ皮酸	オレンジ，レモン，ライム
栄養価の補填・強化	栄養強化剤	栄養素を強化する。	L-アスコンルビン酸，β-カロテン，葉酸	焼成 Ca，未焼成 Ca，フェリチン，メナキノン
食品の製造・加工用	膨張剤	容積を増やす。	重炭酸 Na，フマル酸，酸性ピロリン酸 Na，焼ミョウバン	なし
	乳化剤	水と油を均一に混ぜ合わせる。	グリセリン脂肪酸エステル，ポリソルベート，ショ糖脂肪酸エステル	植物レシチン，卵黄レシチン，スフィンゴ脂質
	豆腐用凝固剤	豆乳中のたんぱく質を凝固する。	塩化 Mg，硫酸 Ca，グルコノデルタラクトン	粗製海水塩化 Mg
	増粘安定剤	滑らかさと粘りを向上し，分離を防止する。	カルボキシメチルセルロース	植物レシチン，ペクチン，グアガム
	酵素	物性を向上する。	アスパラギナーゼ	α-アミラーゼ，β-アミラーゼ，カタラーゼ，リゾチーム
	軟化剤	物性をソフトにする。	グリセリン，プロピレングリコール	なし
	光沢剤	つやを出す。	なし	シェラック
	ガムベース	チューインガムの基材となる。	酢酸ビニル樹脂	カウリガム，グアヤク樹脂
	イーストフード	製パンにおける酵母の発酵を安定化し促進する。	炭酸 Ca，硫酸アンモニウム	焼成 Ca
	かんすい	中華麺の色と食感を向上する。	炭酸 K，炭酸 Na，ポリリン酸 Na	なし
	製造用剤	食品の製造上必要なもの。	シリコーン樹脂，硫酸，リン酸	活性炭，キトサン，くん液

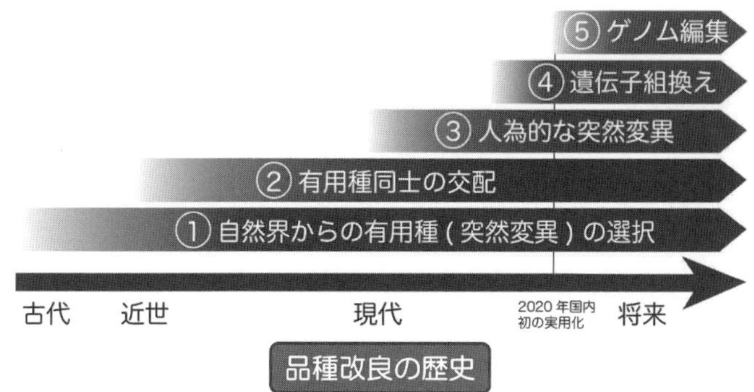

図 7.14 品種改良の歴史と技術

出所）農林水産技術会議：ゲノム編集～新しい育種技術～（令和4年11月第6版）

ム編集では，外来遺伝子が残留しないため，自然に起こる突然変異との区別ができないとされている。

① 自然界で起きた突然変異により性質が変化したものを選抜する
② 異なる品種を掛け合わせる交配育種
③ 放射線の照射や薬品処理等による人為的な突然変異
④ 別の生物から目的とする遺伝子を導入する遺伝子組換えの利用（※後述：(2)）
⑤ 狙った遺伝子だけに突然変異を起こすゲノム編集技術（※後述：(3)）

後述するが，遺伝子組換えでは外部から遺伝子を導入して特定の性質をもたせ，ゲノム編集技術では狙った遺伝子だけに変異を起こしてより精密に遺伝子を操作する違いがある。これら，遺伝子組換え食品とゲノム編集技術を利用した食品について詳しく記述する。

(2) 遺伝子組換え食品

1) 遺伝子組換え技術

他の生物から取り出した遺伝子を，目的とする生物のゲノムに導入することで，新しい性質をもつようにする技術が，**遺伝子組換え**技術である。たとえば，特定の除草剤に強い作物や病害虫に強い作物などが，遺伝子組換えの技術を使って開発されており，海外では1990年代後半から実用化されている。

技術の概述としては，まず目的とする有用なたんぱく質をコードするDNA断片を特異的な塩基配列を切断する制限酵素で取り出し，その後，細胞内にDNA断片を導入するためのベクター（プラスミド，ファージ，ウィルスなど）にDNA **リガーゼ***を使ってDNA断片を結合させ，最終的に，目的とする生物（宿主）の細胞内に導入して，有用物質生産を可能とする遺伝子組換え体を作製する（**図 7.15**）。

***リガーゼ** ATPやNADなどの高エネルギーリン酸結合の開裂と共役して2つの分子を結合させる反応を触媒する酵素の総称。DNAリガーゼはDNA断片を結合する目的で遺伝子操作に広く使われる。

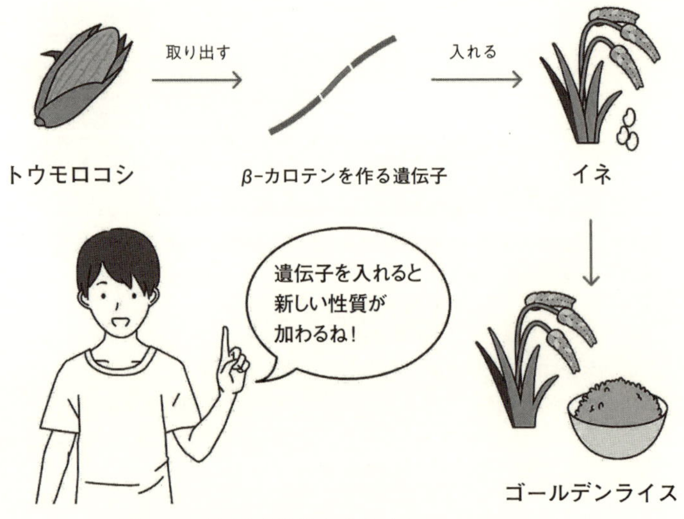

図 7.15　遺伝子組換え作物（ゴールデンライス）

出所）厚生労働省：新しいバイオテクノロジーで作られた食品について（令和2年3月作成）

2）遺伝子組換え技術を用いた食品（表 7.18）

① 耐病性作物（作物保護）

遺伝子組換え技術は，病原体や害虫に対する抵抗性をもつ作物の開発に貢献している。たとえば，バチルス菌の **Bt たんぱく質**[*1]を生産する遺伝子をトウモロコシに導入して耐害虫性を付与することで，収量が安定化し，農薬の使用も減らす役割を果たしている。

② 耐除草剤性作物（ラウンドアップレディ）

アミノ酸系除草剤グリホサート（商標名ラウンドアップ）の作用点である植物の**シキミ酸経路**[*2]にバイパス遺伝子を導入することで，グリホサート系除草剤を散布しても枯れない作物（大豆など）が作られている。これにより雑草だけを選択的に除草することが可能となり，使用農薬の削減と収量向上に寄与している。

③ 有害物質抑制作物（アクリルアミド低減ジャガイモ）

ジャガイモを高温で加熱すると，糖とアスパラギン酸から発がん性が疑われる化学物質**アクリルアミド**（213 ページ）が発生する。遺伝子組換え技術を用いて，アスパラギン合成酵素などの内在性遺伝子の発現を抑え，アクリルアミドの生成量を低減させたジャガイモが開発され，既に米国で栽培されている。

④ 収量向上と栄養価強化（ゴールデンライス）

開発途上国では，年間 150 ～ 250 万人の小児がビタミン A 不足による盲目症や健康問題に曝されており，これを緩和する目的で，ビタミン A の前駆体の β-カロテンを豊富に含む遺伝子組換えイネの**ゴールデンライス**が開発された。ゴールデンライスの導入により飢餓地域での栄養不足を補う効果が期待されている。

＊1　**Bt たんぱく**　Bt 毒素や Cry 毒素と呼ばれる殺虫活性の主成分で，分子量約 130 kDa の殺虫性のたんぱく質群である。昆虫の消化管内で活性化して受容体と結合し，細胞を損傷させる。消化機構が昆虫とは異なる人間や家畜には無害。

＊2　**シキミ酸経路**　芳香族化合物を合成する微生物や植物に特有の経路。この経路にある 5-エノールピルビルシキミ酸-3-リン酸合成酵素がグリホサートで阻害されると植物は必要な化合物を合成できずに枯死する。グリホサートが結合しない別の酵素の遺伝子を導入すると枯死せずに生育できる。

表 7.18　安全性審査の手続を経た旨の公表がなされた遺伝子組換え食品及び添加物一覧

	食品(9 品目)	性　質
1	じゃがいも(12 品種)	疫病抵抗性，アクリルアミド産生低減，打撲黒斑低減，害虫抵抗性，ウィルス抵抗性
2	大豆(29 品種)	害虫抵抗性，除草剤耐性，高オレイン酸，低飽和脂肪酸，ステアリドン酸産生
3	てんさい(3 品種)	除草剤耐性
4	とうもろこし(211 品種)	害虫抵抗性，除草剤耐性，組織特異的除草剤耐性，生産性向上，乾燥耐性，高リシン形質，収量増大の可能性の向上，耐熱性α-アミラーゼ産生
5	なたね(24 品種)	DHA 産生，EPA 産生，除草剤耐性，雄性不稔性，稔性回復性
6	わた(48 品種)	除草剤耐性，害虫抵抗性
7	アルファルファ(5 品種)	除草剤耐性，低リグニン
8	パパイヤ(1 品種)	ウィルス抵抗性
9	カラシナ(1 品種)	除草剤耐性，稔性回復性
	添加物(遺伝子組換え微生物による生産，83 品目)	性　質
1	アスパラギナーゼ(1 品目)	生産性向上
2	アミノペプチダーゼ(1 品目)	生産性向上
3	α-アミラーゼ(19 品目)	生産性向上，耐熱性向上，スクロース耐性向上
4	α-グルコシダーゼ(1 品目)	生産性向上
5	α-グルコシルトランスフェラーゼ(4 品目)	生産性向上，性質改変
6	エキソマルトテトラオヒドロラーゼ(2 品目)	耐熱性向上
7	カルボキシペプチダーゼ(1 品目)	生産性向上
8	キシラナーゼ(5 品目)	生産性向上
9	キモシン(5 品目)	生産性向上，凝乳活性向上，キモシン生産性
10	グルコアミラーゼ(5 品目)	生産性向上
11	グルコースオキシダーゼ(3 品目)	生産性向上
12	酸性ホスファターゼ(1 品目)	酸性ホスファターゼ生産性
13	シクロデキストリングルカノトランスフェラーゼ(2 品目)	生産性向上，性質改変
14	テルペン系炭化水素類(1 品目)	生産性向上
15	プシコースエピメラーゼ(1 品目)	生産性向上
16	プルラナーゼ(4 品目)	生産性向上，酵素活性向上
17	プロテアーゼ(5 品目)	生産性向上
18	ペクチナーゼ(1 品目)	生産性向上
19	ヘミセルラーゼ(2 品目)	生産性向上
20	β-アミラーゼ(1 品目)	生産性向上
21	β-ガラクトシダーゼ(1 品目)	生産性向上
22	ホスホリパーゼ(8 品目)	生産性向上
23	リパーゼ(7 品目)	生産性向上
24	リボフラビン(2 品目)	生産性向上

出所）厚生労働省医薬・生活衛生局食品基準審査課(現 消費者庁食品衛生基準審査課)(令和 6 年 3 月 18 日現在)を加工して作成

3)　遺伝子組換え技術を用いた食品添加物（表 7.18）

組換え微生物を用いて酵素やリボフラビン(ビタミン B_2)などが生産されている。たとえば，チーズ製造用の酵素製剤**レンネット**は，本来は仔牛や乳牛の第四胃から調製して乳凝固させていたが，現在では主成分の**キモシン**の遺伝子を微生物に組込むことで生産されている。日本でも，ヨーロッパの企業が申請した組換えキモシンが安全性審査を経て，食品添加物として認められており(129ページ，コラム9)，2024年3月現在で，24種類(83品目)が食品添加物として認可されている。これらの添加物については，組換え微生物の痕跡が食品加工品に残らないため「遺伝子組換え」という表示の義務はない。

4) 遺伝子組換え食品と安全性

遺伝子組換え食品等(組換えDNA技術応用食品・食品添加物)の安全性を確保のためには，遺伝子組換え食品等を輸入・販売する際には，必ず**安全性審査**を受ける必要がある。審査を受けていない遺伝子組換え食品等や，これを原材料に用いた食品等の製造・輸入・販売は，食品衛生法に基づいて禁止されている。消費者庁は，組換えDNA技術の応用による新たな有害成分の有無などを検証し，食品安全委員会の意見を聴き，食品衛生法と食品安全基本法に基づき，遺伝子組換え食品等の安全性について，総合的に審査をしている。安全性審査で問題がない場合にのみ，遺伝子組換え食品等を製造・輸入・販売することができる。なお，安全性評価においては，通常の食品であっても一定のリスクをもつことを前提に，非遺伝子組換え食品と同程度のリスクであれば容認する「**実質的同等性***」の概念が採用されている。

＊**実質的同等性**　食経験に基づき安全とされる作物と遺伝子組換え作物が，遺伝的素材，食品の構成成分，既存種と新品種の使用方法，などの要素の相違を検討し，実質的に同等であれば，安全性もリスクも同じとみなす。安全を担保するものではない。

また，環境影響の視点から，遺伝子組換え農作物を国内で栽培する際や，海外から食品や飼料の原材料として輸入する際，開発者や輸入者などは，環境への影響を評価した結果が記載された書類(生物多様性影響評価書)などを提出し，承認を受ける義務がある。農林水産大臣と環境大臣は，「遺伝子組換え生物等の使用等の規制による生物の多様性の確保に関する法律」(いわゆる「**カルタヘナ法**」)に基づき，学識経験者から意見を聴取したうえで承認を行う(**図7.16**)。

5) 遺伝子組換え食品の表示

食品衛生法に基づく安全性審査を経ている遺伝子組換え食品には，食品表示基準により，遺伝子組換え表示制度が定められている。

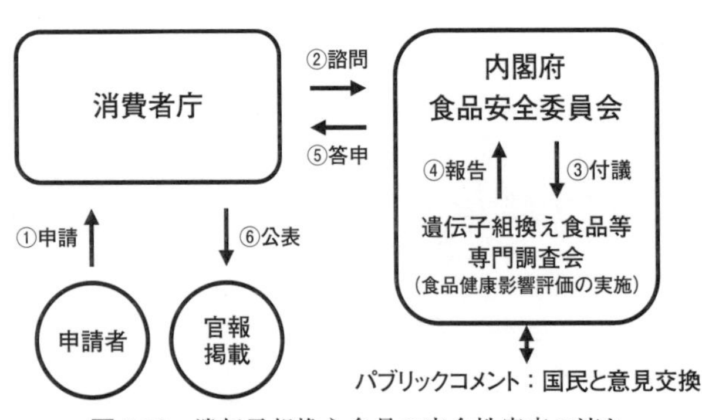

図7.16　遺伝子組換え食品の安全性審査の流れ

出所）厚生労働省：遺伝子組換え食品等の安全性審査(令和6年9月19日)を加工して筆者作成

① 義務表示制度

安全性審査を経て流通が認められた9農産物およびそれを原材料とした33加工食品群について，遺伝子組換え農産物や遺伝子組換え農産物と分別管理していないものを使用している場合は，その旨を表示する必要がある(**図7.17**)。しょうゆや植物油などは，最新の技術によっても組換えDNA等が検出できないため，表示義務はない。

② 任意表示制度（2023年変更）

義務表示の対象農産物およびこれらを原

義務対象

安全性審査を経て流通が認められた9農産物及びそれを原材料とした33加工食品群※1

（食品表示基準　別表第17）

対象農産物	加工食品※2
大　豆 （枝豆及び大豆もやしを含む。）	1 豆腐・油揚げ類，2 凍り豆腐，おから及びゆば，3 納豆，4 豆乳類，5 みそ，6 大豆煮豆，7 大豆缶詰及び大豆瓶詰，8 きなこ，9 大豆いり豆，10 1から9までに掲げるものを主な原材料とするもの，11 調理用の大豆を主な原材料とするもの，12 大豆粉を原材料とするもの，13 大豆たんぱくを主な原材料とするもの，14 枝豆を主な原材料とするもの，15 大豆もやしを主な原材料とするもの
とうもろこし	1 コーンスナック菓子，2 コーンスターチ，3 ポップコーン，4 冷凍とうもろこし，5 とうもろこし缶詰及びとうもろこし瓶詰，6 コーンフラワーを主な原材料とするもの，7 コーングリッツを主な原材料とするもの（コーンフレークを除く。），8 調理用のとうもろこしを主な原材料とするもの，9 1から5までに掲げるものを主な原材料とするもの
ばれいしょ	1 ポテトスナック菓子，2 乾燥ばれいしょ，3 冷凍ばれいしょ，4 ばれいしょでん粉，5 調理用のばれいしょを主な原材料とするもの，6 1から4までに掲げるものを主な原材料とするもの
なたね	
綿　実	
アルファルファ	アルファルファを主な原材料とするもの
てん菜	調理用のてん菜を主な原材料とするもの
パパイヤ	パパイヤを主な原材料とするもの
からしな	

★ しょうゆや植物油などは，最新の技術によっても組換えDNA等が検出できないため，表示義務はありませんが，任意で表示をすることは可能です。この場合は，義務対象品目と同じ表示ルールに従って表示してください。

※1　組換えDNA等が残存し，科学的検証が可能と判断された品目
※2　表示義務の対象となるのは主な原材料（原材料の重量に占める割合の高い原材料の上位3位までのもので，かつ，原材料及び添加物の重量に占める割合が5％以上であるもの）

図 7.17　義務表示の対象

出所）消費者庁：知っていますか？遺伝子組換え表示制度

材料とした加工食品について，遺伝子組換え農産物が混入しないように**分別生産流通管理***が行われたことを確認したものを使用している場合は，その旨を表示することができる。2023 年からは「遺伝子組換えでない」旨の**任意表示**について，情報がより正確に伝わるよう制度が新しくなった。分別生産流通管理をして意図せざる混入を 5％以下に抑えている大豆およびトウモロコシならびにそれらを原材料とする加工食品は，適切に分別生産流通管理された旨の表示，たとえば「分別生産流通管理済」などの表示が可能になった。また，分別生産流通管理をして遺伝子組換え農産物の混入がないと認められる対象農産物を原材料とする加工食品には，「遺伝子組換えでない」旨の表示が可能になった。なお，第三者分析機関等による分析は，任意表示の「遺伝子組換えでない」の必須の条件ではないが，行政が行う科学的検証および社会的検証で遺伝子組換え農産物が含まれていることが確認された場合には不適正な表示となる。

*＊**分別生産流通管理**　IP（Identity Preserved）ハンドリングとも呼ばれ，遺伝子組換え作物と非遺伝子組換え作物を，生産，流通および加工の各段階で管理者の注意をもって分別管理し，それが書類により証明されていることを言う。*

6）遺伝子組換え食品の課題

遺伝子組換え作物を消費者が自ら評価するための判断材料として，表示制度はとても重要である。また，国際化が進み，飢えとフードロスが同時に進

む現代社会において，遺伝子組換え作物は世界中で広く栽培されており，大豆の栽培面積の 74 %，トウモロコシの 31 %，ナタネの 27 %が遺伝子組換え作物と言われている状況を認識することも必要である。日本は食糧自給率が低く，多くの食品を輸入に頼っているため，好き嫌いといった心情的な評価ではなく，安全性に関する科学的な判断が重要であり，食品に携わる際には，遺伝子組換え食品に関する知識を学ぶことが大切になっている。

(3) ゲノム編集技術を利用した食品

新しい育種技術として，従来の遺伝子組換えより精巧な**ゲノム編集**と呼ばれる技術が使われるようになった。ゲノム編集は，生物がもつゲノムの中の狙った特定の DNA を切断することにより，そこだけに突然変異(塩基の欠失，置換，挿入)を起こす技術である。すなわち，ゲノム編集は，これまでの育種ではランダムに発生する遺伝子の突然変異を，狙った場所でのみ起こすことができるため，自然界で起きる突然変異を目的に合ったように発生させて，新しい品種の開発を効率的に進めることができる。ゲノム編集ツールの ZFN と TALEN はたんぱく質が，**CRISPR/Cas9**[*1] は RNA が特定の DNA を認識し，人工ヌクレアーゼによって切断する仕組みである(図 7.18)。現在，CRISPR/Cas9 が最も一般的に使用されている。ゲノム編集は 3 つの技術タイプに分類され，**SDN-1**[*2] は非相同末端結合により DNA 修復時に欠失や挿入などの修復ミスを誘導するもの，SDN-2 は外来の比較的短い DNA 断片を利用して変異を導入するもの，SDN-3 は大きな DNA 断片を利用して遺伝子などを挿入するものである。狙った遺伝子以外に変異が起きることを「**オフターゲット変異**」と呼ぶが，これは従来の育種と同様に交配によって除かれるので問題とはならない。

*1 **CRISPR/Cas9**(クリスパーキャスナイン) CRISPR (Clustered Regularly Interspaced Short Palindromic Repeats) は免疫系の DNA 領域で，配列認識部位の gRNA (ガイド RNA) と Cas (CRISPR-associated) ヌクレアーゼ群との複合体(RNP)を試薬とすることで，簡単に目的配列が切断できるようになり，急速に普及した。2020 年ノーベル化学賞の対象技術。

*2 **SDN-1** ゲノム編集に使う，DNA を部位特異的に切断するヌクレアーゼ SDN (Site-Directed Nuclease)。SDN-1 は塩基配列を切断・修復，SDN-2 および SDN-3 は塩基配列を切断し DNA 断片を導入する技術で，SDN-2 より SDN-3 の方が導入する DNA 断片が長い。

2020(令和 2)年 3 月に「ゲノム編集技術応用食品及び添加物の食品衛生上の取扱要領」が制定され，事前相談により外来遺伝子が最終的に食品に残存しないといった理由で遺伝子組換え食品などに該当しないと判断されると，届出により食品として使用できるようになった。すなわち，外来の遺伝子や断片が残存しない場合は規制外となり，1 ～数塩基の変異が挿入される場合は届出の対象となり，外来の遺伝子と断片を含む場合は組換え DNA 技術応用食品および添加物の安全性審査の手続きが必要となる。また，外来の遺伝子や断片が残存しない場合は規制外で食品表示基準の表示も対象外だが，任意の表示は推奨されている。

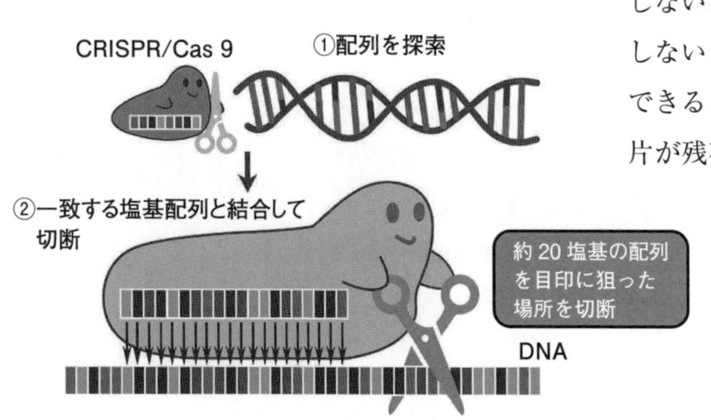

図 7.18 ゲノム編集の原理(CRISPR/Cas9 の事例)

出所) 農業・食品産業技術総合研究機構：ゲノム編集～新しい育種技術～(令和 4 年 11 月第 6 版)を改変

2024年4月18日現在の届出されている品目は，既に販売もしくは販売開始予定のグルタミン酸脱炭酸酵素遺伝子の一部を改変し「**GABA（γ-アミノ酪酸）**含有量を高めたトマト」，可食部が増加しエサを2割削減できる「可食部増量マダイ（E189-E90系統）」とその追加系統，成長性が増加しエサを4割削減できる「高成長トラフグ（4D-4D系統）」とその追加系統，「高成長ヒラメ（8D系統）」，の6品目に加え，販売開始は未定のアミロペクチン含有量が増加したもち性のトウモロコシ「PH1V69 CRISPR-Cas9ワキシートウモロコシ」，「GABA高蓄積トマト（#206-4）」，の2品目，計8品目である。ゲノム編集技術応用食品に関しては，遺伝子組換え食品と同じように厳しく規制している国もあるが，その多くが規制の見直しを検討している。

7.5.2　代替たんぱく質・代替肉

人口増に伴い，**低・中所得国***の食料需要が増加し，それにより世界規模でたんぱく質の需要も増加して，将来的に供給とのバランスが崩れることが予測されている（図7.19）。安定的なたんぱく質の供給を確保するためには，食に関する最先端技術を活用したフードテック分野におけるたんぱく質の供給源の多様化の取り組みは極めて重要である。

*低・中所得国　世界銀行の一人あたりGNI（国民総所得）の分類基準額は変動するが，2025年度における基準では，低所得国（1,145米ドル以下），中所得国（1,146-14,005米ドル），高所得国（14,006米ドル以上），に分類される。

2020年4月，日本国内では農林水産省がフードテック研究会を立ち上げ，**代替たんぱく質**などに関する産学官連携の取り組みを開始した。世界的には，代替たんぱく質への関心が高まっており，EUでは2020年5月に，「Farm to Fork」（農場から食卓まで）として知られる公平で，健康的な，環境に優しい食料システムを目指す新たな戦略が発表された。この戦略では，植物，藻類，昆虫等の代替たんぱく質・代替肉分野を重要な研究開発分野と位置づけ，食品サプライチェーン全体での取り組みの推進が提唱されている。

(1) 代替たんぱく質が注目される背景

代替たんぱく質に注目が集まる背景としては，以下4点が挙げられる。

1)　たんぱく質危機

人口増加により，**たんぱく質の需要と供給**のバランスが崩れる問題が指摘されている。特に発展途上国では人口増加とともにGDPが伸びて食生活が向上すると，肉の消費量は増加する傾向がある。需要の増加に対応するためには肉の生産を増やす必要があり，そのためには大量の飼料穀物とその生産のための農地が必要となり，土地も資源も不足することが課題視されている。農林水産省によると，世

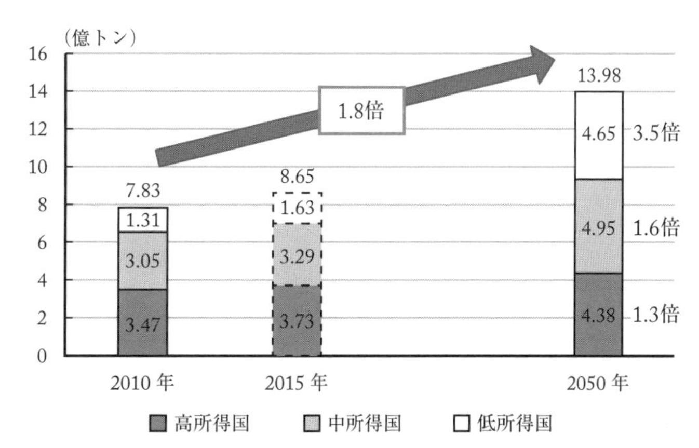

図7.19　世界の所得階層別の畜産物の需給量の見通し

出所）農林水産省：2050年における世界の食料需給見通し（令和元年9月）

界の食料需要量のうち，畜産物の需要量は2050年には2010年比1.8倍(13.98億トン)となる。その畜産向けの飼料需要の増加が，穀物や油糧種子の需要量の増加要因のひとつとなり，また，高所得国では食生活の成熟化が進み畜産物需要の増加は比較的緩慢であるが，経済発展や食生活の変化から，中所得国では肉類が，低所得国では特に乳製品が，大きく増加すると予想されている(図7.19)。

2) 畜産による環境負荷

家畜から発生する温室効果ガスは，温室効果ガス発生量全体の約15％を占めるといわれており，畜産による環境負荷が問題視されている。また，畜産には大量の水資源と飼料生産のための土地資源も必要とされ，環境負荷を高めている要因となっている。

3) 動物愛護（アニマルウェルフェア）

アニマルウェルフェアという考えが広がり，既存の工業的な畜産により生産された肉を避ける層が出現し増加している。特に，Z世代と呼ばれる若い世代を中心に，畜産による環境負荷への問題感や動物愛護への関心が高まっている。メディアでも工業的な畜産を批判するドキュメンタリーが放送されるなど，関心をもつ層が広がっている。

4) 健康意識

肥満が社会問題となり，社会保障費も増加する中で，健康的な食生活へのニーズが拡大している。肉や乳製品の摂取による健康への影響に焦点を当て植物由来の食品の摂取を呼び掛けるドキュメンタリー映画なども制作され，ますます多くの人々が健康的な食事に対する関心をもつようになっている。

(2) 代替たんぱく質の原料と製造方法による分類

代替たんぱく質は，原料や製造方法等で大きく4つに分類される。

1) 植物由来たんぱく質（植物肉 等）

大豆やえんどうなどのたんぱく質を利用したものは，代替たんぱく質の牽引役であり，2030年頃までは代替たんぱく質市場の大半を占めるものと予想されている。原料も加工品である植物肉も消費者にとって馴染みのあるものであり，抵抗感はなく，健康によい，環境にやさしいなどの訴求が図られている。ただし，原料に由来する特有の味や臭いや舌触りに対する抵抗感が存在し，食味(味・香り・食感)の向上と低価格化により，伝統的な植物由来たんぱく質食品と同じように食事習慣として定着できるかが課題となっている(表7.19)。

2) 動物細胞由来たんぱく質（培養肉 等）

牛・豚・鶏等の細胞を培養して作られる培養肉・代替肉は，現在の肉と生産方法が異なるため，実際の肉と同等であっても，日本では食品として許可

表 7.19　植物肉原料の種類と特徴

主な原料	利　点	欠　点
だいず	価格が安い，生産量が多い	青臭い，遺伝子組換え品が多い
えんどう	アレルゲンフリー，青臭くない	価格が高い
そらまめ	アレルゲンフリー，青臭くない	価格が高い
こむぎ	価格が安い	アレルゲンがある
えんばく(オーツ)		価格が高い，アレルゲンがある

表 7.20　培養肉と各国の対応(2023 年 12 月現在)

	対　応
アメリカ	2023 年食品安全規則に基づき，細胞性チキンの製造販売を許可
シンガポール	2020 年食品庁が，細胞性チキンの製造販売を許可。市販されている
イスラエル	試食ルールが定められ，試食が可能
オーストラリア	培養ウズラ肉の認可を申請中
EU	欧州食品安全機関の安全性評価を含め，市販前の認可が必要
イタリア	2023 年細胞性食品・飼料の生産や販売を禁止する法案を下院が可決

されておらず，試食もできない。さらに，培養液の価格が高く，生産設備(バイオリアクターや 3D プリンタなど)や原材料調達などにも課題が多い。一方，海外では既に製造・販売が許可されている国もある(**表 7.20**)。

3)　微生物由来たんぱく質

さまざまな微生物を利用したたんぱく質は，たとえば酵母による発酵を利用したものや，菌類や藻類を培養したものなどが含まれる。エコフレンドリーで，植物肉，培養肉に次ぐ第三の代替たんぱく質として注目を集めている。菌類を用いた代替たんぱく質食品は，動物由来の肉と比較して低脂質であり，食物繊維が豊富に含まれているのが特徴である。そのため，たんぱく質を摂取しながら脂質の摂取を抑えることができて，健康食品としても注目されている。現在，菌類たんぱく質を使用した食品は 100 種類以上が市場に出ており，ソーセージやハンバーガー用パティなどの加工食品だけでなく，代替肉(生肉)も開発されている。

4)　昆虫由来たんぱく質

昆虫を用いたたんぱく質は，家畜に比べてはるかに効率的に生産できるため注目されている。昆虫食自体は古くから世界各国でみられるが，昆虫を飼育施設で工業的に効率よく生産し，食品として取り扱う法規制やルールの整備が不明瞭であり，消費者の信頼性確保や心理的ハードルを取り除くための方策ができていないことが，現在の課題となっている。以下に，代表的な食用昆虫を例示する。

・コオロギ

国内で主に取り扱われている食用昆虫で，雑食性かつ短期間で成長し，不

コラム 16　クローン技術による食品

植物のクローンは身近なもので，いも類やいちごなどは典型的な植物クローンだが，クローン食品とは呼ばれず，動物のクローンの肉や乳がクローン食品と呼ばれる。1987 年にアメリカで受精卵クローン牛が誕生し，英国ロスリン研究所の体細胞クローン羊「ドリー」が 1996 年に誕生して社会に衝撃を与えた。その 2 年後の 1998 年には，近畿大学で初めて体細胞クローン牛が誕生した。受精卵クローン（兄弟が遺伝的に同じ）は受精卵から単離した割球を除核未受精卵に融合させ，体細胞クローン（親と兄弟が遺伝的に同じ）は初期化した体細胞を除核未受精卵に融合させる技術である。受精卵クローン牛は食肉生産に使用され，また，体細胞クローン牛も，雄種牛の産肉能力（正確な遺伝的能力評価）の検定家畜として効率が向上する利点があった。2000 年代初頭には普及が期待されていたが，高度な技術が必要であり，また，消費者の抵抗感も強く，2009 年に農林水産省が試験研究目的に使用した後は，焼却・埋却などの処分をする旨を通知した。結局，受精卵クローン牛も体細胞クローン牛も広く受け入れられることなく普及しなかった。

完全変態により蛹（さなぎ）期がないため安定的な生産が可能である。味はエビやカニのような甲殻類に近く，うまみ成分が多く含まれているため，食用として適している。

・カイコ

栄養価が高く，太平洋戦争末期から戦後の食糧難の時代には，貴重な栄養源として蛹が食された。脂肪酸やビタミン類が豊富に含まれており，栄養面でも高く評価されている。

・ミールワーム

ゴミムシダマシ科の幼虫の総称で，容易に繁殖可能であり，産業としての飼育に適している。古くから鳥類，爬（は）虫類，両生類の生餌として活用されてきた。栄養価が高く食用にも適している。

【演習問題】

問 1　食品とその加工方法に関する記述である。最も適当なのはどれか。1 つ選べ。　（2024 年国家試験）

(1) うどんの製造に，かん水を使用する。
(2) パンは，麹かびを利用して膨化させ製造する。
(3) こんにゃくの製造に，水酸化カルシウムを使用する。
(4) きなこは，豆乳を加熱して表面にできた膜を乾燥後に粉砕して製造する。
(5) コーングリッツは，とうもろこしを湿式粉砕して製造する。

解答 (3)

問 2　穀類の加工品に関する記述である。最も適当なのはどれか。1 つ選べ。　（2023 年国家試験）

(1) ビーフンは，うるち米を主原料として製造される。
(2) 生麩は，とうもろこしでんぷんを主原料として製造される。
(3) ポップコーンは，とうもろこしの甘味種を主原料として製造される。

(4) オートミールは，大麦をローラーで押しつぶして製造される。
(5) ライ麦パンは，グルテンを利用して製造される。
解答（1）

問 3 穀類の加工品に関する記述である。最も適当なのはどれか。1 つ選べ。
（2022 年国家試験）
(1) アルファ化米は，炊飯した米を冷却後，乾燥させたものである。
(2) 無洗米は，精白後に残る米表面のぬかを取り除いたものである。
(3) 薄力粉のたんぱく質含量は，12 ～ 13 %である。
(4) 発酵パンは，ベーキングパウダーにより生地を膨らませる。
(5) コーンスターチは，とうもろこしを挽き割りにしたものである。
解答（2）

問 4 畜肉の加工および加工品に関する記述である。最も適当なのはどれか。1 つ選べ。
（2022 年国家試験）
(1) ドメスティックソーセージは，ドライソーセージに比べて保存性が高い。
(2) ベーコンは，主に鶏肉を塩漬し，くん煙したものである。
(3) ボンレスハムは，細切れの畜肉につなぎ材料等を混合し，圧力をかけたものである。
(4) コンビーフは，牛肉を塩漬し，煮熟後にほぐし，調味して容器に詰めたものである。
(5) ビーフジャーキーは，細切れの牛肉を塩漬し，調味してケーシングに詰めたものである。
解答（4）

問 5 食品の保存性を高める方法に関する記述である。最も適当なのはどれか。1 つ選べ。
（2024 年国家試験）
(1) 紫外線照射は，食品の中心部まで殺菌することができる。
(2) 牛乳の高温短時間殺菌は，120 ～ 150 ℃で 2 ～ 4 秒間行われる。
(3) CA 貯蔵では，酸素濃度を 20 %程度に維持する。
(4) パーシャルフリージングは，－10 ～－15 ℃の範囲で行われる。
(5) フリーズドライでは，食品中の水分は氷から水蒸気となる。
解答（5）

問 6 食品添加物に関する記述である。最も適当なのはどれか。1 つ選べ。
（2023 年国家試験）
(1) 一日摂取許容量（ADI）は，厚生労働省が設定する。
(2) 無毒性量（NOAEL）は，ヒトに対する毒性試験の結果に基づいて設定される。
(3) 輸入した柑橘類をばら売りする場合，添加された防かび剤の表示は省略できる。
(4) 調味を目的に添加されたアミノ酸類は，一括名での表示が可能である。
(5) 着色料である赤色 2 号は，既存添加物に分類される。
解答（4）

問7　食品添加物に関する記述である。最も適当なのはどれか。1つ選べ。

（2022年国家試験）

（1）アスパルテームは，分子内にアラニンを含んでいる。
（2）ソルビン酸には，強い殺菌作用がある。
（3）亜硝酸イオンは，ミオグロビンの発色に関与している。
（4）コチニール色素の主色素は，アントシアニンである。
（5）ナイシンは，酸化防止剤として用いられる。

解答（3）

問8　遺伝子多型に関する記述である。誤っているのはどれか。1つ選べ。

（2024年国家試験）

（1）一塩基多型はSNPsと呼ばれる。
（2）後天的要因により生じる。
（3）出現頻度には人種差がある。
（4）生活習慣病の発症要因となる。
（5）ヒトの集団の1％以上にみられる。

解答（2）

引用参考文献・参考資料

石田祐三郎：冷蔵・冷凍と微生物，日本食品工業学会誌，18，538（1971）

太田英明，北畠直文，白土英樹編：食べ物と健康　食品の加工（増補），60，南江堂（2016）

太田英明，白土英樹，古庄律編：食べ物と健康　食品の加工改訂第2版，健康・栄養科学シリーズ，148，南江堂（2022）

小川正，的場輝佳編集：新しい食品加工学（改訂第2版），12，南江堂（2017）

甲斐達男，小林秀光編：食品衛生学（第4版），化学同人（2023）

加藤博通，倉田忠男編：食品保蔵学，166-205，文永堂出版（1999）

厚生労働省：新しいバイオテクノロジーで作られた食品について
https://www.mhlw.go.jp/content/000828324.pdf.（2024.12.02）

厚生労働省：いわゆる「培養肉」に係るこれまでの状況等（2023年12月15日）
https://www.mhlw.go.jp/content/12401000/001178988.pdf（2024.09.01）

厚生労働省：食品添加物の指定及び使用基準改正に関する指針（別添）（2022）
https://www.mhlw.go.jp/content/11130500/001000749.pdf（2024.08.28）

厚生労働省：第9版食品添加物公定書（2022）
https://www.mhlw.go.jp/stf/seisakunitsuite/bunya/kenkou_iryou/shokuhin/syokuten/kouteisho9e.html（2024.08.28）

厚生労働省：医薬・生活衛生局食品基準審査課（現　消費者庁食品衛生基準課）
https://www.caa.go.jp/policies/policy/standards_evaluation/bio/genetically_modified_food/assets/genetically_modified_food240423_01.xlsx（2024.09.01）

消費者庁：食品衛生基準行政に関する最近の動向や食品の安全性に係る課題・遺伝子組換え食品等の安全性審査（令和6年9月19日）
https://www.cao.go.jp/consumer/iinkai/2024/444/doc/20240919_shiryou1.pdf（2024.11.06）

消費者庁：食品添加物（2017）
https://www.caa.go.jp/policies/policy/consumer_safety/food_safety/food_safety_portal/

food_additives/（2024.08.28）
消費者庁：食品添加物（2024）
https://www.caa.go.jp/policies/policy/food_labeling/food_sanitation/food_additive/（2024.08.28）
消費者庁：パンフレット 2023 年「知っていますか？　遺伝子組換え表示制度」
https://www.caa.go.jp/policies/policy/food_labeling/quality/genetically_modified/assets/food_labeling_cms202_230724_01.pdf（2024.09.01）
食品低温流通推進協議会編：食品の低温管理，農林統計協会（1975）
（一社）食品添加物協会技術委員会：食品添加物表示ポケットブック 2024 年版，（一社）日本食品添加物協会（2023）
高村仁知，森山達也編：新しい食品加工学　食品の保存・加工・流通と栄養，南江堂（2022）
土井洋平：慶應義塾大学大学院社会学研究科紀要，52，17-25（2001）
東京都保健医療局：食品衛生の窓（2024）
https://www.hokeniryo.metro.tokyo.lg.jp/shokuhin/shokuten/shokuten1.html（2024.08.28）
中島肇，佐藤薫編：食品加工学　公正な加工食品を支えるしくみを理解し利用するために，17，化学同人（2020）
西村公雄，松井徳光編：食品加工学，新食品・栄養科学シリーズ，化学同人（2012）
（公財）日本食品化学研究振興財団：食品添加物（2024）
https://www.ffcr.or.jp/tenka/（（2024.08.28）
（一社）日本食品添加物協会：食品添加物とは
https://www.jafaa.or.jp/tenkabutsu01/tenka1（2024.06.01）
日本食品保蔵科学会編：食品保蔵・流通技術ハンドブック，382，建帛社（2006）
（一社）日本食品添加物協会：日本と海外の食品添加物規制の違い（2023）
https://www.maff.go.jp/j/shokusan/sanki/soumu/attach/pdf/bunkakai-153.pdf（2024.08.28）
日本農林規格：果実飲料の日本農林規格
https://www.maff.go.jp/j/jas/jas_kikaku/pdf/kikaku_kazitu_150327.pdf（2024.12.02）
（公社）日本フードスペシャリスト協会：食品学Ⅱ　食品材料と加工，貯蔵・流通技術，建帛社（2017）
農業・食品産業技術総合研究機構：ゲノム編集　～新しい育種技術～（令和 4 年 11 月第 6 版）
https://www.affrc.maff.go.jp/docs/anzenka/attach/pdf/genom_editting-5.pdf（2024.09.01）
農林水産技術会議：ゲノム編集～新しい育種技術～（令和 4 年 11 月）
https://affrc.maff.go.jp/docs/anzenka/genome_editing_leaflet.html（2024.12.02）
農林水産省：卸売市場を含めた流通構造について（平成 29 年 10 月）
https://www.maff.go.jp/j/council/seisaku/syokusan/bukai_23/attach/pdf/index-11.pdf（2024.06.01）
農林水産省：2050 年における世界の食料需給見通し（令和元年 9 月）
https://www.maff.go.jp/j/zyukyu/jki/j_zyukyu_mitosi/attach/pdf/index-12.pdf（2024.09.01）
農林水産省：ソーセージ類の日本農林規格
https://www.maff.go.jp/j/jas/kaigi/attach/pdf/190709a-30.pdf（2024.12.02）
農林水産省：ハム類の日本農林規格
https://www.maff.go.jp/j/jas/kaigi/attach/pdf/190709a-24.pdf（2024.12.02）

農林水産省：ベーコン類の日本農林規格
https://www.maff.go.jp/j/jas/kaigi/attach/pdf/190709a-21.pdf（2024.12.02）
野中順三九，小泉千秋，大島敏明：食品保蔵学（改訂版），恒星社厚生閣（2003）
舩津保浩ほか編：食べ物と健康Ⅲ　食品加工と栄養（第２版），三共出版（2017）
松田敏生：食品微生物制御の化学，15，幸書房（1998）
文部科学省：日本食品標準成分表（八訂）増補 2023 年（2023.10.21 公開）
https://www.mext.go.jp/a_menu/syokuhinseibun/mext_00001.html（2024.09.08）
文部科学省：日本食品標準成分表 2020 年版（八訂）（2023.10.21 更新）
https://www.mext.go.jp/a_menu/syokuhinseibun/mext_01110.html（2024.09.08）
山崎英恵編：調理学　食品の調理と食事設計，食べ物と健康Ⅳ，中山書店（2021）
山本愛次郎：温度の操作による保存，新しい食品加工学（小川正，的場輝佳編）（改訂第２版），南江堂（2017）
好井久雄，金子安之，山口和夫編著：食品微生物学ハンドブック，技報堂出版（1995）
JFIA Japan Food Industry Association：海外食品添加物規制早見表（2024）
https://yushutukisei.com/food_additives_list/?pagenum=1（2024.08.28）
Labuza, T. P. et al.: *Journal of Food Science*, 37, 154-159（1972）

索　引

あ　行

か　行

さ　行

た　行

な　行

は　行

ま 行

や 行

ら 行

わ 行

執筆者紹介

*木村万里子	神戸女子大学家政学部管理栄養士養成課程教授（1.1, 2.4, 3.2）
朝見　祐也	龍谷大学農学部食品栄養学科教授（1.2, 2.1.5 ～ 2.1.8）
望月　美佳	愛知学院大学健康科学部健康栄養学科助教（2.1.1 ～ 2.1.4）
井ノ内直良	福山大学生命工学部健康栄養科学科教授（2.2）
細見　和子	神戸女子短期大学総合生活学科准教授（2.3, 2.6）
中村智英子	神戸女子短期大学食物栄養学科講師（2.5, 5.3）
竹内　美貴	神戸女子短期大学食物栄養学科准教授（2.7, 5.1, 5.2）
三浦紀称嗣	川崎医療福祉大学医療技術学部臨床栄養学科助教（2.8, 2.9）
後藤　昌弘	神戸女子大学家政学部管理栄養士養成課程教授（3.1）
大串　美沙	神戸女子短期大学食物栄養学科講師（3.3, 3.4）
田辺　賢一	中村学園大学栄養科学部栄養科学科准教授（4）
外城　寿哉	元くらしき作陽大学教授（6）
宮本　有香	神戸女子大学家政学部管理栄養士養成課程准教授（7.1, 7.2）
河野　勇人	くらしき作陽大学食文化学部食マネジメント学科教授（7.3）
甲斐　達男	神戸女子大学家政学部管理栄養士養成課程教授（7.4）
大楠　秀樹	ニップン中央研究所フェロー（7.5）

（執筆順, *編者）

サクセスフル食物と栄養学基礎シリーズ 5　食品学 II

2025年 1 月10日　第一版第一刷発行　　◎検印省略

編著者　木村万里子

発行所　株式会社　学　文　社
発行者　田　中　千　津　子

郵便番号　153-0064
東京都目黒区下目黒 3-6-1
電　話　03(3715)1501(代)
https://www.gakubunsha.com

Printed in Japan
乱丁・落丁の場合は本社でお取替します。
印刷所　新灯印刷株式会社
定価はカバーに表示。

ISBN 978-4-7620-3342-1